建筑工程检测评定及监测预测关键技术系列丛书

基桩检测与评定技术

路彦兴　杨永波　肖成志　黄　河 ◎ 编著

中国建材工业出版社

图书在版编目（CIP）数据

基桩检测与评定技术／路彦兴等编著 . -- 北京：中国建材工业出版社，2020.4（2024.12重印）

（建筑工程检测评定及监测预测关键技术系列丛书）

ISBN 978-7-5160-2854-4

Ⅰ. ①基… Ⅱ. ①路… Ⅲ. ①桩基础—检测②桩基础—评定 Ⅳ. ①TU473.1

中国版本图书馆 CIP 数据核字（2020）第 040028 号

内 容 简 介

本书针对工程基桩检测的实际需求，对基桩质量检测技术进行了全面的阐述和论述，其主要内容包括：基桩成孔检测技术、基桩完整性检测技术、基桩承载力检测技术、管桩质量检测技术等。本书结合工程实例分别对基桩超声波 CT 检测技术及桩身应力测试技术的原理、测试方法及结果分析进行了系统的解析，针对基桩检测的前沿技术分别配有具体的工程实例，以帮助读者对新技术进行理解。全书内容丰富、逻辑清晰、针对性强，方便读者参考学习。

本书适合从事地基检测的人员使用，也可作为相关专业技术人员的培训教材，还可作为高等院校相关专业师生的科研与教学参考用书。

基桩检测与评定技术

Jizhuang Jiance yu Pingding Jishu

路彦兴　杨永波　肖成志　黄 河　编著

出版发行：中国建材工业出版社

地　　址：北京市西城区白纸坊东街 2 号院 6 号楼

邮　　编：100054

经　　销：全国各地新华书店

印　　刷：北京雁林吉兆印刷有限公司

开　　本：710mm×1000mm　1/16

印　　张：15

字　　数：290 千字

版　　次：2020 年 4 月第 1 版

印　　次：2024 年 12 月第 2 次

定　　价：78.00 元

前　　言

　　地基基础的质量控制，是整个建筑工程质量控制的关键。基础工程特别是桩基工程，具有地质条件复杂、施工基本条件差、隐蔽项目多等特点，给基桩施工质量带来了诸多不确定性。

　　随着建设用地日趋紧张、高层建筑迅速发展，桩基础应用越来越广泛。桩基础将上部结构的荷载，通过基桩传递到深部较坚硬的、压缩性小的土层或者岩层，从而有效减少基础沉降和建筑结构部分不均匀沉降，确保建筑结构安全。桩基础工程属于隐蔽工程，桩基础的设计、计算、施工、检测等方面往往比上部建筑结构更复杂，出现问题处理起来更困难。因此，基桩的质量检测和测试成为建设工程质量控制的一个关键环节。

　　本书依据最新的《建筑基桩检测技术规范》（JGJ 106）、《公路工程基桩动测技术规程》（JJG/T F81-01）、《铁路工程基桩检测技术规程》（TB 10218）等规范和标准，并广泛参考相关资料、文献编写而成。

　　全书针对基桩现场检测人员的实际需求，对规范中应用比较成熟的方法和技术只做简单介绍，更注重新技术和新方法的介绍。在基础理论方面以基本够用为原则，阐明基本概念、基本原理和基本检测技术，取消或弱化了对部分理论公式的推导。本书除了介绍基桩的基本知识、基桩完整性检测方法、基桩承载力检测方法等基本内容外，还介绍了基桩成孔质量检测、基桩超声波 CT 检测技术、桩身应力测试等内容；针对成桩过程中的质量控制，本书重点介绍了成孔质量检测技术；针对在沿海地区应用比较广泛的管桩，本书详细介绍了管桩各环节的检测与测试技术；针对既有建筑的基桩，本书结合现行行业标准，重点介绍了几种既有建筑基桩的检测方法。

　　本书主要由路彦兴、杨永波、肖成志、黄河撰稿，参加撰写的人员还包括梁耀哲、马琳、刘悦、路洪通、许晓哲、张康、周杨、王文彪、温朋茂等。由于编写时间仓促，编者学术水平及实践经验有限，且基桩检测与测试技术发展迅速，书中不当之处在所难免，恳请广大读者批评指正。

编著者

2020 年 2 月

目　　录

第1章 基桩基本知识

1.1 概述

随着我国国民经济的发展，工程建设不仅是选择在条件好的场地上进行，而且有时不得不在地质条件不良的地基上进行施工。同时，随着科技的日益发展，结构荷载增大，对变形要求越来越严，因此桩基已成为工程中重要的基础形式，也是目前我国应用最广泛的基础形式。桩基是隐蔽工程，支撑着地面上的构筑物，它是建筑物的基础，其质量直接影响到这些建筑物的安全。我国地质条件复杂多样，桩基工程技术的地域应用和发展水平不平衡。桩基工程质量除受岩土工程条件、基础与结构设计、桩土相互作用、施工工艺以及专业水平和经验等关联因素影响外，还具有施工隐蔽性高、更容易存在质量隐患的特点，发现质量问题难，出现事故处理更难。因此，在桩基础的施工过程中，桩基检测是一个不可缺少的环节。随着更新及各建设单位对工程质量的重视，基桩检测技术将发挥越来越重要的作用。

1.2 桩的分类

所谓基础，是指将结构所承受的各种作用传到地基上的结构组成部分。基础有独立基础、条形基础、筏基、箱基、薄壳基础、沉板、沉井、沉箱、地下连续墙和桩基等多种形式。桩基础是深基础的一种，是由基桩和连接于桩顶的承台共同组成。若桩身全部埋于土中，承台底面与土体接触则称为低承台桩基；若桩身上部露出地面而承台底面位于地面以上则称为高承台桩基础。建筑桩基通常为低承台桩基础。单桩基础是指采用一根桩（通常为大直径桩）以承受和传递上部结构（通常为柱）荷载的独立基础。群桩基础是指由两根以上基桩组成的桩基础。

地基就是支承基础的土体或岩体。一旦建筑场地选定，基础形式可以选择，

1

但地基没有选择余地，它虽然不是建筑物的一部分，但地基好坏直接关系到建筑物的安危和工程造价。

桩是指桩基础中的单桩，它是埋入土中的柱形杆件，它可以将建筑物的荷载（竖向的和水平的）全部或部分传递给地基土（或岩层）的具有一定刚度和抗弯能力的传力杆件。桩的横截面尺寸比长度小得多。桩的性质随桩身材料、制桩方法和桩的截面大小而异，有很大的适应性，通常情况下我们所说的桩指的就是基桩。

桩基作为建筑结构物基础的一种形式，与其他基础相比，具有很突出的特点：

（1）适应性强：可适用于各种复杂的地质条件，适用于不同的施工场地，承托各种类型的上部建（构）筑物，承受不同的荷载类型。

（2）具有良好的荷载传递性，可控制建（构）筑物沉降。

（3）承载能力大。

（4）抗震性能好。

（5）施工机械化程度高。

桩的种类五花八门，根据不同的目的，我们可以按不同的分类方法对桩做如下分类。

1.2.1　按施工方法分类

1. 预制桩

预制桩施工方法是按预定的沉桩标准，以锤击、振动或静压方式将预制桩沉入地层至设计标高。为减小沉桩阻力和沉桩时的挤土影响，可辅以预钻孔沉桩或中掘方式沉桩，当地层中存在硬夹层时，也可辅以水冲方式沉桩，以提高桩的贯入能力和沉桩效率。施工机械包括自由落锤、蒸汽锤、柴油锤、液压锤和静力压桩机等。我国目前常见的预制桩有钢筋混凝土预制桩和钢桩，主要以柴油锤施打。

2. 就地灌注桩

就地灌注桩是指直接在所设计桩位处用钻、冲、挖等方式成孔，根据受力需要，桩身可放置不同深度的钢筋笼，也可不配钢筋，桩的直径可根据设计需要确定，就地浇筑混凝土而成的桩。按成孔工艺主要分为：

（1）沉管灌注桩：采用无缝钢管作为桩管，以落锤、柴油锤或振动锤按一定的沉桩标准将其打入土层至设计标高，然后灌注混凝土，灌注混凝土过程中，边锤击或边振动，边拔管，至最后成桩。沉管桩适用于不存在特殊硬夹层的各类软土地基，其成桩质量受施工水平、土层情况及人员素质等因素的制约，是事故频率较高的桩型之一。

（2）钻（冲）孔灌注桩：利用机械设备并采用泥浆护壁成孔或干作业成孔，然后放置钢筋笼、灌注混凝土而成的桩。钻孔的机械有冲击钻、螺旋钻、旋挖钻等。它适用于各种土层，能制成较大直径和各种长度，以满足不同承载力的要求；还可利用扩孔器在桩底及桩身部位进行扩大，形成扩底桩或糖葫芦形桩，以提高桩的竖向承载能力。

（3）人工挖孔灌注桩：利用人工挖掘成孔，在孔内放置钢筋笼、灌注混凝土的一种桩型。相对钻孔桩和沉管桩，挖孔桩的施工设备简单，对环境的污染少，承载力大且单位承载力的造价便宜，适用于持力层埋藏较浅、地下水位较深、单桩承载力要求较高的工程。

（4）挤扩支盘灌注桩：是在原有等截面混凝土桩基础上，使用专用液压挤扩支盘设备——挤扩支盘机，经高能量挤压土体而成型支盘模腔，合理地与现有桩工机械配套使用，灌注混凝土而成的一种不等径桩型。由于存在挤扩分支和承力盘的作用，该桩型的侧阻和端阻得到了较大提高，单方混凝土承载力也较其他灌注桩高。分支和承力盘宜在一般黏性土、粉土、细砂土、砾石、卵石和软硬交互土层中成型，但不宜在淤泥质土、中粗砂层及液化砂土层中分支和成盘。

1.2.2　按桩材料分类

1. 木桩

木桩利用天然原木作为桩材，适用于地下水位以下地层，在这种条件下木桩能抵抗真菌的腐蚀而保持耐久性。

2. 混凝土桩

混凝土桩强度高、刚度大、耐久性好，可承受较大的荷载；桩的几何尺寸可根据设计要求进行变化，桩长不受限制，且取材方便，因此是当前各国广泛使用的桩型。混凝土桩又可分为预制混凝土桩和灌注混凝土桩两大类。

预制混凝土桩多为钢筋混凝土桩，主要在工厂集中生产，强度等级一般为C30～C60，截面边长为250～600mm，单节长度几米至十几米，可以根据需要连接成所需桩长。为减少钢筋用量、有效抵抗打桩拉应力，提高桩身抗弯、抗裂和抗腐蚀的能力，人们又发展了预应力钢筋混凝土桩，目前我国的预应力钢筋混凝土桩多为圆形管桩。管桩按施加预应力工艺的不同，分为先张法预应力管桩和后张法预应力管桩两种，强度等级——PC和PTC桩为C60或C70、PHC桩为C80，直径为300～1200mm，一般单节长度为4～15m，节间连接主要采用电焊连接法，底桩一般采用十字形、圆锥形或开口形桩尖。

就地灌注混凝土桩就是在现场成孔后直接灌注混凝土而成的一种桩型。根据受力需要，桩身可放置不同深度的钢筋笼，也可不配钢筋。桩的直径可根据设计需要确定。

3. 钢桩

钢桩主要分为钢管桩、型钢桩和钢板桩三种。

钢管桩由各种直径和壁厚的无缝钢管制成，不但强度高、刚度大，而且韧性好、易贯入，具有很高的垂直承载能力和水平抗力；桩长也易于调节，接头可靠，容易与上部结构结合；但其价格昂贵（为混凝土桩的3~4倍），现场焊接质量要求严格，使用时施工成本高。

型钢桩与钢管桩相比，断面刚度小，承载能力和抗锤击性能差，易横向失稳，但穿透能力强，沉桩过程挤土量小，且价格相对便宜，有重复利用的可能，常用断面形式为H形和I形。

钢板桩的强度高、质量轻，可以打入较硬的土层和砂层，且施工方便，速度快，主要用于临时支挡结构或永久性的码头工程，常用断面形式为直线形、U形、Z形、H形和管形。

4. 组合桩

组合桩是一种由两种材料组合而成的桩，如混凝土桩和木桩的组合、在钢管桩内填充混凝土等，以充分发挥两种组合材料的性能。这种桩型现在在很多大型工程中都得到了应用。

1.2.3 按成桩方法对地基土的影响程度分类

不同成桩方法对周围土层的扰动程度不同，直接影响到桩承载力的发挥。一般按成桩方法对地基土的影响程度分为如下三类：

1. 非挤土桩

非挤土桩也称置换桩，包括干作业挖孔桩、泥浆护壁钻（冲）孔桩、套管护壁灌注桩、挖掘成孔桩和预钻孔埋桩等。这类桩在成桩过程中，会把与桩体积相同的土排除，桩周土仅受轻微扰动，但会有应力松弛现象，而废泥浆、弃土运输等可能会对周围环境造成影响。

2. 部分挤土桩

部分挤土桩包括开口钢管桩、型钢桩、钢板桩、预钻孔打入桩和螺旋成孔桩等。在这类桩的成桩过程中，桩周土仅受到轻微扰动，其原始结构和工程性质变化不明显。

3. 挤土桩

挤土桩包括各种打入桩、压入桩和振入桩，如打入的预制方桩、预应力管桩和封底钢管桩，各种沉管式就地灌注桩。在这类桩的成桩过程中，桩周围的土被压密或挤开，土层受到严重扰动，土的原始结构遭到破坏而影响到其工程性质。

1.2.4　按桩的使用功能分类

1. 竖向抗压桩

在一般工业与民用建筑中，桩所承受的荷载主要为上部结构传来的垂直荷载。按桩的承载性状可分为：

（1）摩擦型桩：在竖向极限承载力状态下，桩顶荷载全部或主要由桩侧摩擦力承担。根据端阻力和侧阻力发挥的程度和分担外荷载的比例，又可分为摩擦桩（桩端阻力很小，可以忽略不计，一般不超过 10%）和端承摩擦桩（桩侧摩阻力发挥主要作用）。

（2）端承型桩：在竖向极限承载力状态下，桩顶荷载全部或主要由桩端阻力承担。根据端阻力和侧阻力发挥的程度和分担外荷载的比例，又可分为端承桩（桩侧阻力很小，可以忽略不计，一般不超过 10%）和摩擦端承桩（桩端阻力发挥主要作用）。

2. 竖向抗拔桩

竖向抗拔桩主要用来承受竖向上拔荷载，如船坞抗浮力桩基、送电线路塔桩基、高层建筑附属地下车库桩基以及污水处理厂水处理建（构）筑物桩基等，其外部上拔荷载主要由桩侧摩擦力承担。

3. 水平受荷桩

水平受荷桩主要用来承担水平方向传来的外部荷载，如承受地震或风所产生的水平荷载。港口码头工程用的板桩、基坑支护中的护坡桩等都属于这类桩。桩身刚度大小是其抵抗弯矩力的重要保证。

4. 复合受荷桩

复合受荷桩是能同时承受较大的竖向荷载和水平荷载的桩。

1.3　常见桩的施工基本知识

1.3.1　沉管灌注桩

沉管灌注桩按成孔方法分为振动沉管灌注桩、锤击沉管灌注桩和振动冲击成孔灌注桩，是将带有活瓣桩尖或钢筋混凝土预制桩尖的无缝钢管利用振动沉管打桩机或锤击沉管打桩机沉入土中，然后边灌注混凝土边振动或边锤击、边拔管而形成的灌注桩。对振动沉管一般采用活瓣桩尖，桩尖和钢管用铰连接，可重复利用；锤击沉管一般采用预制桩尖，每根桩一个，成桩后桩尖为桩体的一部分。目前国内应用较多的沉管桩管径为 377mm、426mm 和 480mm，管径已发展到 700mm，甚至更大；由于受桩架高度限制，沉管桩一般桩长在 30m 以内。

当地层中有厚硬夹层时（如标贯击数 $N > 30$ 的密实砂层），沉管桩施工困难，桩管很难穿透硬夹层达到设计标高；另外，施工中拔管速度快是造成桩身质量事故的主要原因。

1.3.2 钻（冲）孔灌注桩

钻（冲）孔灌注桩包括泥浆护壁灌注桩和干作业螺旋成孔灌注桩两种。

泥浆护壁钻（冲）孔灌注桩的成桩方法分为反循环钻孔施工法、正循环钻孔施工法、旋挖成孔施工法和冲击成孔施工法等几种。

反循环钻孔施工法首先在桩顶设置护筒（直径比桩径大 15% 左右），护筒内的水位高出自然地下水位 2m 以上，以确保孔壁的任何部位均保持 0.02MPa 以上的静水压力，保护孔壁不坍塌。钻头钻进过程中，通过泵吸、喷射水流或送入压缩空气使钻杆内腔形成负压或形成充气液柱产生压差，泥浆从钻杆与孔壁间的环状间隙中流入孔底，携带被钻挖下来的孔底岩土钻渣，由钻杆内腔返回地面泥浆沉淀池；与此同时，泥浆又返回孔内形成循环。这种方法成孔效率高、质量好，排渣能力强，孔壁上形成的泥皮薄，是一种较好的成孔方法。

正循环钻孔施工法由钻机回转装置带动钻杆和钻头回转切削破碎岩土，钻进时用泥浆护壁、排渣。泥浆经钻杆内腔流向孔底，经钻头的出浆口射出，带动钻头切削下来的钻渣岩屑，经钻杆与孔壁间的环状空间上升到孔口溢进沉淀池中净化。相对反循环钻孔，该方法设备简单，钻机小，适用于较狭窄的场地，且工程费用低，但对桩径较大（一般大于 1.0m）、桩孔较深及容易塌孔的地层，这种方法钻进效率低、排渣能力差、孔底沉渣多、孔壁泥皮厚，且岩土重复破碎现象严重。

旋挖成孔施工法又称钻斗钻成孔施工法，分为全套管钻进法和用稳定液保护孔壁的无套管钻进法，后者目前应用较为广泛。成孔原理是在一个可闭合、开启的钻斗底部及侧边镶焊切削刀具，在伸缩钻杆旋转驱动下，旋转切削挖掘土层，同时使切削挖掘下来的土渣进入钻斗，钻斗装满后提出孔外卸土，如此循环形成桩孔。旋挖法振动小，噪声低，钻进速度快，无泥浆循环，孔底沉渣少，孔壁泥皮薄，但在卵石层（粒径 10cm 以上）或黏性较大的黏土、淤泥土层中施工，则钻进效率低。

冲击成孔施工法是采用冲击式钻机或卷扬机带动一定质量的钻头，在一定的高度内使钻头提升，然后突放，使钻头自由降落，利用冲击动能冲挤土层或破碎岩层形成桩孔，再用掏渣筒或反循环抽渣方式将钻渣岩屑排除；每次冲击之后，冲击钻头在钢丝绳转向装置带动下转动一定的角度，从而使桩孔得到规则的圆形断面。该方法设备简单，机械故障少，动力消耗小，对有裂隙的坚硬岩土和大的卵砾石层破碎效果好，且成孔率较钻进法高；但钻进效率低（桩越长，效率越

低），清孔较困难，易出现桩孔不圆、孔斜、卡钻等事故。

干作业螺旋钻孔灌注桩按成孔方法可分为长螺旋钻孔灌注桩和短螺旋钻孔灌注桩两种。这种桩成孔无须泥浆循环，施工时螺旋钻头在桩位处就地切削土层，被切土块钻屑通过带有螺旋叶片的钻杆不断从孔底输送到地表后形成桩孔。长螺旋钻孔是一次钻进成孔，成孔直径较小，孔深受桩架高度限制；短螺旋钻孔为正转钻进，提升后反转甩土，逐步钻进成孔，所以钻进效率低，但成孔直径和孔深均较大。两种施工方法都对环境影响小，施工速度快，且干作业成孔混凝土灌注质量有保证；但孔底或多或少留有虚土，影响桩的承载力，适用范围有较多限制。近年来，长螺旋压灌工艺也得到了应用，这种工艺的要点是：在钻至桩底标高后，一边提钻一边通过高压混凝土输送泵将混凝土压入桩孔，只要钢筋笼不是很长或很柔，就可通过加压、振动或下拽将钢筋笼沉入已灌注混凝土的桩孔中，成桩效率和质量均很高。

1.3.3　人工挖孔灌注桩

人工挖孔灌注桩是指在桩位采用人工挖掘，手摇辘轳或电动葫芦提土成孔，然后放置钢筋笼，灌注混凝土而成的桩型。为确保人身安全，挖孔过程中必须考虑防止土体塌滑的支护措施，如采用现浇混凝土护壁、喷射混凝土护壁等，一般是每挖 1m 左右做一节护壁，护壁厚度一般取 10 ~ 15cm，混凝土强度等级应符合设计要求，一般不低于 C15，有外齿式和内齿式两种，上下节护壁搭接长度宜为50 ~ 75mm。挖孔桩桩径一般为 800 ~ 2000mm，桩长不宜超过 25m；当以强风化或中风化岩层作桩端持力层时，桩底还可做成扩大头，以充分利用桩身混凝土强度，提高桩的承载能力；但挖孔桩施工人员劳动强度大，工作环境差，安全事故多，在地下水丰富的地区成孔困难甚至失败。

1.3.4　预制钢筋混凝土桩

预制钢筋混凝土桩包括普通钢筋混凝土桩和预应力钢筋混凝土桩，按其外形可分为方桩、管桩、板桩和异型桩等，当前使用较为广泛的是预制方桩和预应力管桩。

预制方桩常用截面边长 200 ~ 600mm，桩身混凝土强度等级 C30 ~ C50，甚至达 C60，采用分节预制，常用单节长度 2 ~ 25m，可在工厂或施工现场制作。预应力管桩按制作工艺分为先张法和后张法两种，其中先张法工艺较为常用。管桩按桩身混凝土强度等级分为 PC 桩、PTC（薄壁）桩和 PHC 桩，前两者为 C60 或C70，后者为 C80。按抗裂弯矩和极限弯矩的大小又可分为 A 型、AB 型和 B 型，其中 A 型最小，B 型最大；常见的桩身有效预应力为 3.5 ~ 6.0MPa。对一般的建筑工程，采用 A 型或 AB 型管桩可抵消打桩引起的部分桩身拉应力。管桩外径

300~1200mm，壁厚 60~130mm，在工厂以离心法制成，常用单节长度 4~15m。管桩沉入土中的第一节桩称为底桩，底桩端部要设置一个桩尖，常用桩尖形式有十字形、圆锥形和开口形。

预制方桩节间连接方法主要有三种：焊接法、螺栓连接法和硫黄胶泥接桩法。预应力管桩现在大多采用端头板周围电焊连接。

预制钢筋混凝土桩底沉桩方法主要有锤击法、振动法、静压法及辅助沉桩法（如预钻孔辅助沉桩法、冲水辅助沉桩法等），其中锤击法和静压法是目前应用较多的沉桩方法。

锤击法是利用打桩锤下落时的瞬时冲击力冲击桩顶，使桩沉入土中的一种施工方法，主要设备有打桩锤和打桩架。打桩锤分为落锤、气动锤（压缩空气锤和蒸汽锤）、柴油锤（导杆式和筒式）和液压锤，其中以筒式柴油锤用得最多；打桩架主要有滚筒式、轨道式、步履式及履带式。施工时应注意锤重、锤垫和桩垫的选择以及收锤标准的确定，保证接头焊接质量。

静压法是以静力压装机自重和桩架上的配重作反力，以卷扬机滑轮组或电动油泵液压方式给桩施加荷载将桩压入土中的一种施工方法。目前我国应用较多的静力压桩机是液压静力压桩机，可压预制方桩，也可压预应力管桩，施压部位不在桩顶而在桩身侧面，即所谓的箍压式。施工时要注意压桩机及接桩方法的选择，终压控制条件可根据当地经验确定。

1.3.5 钢桩

目前常用的钢桩是钢管桩和 H 形钢桩。

钢管桩主要采用螺旋焊接管和卷板焊接管两种方法制作，直径为 400~3000mm，壁厚为 6~50mm，顶端和底端常设有环形加强箍以减少局部应力过高造成的变形损坏。整根钢管桩一般由一段下节桩、若干段中节桩和一段上节桩组成，桩段间及上节桩与桩盖间均采用焊接方式连接；与预制钢筋混凝土桩相同，桩锤尤其柴油锤是钢管桩沉桩的主要设备之一。对超长钢管桩，沉桩必须选用重锤，必要时应进行桩的可打性分析，以控制桩材的锤击应力，了解桩的贯穿能力。施工时还应根据工程特点、地质水文条件、施工机械性能及设计条件确定沉桩方法，如桩的施工标高、打桩顺序等。

H 形钢桩在工厂一次轧制而成，断面大多呈正方形，尺寸为（200×200~360×410）mm，翼缘和腹板的厚度为 9~26mm 不等，质量为 43~231kg/m；桩体同样由一段下节桩、若干段中节桩和一段上节桩组成；桩节间除焊接方式外，还可采用钢板连接或螺栓连接。施工也主要采用桩锤（尤其是柴油锤）进行沉桩，但由于其锤击性能比钢管桩差，因而桩锤不能过大；考虑桩身有横向失稳的可能，施工时可采取在桩机导杆底端装活络抱箍等横向约束装置防止失稳现象的发生。

无论是钢管桩还是 H 形钢桩，锤击施工时均须注意以下几个问题：

（1）要保证桩的垂直度，因桩身倾斜会影响桩的入土深度，锤击时扰动地基土，严重的会造成桩的局部变形，甚至焊缝开裂、桩身折断，所以保证桩的垂直度特别是第一节桩的垂直度对整个桩的施工质量有重要影响。

（2）保证焊接时的对称焊接和焊接质量，以减少因不均匀收缩造成的上节桩倾斜。

（3）控制好收锤标准和打入深度，将桩的最终入土深度和最后贯入度结合起来进行沉桩。

1.4 常用桩的常见质量问题

基桩质量检测是为了发现基桩质量问题，并为解决问题提供依据。只有熟悉桩基础常见质量事故及其原因，并了解常见质量事故的处理方法，才能有针对性地选用基桩检测方法，正确判定缺陷类型，合理评估缺陷程度，准确评定桩基工程质量。

桩基事故是指由于勘察、设计、施工和检测工作中存在的问题，或者桩基础工程完成后其他环境变异的原因，造成桩基础受损或破坏现象。

由桩基础事故的定义可看出桩基础事故的主要原因有：

（1）工程勘察质量问题。工程勘察报告提供的地质剖面图、钻孔柱状图、土的物理力学性质指标以及桩基建议设计参数不准确，尤其是土层划分错误、持力层选取错误、侧摩擦力和端阻力取值不当，均会给设计带来误导，产生严重后果。

（2）桩基础设计质量问题。主要有桩基础选型不当、设计参数选取不当等问题。不熟悉工程勘察资料，不了解施工工艺，凭主观臆断选择桩型，会导致桩基础施工困难，并产生不可避免的质量问题；参数指标选取错误，结果造成桩质量达不到设计要求，造成很大的浪费。

（3）桩基础施工质量问题。施工质量问题一般是桩基础质量问题的直接原因和主要原因。桩基础施工质量事故原因很多，人员素质、材料质量、施工方法、施工工序、施工质量控制手段、施工质量检验方法等任一方面出现问题，都有可能导致施工质量事故。

（4）基桩检测问题。基桩检测理论不完善、检测人员素质差、检测方法选用不合适、检测工作不规范等，均有可能对基桩完整性普查、基桩承载力确定给出错误结论与评价。

（5）环境条件。例如软土地区，一旦在桩基础施工完成后发生基坑开挖、地面大面积堆载、重型机械行进、相邻工程挤土桩施工等环境条件变化，均有可能造成严重的桩身质量问题，而且常常是大范围的基桩质量事故。

下面分析几种常用桩的质量问题。

1.4.1 灌注桩质量通病

1. 钻（冲）孔灌注桩

成孔过程采用就地造浆或制备泥浆护壁，以防止孔壁坍塌。混凝土灌注采取带隔水栓的导管水下灌注混凝土工艺。灌注过程操作不当容易出现以下问题：

（1）由于停电或其他原因浇灌混凝土不连续，间断一段时间后，隔水层混凝土凝固形成硬壳，后续的混凝土下不去，只好拔出导管，一旦导管下口离开混凝土面，泥浆就会进入管内形成断桩。如果采用加大管内混凝土压力的方法冲破隔水层，形成新隔水层，老隔水层的低质量混凝土残留在桩身中，形成桩身局部低质混凝土。

（2）对于有泥浆护壁的钻（冲）孔灌注桩，桩底沉渣及孔壁泥皮过厚是导致承载力大幅降低的主要原因。

（3）水下浇筑混凝土时，施工不当如导管下口离开混凝土面、混凝土浇筑不连续，桩身会出现断桩的现象，而混凝土搅拌不均、水灰比过大或导管漏水均会产生混凝土离析。

（4）当泥浆密度配置不当，地层松散或呈流塑状，导致孔壁不能直立而出现塌孔，或承压水层对桩周混凝土有侵蚀时，桩身就会不同程度地出现扩径、缩径或断桩现象。

（5）桩径小于600mm的桩，由于导管和钢筋笼占据一定的空间，加上孔壁和钢筋的摩擦力作用，混凝土上升困难，容易堵管，形成断桩或钢筋笼上浮。

（6）对于干作业钻孔灌注桩，桩底虚土过多是导致承载力下降的主要原因，而当地层稳定性差出现塌孔时，桩身也会出现夹泥或断桩现象。

（7）导管连接处漏水将形成断桩。

2. 沉管灌注桩

沉管灌注桩具有设备简单、施工速度快等优点，但是这种桩质量不够稳定，容易出现质量问题，其主要问题有：

（1）锤击和振动过程的振动力向周围土体扩散，靠近沉管周围的土体以垂直振动为主，一定距离外的土体以水平振动为主，再加上侧向挤土作用易把初凝固的邻桩振断，尤其在软、硬土层交界处最易发生缩径和断桩。

（2）拔管速度快是导致沉管桩出现缩径、夹泥或断桩等质量问题的主要原因，特别是在饱和淤泥或流塑状淤泥质软土层中成桩时，控制好拔管速度尤为重要。

（3）当桩间距过小时，邻桩施工易引起地表隆起和土体挤压，产生的振动力、上拔力和水平力会使初凝的桩被振断或拉断，或因挤压而缩径。

（4）在地层存在承压水的砂层，砂层上又覆盖有透水性差的黏土层，孔中浇灌混凝土后，由于动水压力作用，沿桩身至桩顶出现冒水现象，凡冒水桩一般都形成断桩。

（5）当预制桩尖强度不足，沉管过程中被击碎后塞入管内，当拔管至一定高度后下落，又被硬土层卡住未落到孔底，形成桩身下段无混凝土的吊脚桩。对采用活瓣桩尖的振动沉管桩，当活瓣张开不灵活、混凝土下落不畅时，也会产生这种现象。

（6）不是通长配筋的桩，钢筋笼埋设高度控制不准，常在破桩头时找不到钢筋笼，成为废桩。

3. 人工挖孔桩

人工挖孔桩出现的主要质量问题有：

（1）混凝土浇筑时，施工方法不当将造成混凝土离析，如将混凝土从孔口直接倒入孔内或串筒口到混凝土面的距离过大（大于 2.0m）等。

（2）当桩孔内有水时，未完全抽干就灌注混凝土，会造成桩底混凝土严重离析，进而影响桩的端阻力。

（3）干浇法施工时，如果护壁漏水，将造成混凝土面积水过多，使混凝土胶结不良，强度降低。

（4）地下水渗流严重的土层，易使护壁坍塌，土体失稳塌落。

（5）在地下水丰富的地区，采用边挖边抽水的方法进行挖孔桩施工，致使地下水位下降，下沉土层对护壁产生负摩擦力作用，易使护壁产生环形裂缝；当护壁周围的土压力不均匀时，易产生弯矩和剪力作用，使护壁产生垂直裂缝；而护壁作为桩身的一部分，护壁质量差、裂缝和错位将影响桩身质量和侧阻力的发挥。

1.4.2　预制桩质量通病

1. 钢桩

钢桩的常见质量问题有：

（1）锤击应力过高时，易造成钢管桩局部损坏，引起桩身失稳。

（2）H 形钢桩因桩本身的形状和受力差异，当桩入土较深而两翼缘间的土存在差异时，易发生朝土体弱的方向扭转。

（3）焊接质量差，锤击次数过多或第一节桩不垂直时，桩身易断裂。

2. 混凝土预制桩

混凝土预制桩的常见质量问题有：

（1）桩锤选用不合理，轻则桩难以打至设定标高，无法满足承载力要求，或锤击数过多，造成桩疲劳破坏；重则易击碎桩头，增加打桩破损率。

（2）锤垫或桩垫过软时，锤击能量损失大，桩难以打至设定标高；过硬则锤击应力大，易击碎桩头，使沉桩无法进行。

（3）锤击拉应力是引起桩身开裂的主要原因。混凝土桩能承受较大的压应力，但抵抗拉应力的能力差，当压力波反射为拉力波，产生的拉应力超过混凝土的抗拉强度时，一般会在桩身中上部出现环状裂缝。

（4）焊接质量差或焊接后冷却时间不足，锤击时易使焊口处开裂。

（5）桩锤、桩帽和桩身不能保持一条直线，造成锤击偏心，不仅使锤击能量损失大，桩无法沉入设定标高，而且会造成桩身开裂、折断。

（6）桩间距过小，打桩引起的挤土效应使后打的桩难以打入或使地面隆起，导致桩上浮，影响桩的端承力。

（7）在较厚的黏土、粉质黏土层中打桩，如果停歇时间过长，或在砂层中短时间停歇，土体固结、强度恢复后桩就不易打入，此时如硬打，将击碎桩头，使沉桩无法进行。

1.4.3　环境变异引起的桩基础主要质量事故

导致桩基础质量事故的环境因素很多，常见的有：

（1）基础开挖对工程桩造成的影响。例如，机械挖土时，挖机碰撞桩头，一般容易导致桩的浅部裂缝或断裂。在软土地区深基坑开挖时，基坑支护结构出现问题时，基坑附近的工程桩将产生较大的水平位移，灌注桩桩身中上部会产生裂缝或发生断裂，薄壁预应力管桩桩身上部出现裂缝或断裂，厚壁预应力管桩与预制方桩在第一接桩处发生桩身倾斜；基坑降水产生的负摩擦力对桩身强度较差的桩产生局部拉裂缝。

（2）相邻工程施工的影响。间距较近之处施工密集的挤土型桩时，如不采取防护措施，土体水平挤压可能造成桩身一处甚至多处断裂。

（3）地面大面积堆载，会使桩身倾斜、桩中上部出现裂缝或断裂。

（4）重型机械在刚施工完成的桩基础上行进，尤其是预制桩桩基础，对桩头水平向挤压造成桩头水平位移、桩身中上部裂缝或断裂。

1.5　涉及基桩的相关检测方法简介

1. 成孔质量检测

灌注桩是一种应用非常广泛的基础形式，灌注桩的质量检测往往都是事后检测，出现问题后的处理成本将非常高，关注灌注桩的施工过程的质量控制方法则可提早发现问题，灌注桩的成孔质量检测则是一种施工过程控制的方法。

灌注桩成孔质量检测的检测指标主要包括：成孔孔径，垂直度，孔深，孔底沉渣厚度等。常用的成孔检测仪器有接触式机械成孔检测仪和非接触式超声波成孔检测仪。

2. 基桩完整性检测方法

基桩完整性检测的主要方法有：低应变法、高应变法、声波透射法、钻芯法等。在实际基桩检测工程中，应采取什么方法，需根据各种检测方法的特点和适用范围，考虑地基条件、桩型及施工质量可靠性、使用要求等因素进行合理选择搭配。使各种检测方法尽量能互补或验证，在达到正确评价目的的同时，又体现经济合理性。当然随着技术的发展，声波透射法 CT 检测技术也在实际工程中得到了越来越多的应用。

3. 基桩承载力检测方法

基桩承载力检测包括单桩竖向抗压承载力、单桩竖向抗拔承载力、单桩水平承载力检测。基桩承载力检测方法主要有：高应变法、静载试验法、自平衡法等。在静载试验过程中，可以通过桩身埋设的传感器检测桩身应力。

4. 既有建筑基桩检测方法

常规使用的基桩检测方法主要用于桩顶自由的基桩，当桩顶处于非自由状态时，将传统的检测方法进行应用时将会产生很多局限性，因此针对桩顶非自由状态的既有建筑的基桩检测，主要采用旁孔透射波法、双传感器上波形法、磁测桩法等。

5. 其他检测测试方法

涉及基桩的检测方法还有：利用钻芯孔或者管桩内部通道的孔内摄像方法，可以对超声波检测进行定量和直观化的超声波 CT 检测方法，桩身应力测试方法等。随着装配式建筑的大力推行，可在工厂内预制完成的管桩也在沿海地区得到了广泛应用，针对管桩的检测方法有：室内质量检测、焊缝质量检测、管桩倾斜度检测、管桩内壁缺陷检测等。

第 2 章　基桩成孔检测技术

2.1　概述

随着我国国民经济的不断发展，人们对出行条件、居住环境的要求越来越高，未来数十年，我国在基础设施建设领域仍将有巨大的投资，高铁、大坝、大桥及各种高层建筑将越来越多。大型建筑往往具有巨大的质量，因此必须构建在稳定的基础之上，基桩是目前这类建筑中应用最广泛的基础形式。工程应用中的基桩有多种类型，包括钢管桩、预制桩、钻孔灌注桩等。在这些类型中，钻孔灌注桩由于具有单桩承载力高、稳定性好、适用性强等优点，是大型建筑最主要的基础形式。但是，由于钻孔灌注桩施工过程大部分是在水下或地下，其施工细节无法直接观察，而且在其施工过程中任何一个环节出现问题，都将直接影响整个工程的质量和进度，甚至造成巨大的经济损失、严重的安全事故和不良的社会影响。因此，钻孔灌注桩质量的控制成为工程各方关注的焦点。

钻孔灌注桩的施工，首先需要成孔，在钻孔成型以后进行清孔，然后下放钢筋笼，最后浇筑混凝土。成孔是钻孔灌注桩施工的前提，若其质量控制得不好，则可能发生扩孔、缩孔、桩孔偏斜或桩端达不到设计持力层等问题，这些问题将直接造成钻孔灌注桩后期混凝土灌注的施工质量，进而造成桩身承载力不足等质量问题。因此，通过对基桩开展成孔质量检测，确保成孔合乎规范要求，使安全事故或质量隐患在事前得到有效预防，保证工程质量和工期要求，具有重要的实际意义。此外，实践证明：处理问题桩孔比处理问题桩简单得多，更节省成本及缩短工期。从防患于未然的观点看，成孔质量检测比后期质量验收检测更为重要。

2.1.1　相关要求

基桩成孔质量检测主要包含孔深、孔径、垂直度、沉渣厚度这四个项目。成孔检测的质量检验标准应符合国家现行标准《建筑地基基础工程施工质量验收规范》（GB 50202）、《建筑地基基础工程施工规范》（GB 51004）、《建筑桩基技术规范》（JGJ 94）、《公路桥涵施工技术规范》（JTG/T F50）和《公路工程质量检验评定标准 第一册 土建工程》（JTG F80/1）等的有关规定。以上标准对灌注桩的垂直度、桩径、沉渣厚度等都规定了明确的允许偏差或允许值。《建筑地基基础工程施工质量验收规范》（GB 50202—2018）中的判定标准参考表 2-1，《公路桥涵施工技术规范》（JTG/T F50—2011）中的判定标准参考表 2-2。

表 2-1　GB 50202—2018 中的判定标准表

序号	成孔方法		桩径允许偏差（mm）	垂直度允许偏差（%）	桩位允许偏差（mm）	
					1～3 根、单排桩基垂直于中心线方向和群桩基础的边桩	条形桩基沿中心线方向和群桩桩基础的中间桩
1	泥浆护壁钻孔桩	$D \leqslant 1000mm$	±50	<1	$D/6$，且不大于 100	$D/4$，且不大于 150
		$D > 1000mm$	±50		$100 + 0.01H$	$150 + 0.01H$
2	套管成孔灌注桩	$D \leqslant 500mm$	−20	<1	70	150
		$D > 500mm$			100	150
3	干成孔灌柱桩		−20	<1	70	150
4	人工挖孔桩	混凝土护壁	+50	<0.5	50	150
		钢套管护壁	+50	<1	100	200

注：1. 桩径允许偏差的负值是指个别断面。

2. 采用复打、反插法施工的桩，其桩径允许偏差不受表中数值的限制。

3. H 为施工现场地面标高与桩顶设计标高的距离，D 为设计桩径。

表 2-2　JTG/T F50—2011 中的判定标准表

	项目	规定值或允许偏差
钻（挖）孔桩	孔的中心位置（mm）	群桩为 100；单排桩为 50
	孔径（mm）	不小于设计桩径
	倾斜度（%）	钻孔 <1；挖孔 <0.5
	孔深（m）	摩擦桩：不小于设计规定 支承桩：比设计深度超深不小于 0.05
	沉淀厚度（mm）	摩擦桩：符合设计规定，当设计未规定时，对直径 ≤1.5m 的桩，≤200；对桩径 ≥1.5m，桩长 >40m 或土质较差的桩，≤300 支承桩：不大于设计规定；设计未规定时，≤50；对桩径 >1.5m、桩长 >40m 或土质较差的桩，≤500
	清孔后泥浆指标	相对密度为 1.03～1.10；黏度为 17～20Pa·s；含砂率 <2%；胶体率 >98%

2.1.2 检测方法简介

自我国从 20 世纪中叶开始引入混凝土钻孔灌注桩以来，成孔检测技术经历了三个阶段的发展。第一阶段为成孔检测设备发展初期阶段，我国于 1963 年在河南安阳境内，冯宿桥的桥台桩基施工中首次采用钻孔灌注桩基础，并使用钢筋笼检孔器来检测成孔质量。该方法现场检测施工简单、方便、实用，但是钢筋笼检孔器体型庞大，在经过多次进出钻孔检测后，钢筋笼容易发生变形，需要经常进行维修和加固，且每次成孔检测只能针对一种孔径的桩基，对于不同孔径的桩基检测需要另外加工钢筋笼检孔器，且每次检测中需要起重设备（如吊车）协助，使用起来不方便，检测结果不够直观和精确，只能用于成孔质量定性评价。在当时设备、人员、技术等检测条件较为落后的情况下，该方法在实际的检测中也取得了一定的检测效果。

随着技术的发展和进步，针对前种方法中的缺点和不足，人们随后发明了机械式（接触式）井径检测仪用于成孔质量检测，其中以 JJC-1D 型和 JJC-1E 型灌注桩孔径检测仪为代表，标志着成孔检测进入了第二阶段。该仪器主要由 4 个两两相对能弹开的测量脚组成，测量脚处安装了电子传感器。当仪器被放入孔底时，测量脚自动弹开，当仪器自下而上地上拉时，相对的两组测量脚可以得到两组孔径的数据，取两组数据的平均值作为测量孔径值，并且当测量脚上升至孔口的时候，可以得到孔的实际深度，另有两个专用探头测量钻孔的垂直度和沉渣厚度。在工程检测行业中，使用机械式的井径检测仪来检测成孔灌注桩的应用案例较多，该仪器的优点在于：操作简单、仪器的适用范围较广、检测快速、检测的费用较低，但是检测结果仍然不够精确和直观，影响成孔检测的质量分析和解释工作。

随着设备的电子化和信息化的水平提高，成孔检测仪也经历了从机械式井径检测仪到超声波成孔检测仪的发展过程。在 20 世纪 70 年代中期，以日本为代表的发达国家，对超声波成孔检测仪开展了一系列的科学研究和应用，这标志着成孔检测技术进入第三阶段。日本竹中技术研究所、KAIJO 株式会社、KODEN 株式会社光电制作所，先后研制了超声波成孔质量检测仪。我国从 80 年代就开始引入超声波成孔检测仪，并运用于建筑工程、大型桥梁的泥浆钻孔桩成孔检测中。同一时间，我国也开展了"大直径灌注桩成孔检测成套技术与设备"的研究和仿制，在 90 年代研制出 4-YD100 型超声波成孔质量检测仪的样机，并在实际工程应用中取得了良好的效果。

目前在国内的超声波成孔质量检测领域中，常用的仪器有日本 KODEN 公司生产的 602/604-DM 型超声波钻孔侧壁检测仪、武汉中岩科技股份有限公司的 RSM-HGT（B）超声波成孔质量检测仪、中科院声学研究所东海研究站的

UDM100Q/150 超声波地下连续墙检测仪等。这些仪器的检测方法和原理、检测的精度、检测的范围、仪器操作逻辑等都基本一致，而且国产仪器通过近几年的发展，产品质量已经达到国内外同行业先进水平。

综合目前主要的成孔质量检测方法，可以按检测对象分为孔深检测、孔径检测、垂直度检测、沉渣厚度检测。

1. 孔深检测

成孔孔深可采用测绳法、钻杆长度复核法单独检测；在孔径、垂直度检测时，利用设备的深度编码器及滑轮同步进行检测。

用于孔深检测的测绳法工作原理：将悬挂有锥形重物的带标尺的测绳沿桩孔下探到持力层顶面，读取孔口测绳标尺读数即为孔深。用于孔深检测的深度编码法工作原理：在孔径或垂直度检测的同时，通过深度编码器计算设备探头下行时带动滑轮转动圈数与每圈周长的乘积，推算孔深。钻杆长度复核法是采用标准卷尺，对钻杆累积进深进行复核确定孔深。

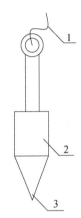

和测绳连接的重物应有一定的质量和尖锐度，才能穿过沉渣层，到达持力层表面，和测绳连接的锥状重物示意图如图 2-1 所示。

图 2-1　测绳法设备示意图
1—测绳；2—锥状重物；3—锥角

采用深度编码法检测时，孔口滑轮经过一段时间的使用后会发生一些变化，测量孔深值会因此产生误差，需要定期通过孔深系数进行修正。

孔深检测常用方法的主要设备及优缺点对比如表 2-3 所示。

表 2-3　孔深检测常用方法及仪器设备综合对比表

对比项目	测绳法	深度编码法	钻杆长度复核法
主要仪器设备及器具	测绳、锥状重物	深度编码器、滑轮	标准卷尺
优点	检测方便、快捷	可与其他检测同步进行	可到达桩孔最深处
缺点	锥状重物因泥浆、沉渣等原因，未必完全到达持力层顶面	探头因泥浆、沉渣等原因，未必完全到达持力层顶面	钻杆长度复核花费时间较多，要做一些标识

2. 孔径检测

成孔孔径检测常用的方法有探笼法、机械接触法和超声波法。

探笼法的工作原理：采用小于孔径的笼状物在桩孔中下探，通过判断是否顺利下探来初步检测孔径和垂直度。探笼直径宜根据钢筋保护层厚度及保护层重要性确定，当保护层要求较高时，探笼直径宜取较高值；笼身等直径段长度宜根据垂直度的要求确定，当垂直度要求较严格时，笼身等直径段长度宜取较高值。孔径探笼外形示意图如图2-2所示。

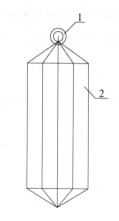

机械接触法主要使用设备为伞形孔径仪，其检测工作原理：采用类似伞状的机械臂和孔壁紧密接触，通过机械臂上内置的张角传感器或机械臂的移动改变电位器电阻值来测量孔径大小。

超声波法工作原理：将超声探头悬挂在桩孔内，探头四个方向的换能器通过发射和接收超声波来测量探头与四壁的距离，通过这些距离来计算当前截面的孔径。

图2-2　孔径探笼外形示意图
1—吊环；2—笼身等直径段

这几种常用方法差异较大，其使用的仪器设备和对孔径的适应情况都有不同，具体的区别和适应情况如表2-4所示。

表2-4　孔径检测常用方法及仪器设备综合对比表

对比项目	机械接触法	超声波法	探笼法
主要仪器设备及器具	目前主要为伞形孔径仪	超声波成孔检测仪	探笼装置
测点间距	测点间距一般较大，测点较少，也可设定小间距，但效率较低	测点间距较小，测点较多	连续探测
孔径适应性	不同大小的孔径，选不同型号的探头。直径3.0m以上及支盘桩、扩孔桩等变直径桩孔不宜采用本法检测	适用于仪器能力范围内各孔径、各形状的桩孔，但不宜检测直径或边长小于0.6m的桩孔	适合等直径灌注桩桩孔，对变直径桩孔无法检测变径情况
泥浆影响	桩孔内气泡、泥浆相对密度和含砂率对测试结果影响不大，因此工期紧张时宜采用此法	泥浆相对密度超过1.3，含砂率超过4%，或桩孔内气泡等对测试结果有影响。等待桩孔内悬浮的泥沙颗粒完全沉淀和气泡消失，可能要花费较长时间	无影响

3. 垂直度检测

垂直度检测的方法有顶角测量法、圆心拟合法、超声波法和探笼法，其中使用较多的为顶角测量法和超声波法。

顶角测量法的工作原理：将测斜仪从孔顶逐步降至孔底附近，通过测斜仪测量桩孔中不同深度倾斜角变化的几何关系，推算桩孔的垂直度。

圆心拟合法的工作原理：采用接触式孔径仪进行孔径检测时，记录各机械臂的方位及角度，在桩孔中各深度进行拟合、插值，形成一条由拟合成的圆心连成的空间曲线再次拟合成空间直线，用此直线相对重力方向的倾斜角度推算垂直度。

超声波法的工作原理：通过记录孔口到孔底的声时和反射强度，可计算出钻孔在不同深度处的孔径值，并反映出孔壁情况。到达孔底后，还可以得出孔深，从而计算出孔的垂直度。

这几种常用方法差异较大，其使用的仪器设备和对孔径的适应情况都有所不同，尤其在操作便利性上，超声波法优势明显，具体的区别和适应情况如表 2-5 所示。

表 2-5　垂直度检测常用方法及仪器设备综合对比表

对比项目	顶角测量法	圆心拟合法	超声波法	探笼法
主要仪器设备及器具	测斜仪、扶正器	伞形孔径仪	超声波成孔检测仪	探笼装置
测点间距	测点间距一般较大，测点较少，也可设定小间距，但效率较低		测点间距较小，测点较多	连续探测
孔径适应性	不同大小的孔径，选不同型号的探头。不宜检测直径 3.0m 以上的桩孔。对支盘桩、扩孔桩等变直径桩桩孔不宜用此法检测		适用于仪器能力范围内的桩孔径和形状的桩孔，但不宜检测直径或边长小于 0.6m 的桩孔	等直径灌注桩桩孔，对变直径桩桩孔无法检测变径情况
泥浆影响	桩孔内气泡、泥浆相对密度和含砂率对测试结果影响不大，因此工期紧张时宜采用此法		泥浆相对密度超过 1.3，含砂率超过 4%，或桩孔内气泡等对测试结果有影响。等待桩孔内悬浮的泥沙颗粒完全沉淀和气泡消失，可能要花费较长时间	无影响
操作便捷性	垂直度和孔径需更换探头分次进行	垂直度和孔径同步检测完成	探头升降一次，可同步测试桩孔径和垂直度	垂直度和孔径检测同步完成

4. 沉渣厚度检测

沉渣厚度检测常用的方法有电阻率法、探针法和测锤法。

电阻率法的工作原理：孔底沉渣或相对密度较大的泥浆与上部颗粒悬浮较好的泥浆存在着较明显的电性差异，采用微电极探头，可区分薄层的电阻率差异。利用电阻率-深度曲线的突变点可以确定沉渣的分界位置。

探针法工作原理：在一个探头上集成了探针伸缩装置、探针压力传感器（或电流表）和探头倾角传感器，机械探针将从浮盘中心处的一个圆孔中伸出，并穿过沉渣层，综合压力曲线和探头倾斜角度曲线的变化能给出沉渣厚度。

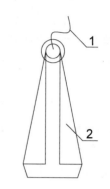

测锤法工作原理：通过平底测锤（图2-3）下行到沉渣的上表面的深度和孔深进行比较，其差值即渣厚度。平底是为使重锤落在沉渣表面，不进入沉渣层中造成检测误差。因为重锤较重，尼龙绳容易被拉伸，因此一般尼龙绳只适宜20m以内的孔深测量；高度和直径比例合理，才有一定冲击力，可以克服泥浆浮力。

图2-3 沉渣测锤示意图
1—测绳；2—沉渣测锤

这几种常用方法在适用阶段和仪器设备上都有很大的不同，尤其是某些方法还受孔内地下水的影响，具体的区别和适应情况如表2-6所示。

表2-6 沉渣厚度检测常用方法及仪器设备综合对比表

对比项目	电阻率法	探针法	测锤法
主要仪器设备及器具	电阻率沉渣检测仪	探针沉渣检测仪	沉渣测锤
适用阶段	因体积较小，可在下导管前检测，也可在下导管后在导管内检测	在下导管前检测	一般在下导管后检测，也可在下导管前检测，其意义不同
地下水影响	地下水含盐量高时不宜采用	不影响	不影响

2.2 孔径检测——接触式

2.2.1 检测原理

孔径测量采用接触式数字综合探管进行量测。测量时探管带动4条测量腿紧贴孔壁做向上移动，测量腿上安装有传感器，当被测孔径大小变化时，4条测量腿将相应扩张和收缩，测出在2个正交方向的孔径变化，经放大器放大后计算出孔径值的实际变化量。

（1）伞形孔径仪张角采用电位差检测时（图2-4），孔径按下式计算：

$$D = D_0 + k\Delta V/I \tag{2-1}$$

式中　D——测点位置的孔径检测值（m）；

　　　D_0——孔径起始值（m）；

　　　k——伞形孔径仪标定系数（m/Ω）；

　　　ΔV——测量信号电位差（V）；

　　　I——恒流源电流（A）。

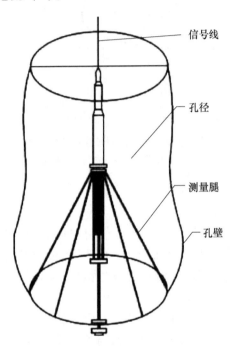

图 2-4　机械式井径仪示意图

（2）伞形孔径仪张角采用机械臂倾角（图2-5）检测时，正交方向的孔径按下列公式计算：

$$D_{1,3} = L_{arm}\sin\theta_1 + L_{arm}\sin\theta_3 \tag{2-2}$$

$$D_{2,4} = L_{arm}\sin\theta_2 + L_{arm}\sin\theta_4 \tag{2-3}$$

式中　　　$D_{1,3}$、$D_{2,4}$——测点位置正交两个方向的孔径检测值（m）；

　　　　　L_{arm}——机械臂长度（m）；

θ_1、θ_2、θ_3、θ_4——正交机械臂1、2、3、4与铅垂线之间的夹角，其中机械臂1和3在同一平面上，2和4在与之正交的平面上（°）。

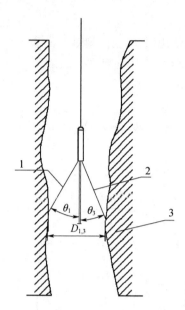

图 2-5　机械臂倾角检测时孔径的计算示意图

1—机械臂；2—机械臂；3—孔壁

2.2.2　检测仪器介绍

接触式孔径检测系统如图 2-6 所示，上位机采用笔记本电脑进行上位机检测，通过与下位机进行通信，实现灌注桩成孔检测的数字化。系统主件由笔记本电脑（便携式打印机），微机检测仪（下位机）、井径仪、绞车及井下仪器等几部分组成。

相关规范对接触式仪器也有一些规定，以《钻孔灌注桩成孔、地下连续墙成槽质量检测技术规程》（江苏省工程建设标准 DGJ32/TJ 117—2011）标准为例，具体要求如下：

接触式仪器组合法采用的各种仪器设备，应具备标定装置。标定装置应经国家法定计量检测机构检定合格。

1. 接触式仪器组合法的一般要求

（1）电缆拉力满足仪器在孔内升降的要求。

（2）工作温度：测量探头 $0 \sim 50^{\circ}\text{C}$，地面仪器 $-10 \sim 45^{\circ}\text{C}$。

（3）仪器绝缘性能和水密性能应满足检测的要求。

（4）仪器工作时，应能及时显示和存储实测数据和曲线。

2. 孔径检测系统应符合的规定

（1）被测孔径小于 1.5m 时，孔径检测误差 $\leqslant \pm 15\text{mm}$；被测孔径大于等于 1.5m 时，孔径检测误差 $\leqslant \pm 25\text{mm}$；

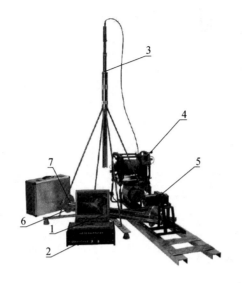

图 2-6 接触式孔径检测系统

1—笔记本电脑（便携式打印机）；2—微机检测仪（下位机）；3—井径仪；
4、5—电动绞车和井口滑轮；6—沉渣测定仪井下仪器；7—高精度测斜仪井下仪器

（2）测量杆不应少于 4 根，测量杆应能同时张开且在水平投影方向互呈 90°
角。测量杆张开时应具备足够的长度和张力，以确保末端能接触孔壁。

2.2.3 现场检测

检测前应具备并熟悉下列资料：
（1）委托方和设计方的检测要求；
（2）岩土工程勘察资料、桩设计资料及桩平面布置图；
（3）相关的成孔工艺资料；
（4）踏勘施工现场，编制检测方案。

检测时将井口滑轮稳定放至钻孔架上，使井径仪下垂中心与井孔中心对准、一
致。在井孔附近安设井口绞车，并将地面数字测井仪平稳放至地面，地面数字测井
仪连接计算机，并连接井径仪。之后检查数据数字测井仪通信、脉冲信号是否正
常。当发现有异常现象时，应立即进行故障检修。当检查情况正常后，井径仪装上
阻尼盘和阻尼杆，通过计算机进入井径测量程序。操作人员通过井口滑轮匀速下放
井径仪，可在地面仪的深度测量程序中及时看到深度。当仪器下放至孔底时，此时
的深度就是钻孔的深度。到达孔底后，快速向上提拉绳，使阻尼盘脱开，四条测
量腿即被打开。测量腿随电缆提升而沿井壁向上运动，孔壁直径的变化带动测量腿
倾角的变化，其变化由传感器变成电信号，电缆每移动 2.5cm，计算机就做一次采
样，通过串口在计算机上进行处理。现场孔径检测示意图如图 2-7 所示。

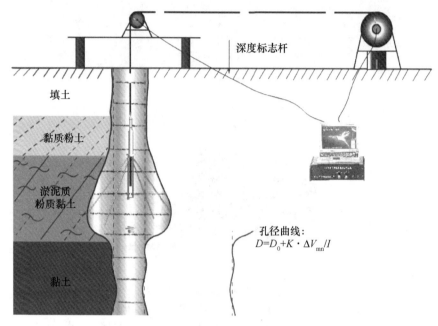

填土

黏质粉土

淤泥质
粉质黏土

黏土

深度标志杆

孔径曲线:
$D=D_0+K \cdot \Delta V_{mn}/I$

图 2-7　现场孔径检测示意图

2.3　孔径检测——超声式

2.3.1　检测原理

1. 超声波的基本原理

发声体产生的振动在介质内的传播叫作声波,超声波是声波的一种。简单地说,超声波是指频率超过人耳所能分辨声波频率的声波。一般而言,超声波是指声音频率大于 20kHz 的声波。与光波不同,超声波是一种弹性机械波,它可以在气体、液体及固体中传播。弹性波在介质中的传播速度主要取决于介质的惯性,对超声波而言,其在空气中的传播速度为 340m/s;在固体中的传播速度一般随密度增加而增加,为 2000~6000m/s;在液体中的传播速度取决于液体的温度、密度和溶液浓度,有一定变化范围,经实验测定,其在钻孔泥浆液中的传播速度为 1450m/s。

超声波和普通声波在本质上是一致的,都通常以纵波的形式在弹性介质内传播,两者的区别只是超声波的频率较高而已。此外,超声波的波长较短,在一定距离内按直线传播,具有良好的束射性和方向性。

超声波在泥浆液中是按纵波形式传播的,纵波是指质点振动方向与传播方向一致的波,其波形称为纵波波形。纵波波动示意图如图 2-8 所示,其中 λ 为波长。

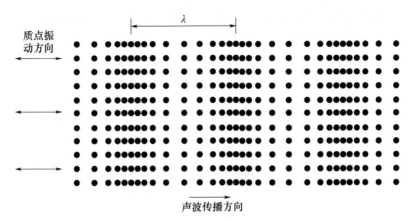

图 2-8　纵波波动示意图

2. 声波的反射

（1）反射定律

声波从一种介质（$Z_1 = \rho_1 v_1$）传播到另一种介质（$Z_2 = \rho_2 v_2$）时，在界面上有一部分能量被界面反射，形成反射波，如图 2-9 所示。

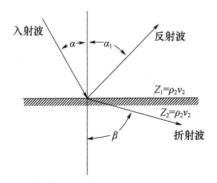

图 2-9　声波在界面上的反射和折射

入射波波线及反射波波线与界面法线的夹角分别为入射角和反射角，入射角 α 的正弦与反射角 α_1 的正弦之比，等于波速之比，即

$$\frac{\sin\alpha}{\sin\alpha_1} = \frac{v_1}{v_1'} \tag{2-4}$$

当入射波和反射波的波形相同时，$v_1 = v_1'$，所以

$$\alpha = \alpha_1 \tag{2-5}$$

（2）反射率

反射波声压 P' 与入射波声压 P 之比，称为反射率 γ，即

$$\gamma = \frac{P'}{P} \tag{2-6}$$

γ 的大小与入射波角度、介质声阻抗率及第二种介质的厚度有关。

当第二介质很厚时，γ 为

$$\gamma = \frac{Z_2\cos\alpha - Z_1\cos\beta}{Z_2\cos\alpha + Z_1\cos\beta} \tag{2-7}$$

如果这时声波垂直入射，即 $\alpha = \beta = 0$ 时，则上式可简化为

$$\gamma = \frac{Z_2 - Z_1}{Z_2 + Z_1} \tag{2-8}$$

当第二介质为薄层时，γ 为

$$\gamma = \left[\frac{\frac{1}{4}\left(\zeta - \frac{1}{\zeta}\right)^2 \sin^2\left(\frac{2\pi\delta}{\lambda}\right)}{1 + \frac{1}{4}\left(\zeta - \frac{1}{\zeta}\right)^2 \sin^2\left(\frac{2\pi\delta}{\lambda}\right)} \right]^{\frac{1}{2}} \tag{2-9}$$

式中　ζ——声阻抗之比，即 $\zeta = Z_1/Z_2$；

　　　λ——波长；

　　　δ——第二种介质的厚度。

（3）反射系数

反射声强 J_1 与入射声强 J 之比，称为反射系数 f_R。其计算公式为

$$f_R = \frac{J_1}{J} = \left(\frac{Z_2\cos\alpha - Z_1\cos\beta}{Z_2\cos\alpha + Z_1\cos\beta}\right)^2 \tag{2-10}$$

若为垂直入射，即 $\alpha = \beta = 0$，则

$$f_R = \left(\frac{Z_2 - Z_1}{Z_2 + Z_1}\right)^2 = \gamma^2 \tag{2-11}$$

3. 超声波孔径检测原理

超声波成孔质量检测的基本原理是超声波反射测距原理。在检测时，将超声波检测探头悬浮于泥浆中，与孔壁不发生直接接触，因此其属于非接触式无损检测方法。超声波成孔质量检测时，通过自动化绞车将超声波探头放入钻孔内，靠其自重，在重力作用下使探头保持铅垂状态。检测时主机会根据设定，控制超声波发射探头内的振荡器会产生一定频率的电脉冲，经放大后由发射探头转换为超声波，通过钻孔内泥浆液向孔壁方向传播，由于钻孔内泥浆液与孔壁地层的声阻抗差异很大，超声波到达孔壁后绝大部分会被反射回来，反射超声波经接收探头接收，转换成电信号，经过放大、滤波等处理后，由信号采集模块转换为数字信号显示存储，其检测原理如图 2-10 所示。

超声波发射接收探头在相互垂直的四个方向上均有一个发射端和接收端，能同时测量四个方向的发射接收时间。完成一次测量后，钻头提升，进行下次测量。当探头从钻孔底部匀速提至孔口，超声波探头也完成了连续检测，便可得到整个钻孔孔径剖面变化情况，如图 2-11 所示。

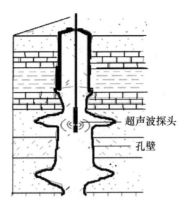

超声波探头

孔壁

图 2-10 超声波成孔质量检测原理图

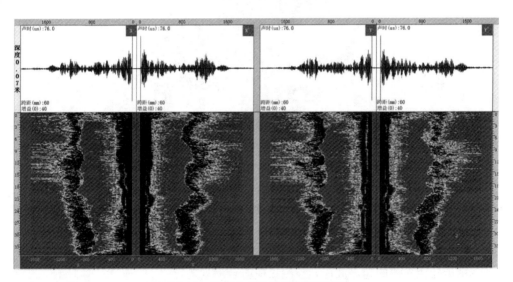

图 2-11 超声波成孔质量检测波列图

2.3.2 检测仪器介绍

目前在国内的超声波成孔质量检测领域中，常用的进口仪器有日本KODEN
公司生产的 602/604-DM 型超声波钻孔侧壁检测仪，常用的国产仪器有武汉中
岩科技股份有限公司的 RSM-HGT（B）超声波成孔质量检测仪、中科院声学研
究所东海研究站的 UDM100Q/150 超声波地下连续墙检测仪、武汉天辰伟业公
司的 K150/160B-TS 型超声波成孔成槽检测仪等。这些仪器的检测方法和原理、
检测的精度、检测的范围、仪器操作逻辑等都基本一致。近几年，以武汉中岩
科技股份有限公司的 RSM-HGT（B）超声波成孔质量检测仪为代表的国产仪器
在小型化及对泥浆比重的适应性上都有很大的提高，产品质量已经达到国际领

先水平。

超声波成孔质量检测仪一般由主机、数控绞车和超声波发射接收探头三大部件组成，如图 2-12 所示。探头在主机的控制下匀速旋转，探头上的发射器以 10～500 次/s 的速度发射一定频率的超声波，探头上的接收换能器接收经孔壁反射的信号，反射信号到达时间反映孔径的大小，信号强度反映孔壁的特性。主机控制超声信号发射，采集反射信号、深度计数信号和电子罗盘方位信号。通过垂直向移动探头连续扫描，从而实现对成孔质量的检测和评价，这样可全面了解成孔状况（孔径、孔深、扩径、缩径、垂直度）等。

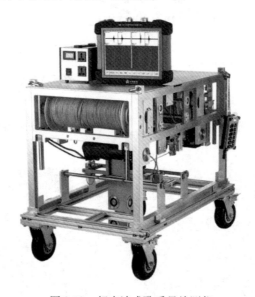

图 2-12　超声波成孔质量检测仪

用于孔径检测的超声波成孔检测仪应符合下列规定：

（1）超声波仪器的探头应能同时对正交的不少于 4 个方向进行检测；

（2）超声波探头升降速度应能实时调节；

（3）超声波探头在遇到孔壁或孔底时应能自动停机。

2.3.3　现场检测

1. 超声波法检测规定

超声波法进行孔径检测应按以下规定进行：

（1）检测宜在清孔完毕、孔中泥浆内气泡消散后进行；

（2）检测前，应对仪器系统进行标定，标定应至少进行 2 次；

（3）标定完成后，相关参数在该孔的检测过程中不应变动；

（4）仪器探头起始位置应对准护筒或桩孔的中心轴线；

（5）应标明检测剖面正交 4 个方向与实际方位的关系，试成孔、变直径桩孔及直径大于 4.0m 的桩孔等，除应在 4 个方向检测，还应增加检测方向；

（6）探头提升应保持匀速，且不宜大于 0.3m/s。

在进行现场测试操作前，先检查测试仪器的各部分是否正常，如存在异常情况，应及时进行故障维修。如检查确认各部件连接正确后，启动电源和测量软件。按照实际工程需要，在计算机的操作界面上设置好各参数的选项，包括 XY 选项（测试方向）、孔径直径宽度标记、绞车运行速度等。超声波成孔检测，应在钻孔清孔完毕，孔中泥浆内气泡基本消散后进行。仪器探头宜对准护筒中心。一般情况下应进行正交的 $x—x'$ 和 $y—y'$ 两个方向检测，对直径 >4m 的桩孔应增加检测方位。

2. 现场检测步骤

（1）将仪器稳固地架设在孔（槽）上方（图 2-13），超声波换能器应对准桩孔（槽）顶部的中心，检测过程中不得移动仪器。成槽检测时用于槽宽检测的一对探头应与槽面垂直。检测前应设置检测日期、时间、孔号等。

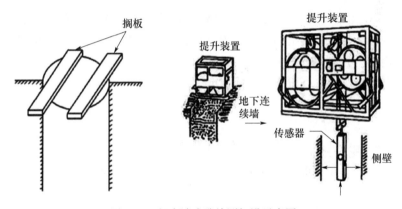

图 2-13　超声波成孔检测架设示意图

（2）利用护筒直径或导墙宽度作为标准距离测得声时值并计算声速。当使用具备自动调节功能的仪器时，可直接通过调整仪器参数设置使仪器显示的孔（槽）尺寸与标准距离一致，调整完毕后利用标准距离验证仪器系统，验证应至少进行 2 次，验证完成后应及时固定相关参数设置，在该孔（槽）的检测过程中不得变动。

（3）将超声波换能器自孔（槽）口下降到底（也可从下至上检测），下降（或上升）过程中对孔（槽）壁连续发射和接收声波信号并实时记录各个深度测点声时值，通过声时值计算断面宽度，也可由记录仪或计算机直接绘制出孔（槽）壁剖面图。成孔检测应同时对孔的两个十字正交剖面进行检测，直径大于 4m 的桩孔、支盘桩孔、试成孔及静荷载试桩孔应增加检测方位。

（4）检测时应记录各检测剖面的走向与实际方位的关系。

（5）现场检测的孔（槽）图像应清晰、准确。

（6）当所测孔（槽）质量不符合验收标准时，应及时通知相关单位进行处理，处理完毕后进行复测。

3. 试成孔现场检测

试验性成孔（槽）施工质量检测应待孔（槽）壁稳定性后，连续跟踪检测时间宜为 12h，每间隔 3～4h 监测一次，每次应定向检测，比较数次实测孔径（槽宽）曲线、孔（槽）深等参数的变化，得出合理的结论。挤扩灌注桩的试成孔宜在成孔后 1h 内等间隔检测不宜少于 3 次，每次应定向检测。

2.3.4 数据分析

现场检测记录图应满足分析精度需要，并包括下列信息：

（1）有明显的刻度标记，能准确显示任何深度截面的孔径（槽宽）及孔（槽）壁的形状。

（2）标记检测时间、设计孔径（槽宽）、检测方向及孔（槽）底深度。

（3）记录图的纵横比例尺，应根据设计孔径（槽宽）及孔（槽）深合理设定，并应满足分析精度需要。

1. 超声波在泥浆介质中的传播速度应按下式计算：

$$c = \frac{2(l_0 - d)}{t_1 + t_2} \tag{2-12}$$

式中　c——超声波在泥浆介质中的传播速度（m/s）；

　　l_0——现场量取的两个正交方向的孔口内壁间距（m）；

　　d——探头直径（m）；

　　t_1、t_2——现场实测的两个正交方向孔壁反射信号的声时值（s）。

2. 成孔孔径应按下列方法计算：

（1）探头中心与四个方向桩孔壁的距离（图 2-14），应按下式计算：

$$l_i = c \cdot \frac{t_i}{2} + \frac{d}{2} \tag{2-13}$$

式中　l_i——第 i（i=1，2，3，4）方向探头中心与桩孔壁的距离（m）；

　　t_i——第 i（i=1，2，3，4）方向上孔壁反射信号的声时值（s）。

（2）成孔孔径应按下式计算：

$$D = \sqrt{\left(l_3 - \frac{l_3 + l_4}{2}\right)^2 + \left(\frac{l_1 + l_2}{2}\right)^2} + \sqrt{\left(l_1 - \frac{l_1 + l_2}{2}\right)^2 + \left(\frac{l_3 + l_4}{2}\right)^2} \tag{2-14}$$

式中　D——测点位置的孔径检测值（m）。

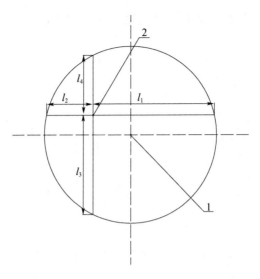

图 2-14　超声波法孔径计算示意图

1—桩孔中心；2—探头中心

2.3.5　现场影响因素分析

1. 现场泥浆的影响

超声波成孔测试时探头置于泥浆中，介质条件影响主要表现在泥浆参数变化引起超声波的衰减，泥浆温度升高，声速增高，泥浆密度增大，声速变慢。泥浆中泥浆含砂率越高，泥浆悬浮颗粒增多，泥浆度加大，对超声波传播产生很大的影响。泥浆中悬浮固体颗粒，再加上机械设备剧烈搅动而产生的气泡，对超声波造成严重的散射和衰减。泥浆密度过高对超声波脉冲会造成更大的能量损耗，当泥浆密度超过某一限度后，尽管测试仪器增益很大，由于回波信号太弱而接收不到。一般来说，设计图纸会对泥浆的密度和含砂率提出要求，密度和含砂率过大会影响信号的强度和测试的准确性。气泡过多也会影响测试效果。

2. 盲区的影响

由于超声波探头发射面外侧 200mm 距离范围内为超声波法检测盲区，对于小直径桩，探头若偏离护筒中心较远，可能会因为桩孔较小的倾斜，导致探头有侧进入盲区而无法检测。而对于普通或大直径桩，当孔斜严重造成超声探头贴壁时，也会导致探头有侧进入盲区而无法检测。

分析盲区问题首先需了解实际超声波成孔检测中的实际信号情况，除了武汉中岩科技的 RSM-HGT（B）超声成孔检测仪，现有很多仪器显示超声波的实测波形，并不利于对超声波成孔检测孔径的分析。以图 2-15 为例，图中为某一深度某剖面的超声波信号，从图中可以看出，超声波信号一般由泥浆近场噪声和孔壁反射信号组成。经过大量的实验发现，盲区的问题主要由以下几方面原因造成：

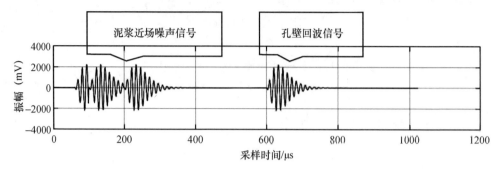

图 2-15　通常超声波法实测波形图

（1）探头本身发射接收存在盲区，盲区的大小一般为 200mm。当孔内泥浆过浓，近场噪声的时长会增大，而孔壁垂直的情况下回波信号的时间是固定的，当泥浆浓度过浓，近场噪声时长增加并与有效孔壁回波信号重叠时，就很难分辨有效的孔壁反射信号了。

（2）当孔内泥浆满足测试要求时，近场噪声的时长固定，但当孔壁倾斜严重造成探头贴壁时，孔壁回波信号的时间减少，信号在时间轴上向左移动并与近场噪声信号重叠，此时也就很难分辨有效的孔壁反射信号了，如图 2-16 所示。

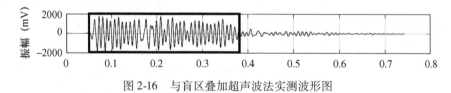

图 2-16　与盲区叠加超声波法实测波形图

尤其需要注意的是，由图 2-17 可发现泥浆近场噪声信号与孔壁回波信号混杂在一起，很难从时间域、频率域上将两者分离开来。增加采集过程中的增益和探头能量，并不能解决此问题，分析数据时不能为了显示美观而采用简单延迟或图像处理清除某时间段泥浆近场噪声的方法，运用不当会绘制出不真实的孔径检查图形，造成对成孔质量检测结果的误判。

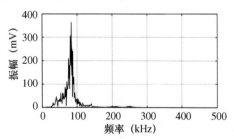

图 2-17　盲区叠加信号频域图

（3）测试速度的影响

测试时，不应一味追求测试速度，当探头升降速度过快、灵敏度较低时，将出现记录信号模糊、断续及空白，从而影响孔径及垂直度的检测。检测中探头升降速度部分先进的超声波设备可达到 0.3m/s 且数据有效，为提高工作效率，对提升速度不宜限制过严，只要升降速度能保证采集到清晰、有效的数据即可。

2.4　垂直度检测

2.4.1　顶角测量法

顶角测量法是将测斜仪从孔顶逐步降至孔底附近，通过测斜仪测量桩孔中不同深度倾斜角变化的几何关系，推算桩孔的垂直度。

1. 检测原理

顶角测量法使用的测斜仪如图 2-18 所示。其工作原理是根据铅垂原理测量顶角，若井轴与仪器铅垂线有夹角，此夹角就是钻孔倾斜的角度，经机械转换，将倾斜的角度转换为电位差，在刻度盘上即可直接读出钻孔的倾斜角度。钻孔内直接测斜应外加扶正器，宜在孔径检测完成后进行。测试时，通过计算机进入垂直度测量程序，由操作人员通过井口滑轮下放测斜仪，匀速下沉直至孔底后，记录保存检测数据。全部测完后保存确认，测得深度、顶角及方位角、偏移量，并以此自行计算出偏心距和垂直度值。

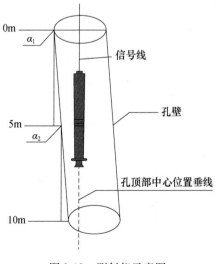

图 2-18　测斜仪示意图

2. 检测仪器

测斜仪是一种测定钻孔倾角和方位角的原位监测仪器。20 世纪 50 年代，一些国家就利用测斜仪对土石坝、路基、边坡及其隧道等岩土工程进行原位监测。我国从 80 年代开始引进美、日、英等国生产的测斜仪对一些重大的岩土工程进行原位监测，取得了良好效果。一些相关的研究机构随后研制出电阻应变式、加速度计式和电子计式等智能型测斜仪。

目前常用的测斜仪分为便携式测斜仪和固定式测斜仪，便携式测斜仪分为便携式垂直测斜仪和便携式水平测斜仪，固定式分为单轴和双轴测斜仪，目前应用最广的是便携式测斜仪。测斜仪的基本配置包括测斜仪套管、测斜仪探头、控制电缆及测斜读数仪。

用于垂直度检测的顶角测量法的设备，应符合下列规定：

（1）测斜仪倾角测量范围应为 $-15° \sim +15°$；

（2）需要扶正器时，测斜仪应与配套的扶正器稳固连接；

（3）扶正器的直径应根据孔径及垂直度要求进行选择。

3. 数据分析

顶角测量法的成孔偏心距应按下式计算：

$$E = D/2 - d_c/2 + \sum h_i \times \sin \left[(\theta_i + \theta_{i-1}) /2 \right] \qquad (2\text{-}15)$$

式中　　E——成孔偏心距（m）；

　　　　D——桩孔孔径（m）；

　　　　d_c——测斜探头或扶正器外径（m）；

　　　　h_i——第 i 段测点距（m）；

　　　　θ_i——第 i 测点实测顶角（°）；

　　　　θ_{i-1}——第 $i-1$ 测点实测顶角（°）。

顶角测量法的成孔垂直度应按下式计算：

$$K = (E/L) \times 100\% \qquad (2\text{-}16)$$

式中　　K——成孔垂直度（%）；

　　　　L——实测孔深度（m）。

2.4.2　圆心拟合法

圆心拟合法是采用接触式孔径仪进行孔径检测时，记录各机械臂的方位及角度，在桩孔中各深度进行拟合、插值形成一条由拟合成的圆心连成的空间曲线再次拟合成空间直线，用此直线相对重力方向的倾斜角度推算垂直度。

1. 检测原理

圆心拟合法采用伞形孔径仪进行孔径检测时，记录各机械臂的方位及角度，在桩孔中各深度进行拟合、插值，形成一条由拟合成的圆心连成的空间曲线再次拟合成空间直线，用此直线相对重力方向的倾斜角度推算垂直度，如图 2-19 所示。

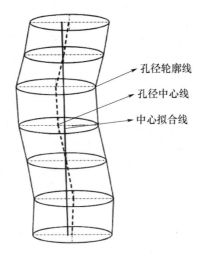

图 2-19　圆心拟合法计算垂直度原理示意图

2. 数据计算

灌注桩桩孔在每个深度下的截面可以看作一个圆，若圆的圆心为 O，则在空间坐标系中，圆心的集合可以表达为下式：

$$(x_i, y_i, z_i)(i = 1, 2, 3, \cdots, n) \tag{2-17}$$

式中　x_i、y_i——每个深度截面的圆心的位置（横、纵坐标）；

z_i——圆心所在截面的深度。

对于空间坐标系中的离散点集 (x_i, y_i, z_i) $(i = 1, 2, 3, \cdots, n)$，可以根据最小二乘原理拟合一条空间直线 l，若该直线与铅垂线的夹角为 α，其相对于铅垂线的斜率为 k，则 $k = \tan\alpha$；根据垂直度定义，斜率 k 为桩孔的垂直度，其计算公式如下：

（1）当

$$k = \frac{n\sum y_i^2 - \left(\sum y_i\right)^2}{n\sum y_i z_i - \sum y_i \sum z_i} \tag{2-18}$$

时，实际等效为在 YOZ 平面内进行直线拟合。

（2）当

$$y_1 = y_2 = \cdots = y_n, \quad k = \frac{n\sum x_i^2 - \left(\sum x_i\right)^2}{n\sum x_i z_i - \sum x_i \sum z_i} \tag{2-19}$$

时，实际等效为在 XOZ 平面内进行直线拟合。

（3）当

$$z_1 = z_2 = \cdots = z_n, \alpha = 90°, k = \infty \tag{2-20}$$

时，实际等效为在 XOY 平面内进行直线拟合。

（4）当 x_1，x_2，$\cdots$，x_n；y_1，y_2，$\cdots$，y_n；z_1，z_2，$\cdots$，z_n 均不全相等时，则

$$k = \sqrt{\left(\frac{n\sum x_i^2 - (\sum x_i)^2}{n\sum x_i z_i - \sum x_i \sum z_i}\right)^2 + \left(\frac{n\sum y_i^2 - (\sum y_i)^2}{n\sum y_i z_i - \sum y_i \sum z_i}\right)^2} \qquad (2\text{-}21)$$

2.4.3 超声波法

1. 检测原理

超声波法检测垂直度是和超声波法检测孔径和孔深一次性完成的。超声波法检测垂直度的工作原理：通过记录孔口到孔底的声时和反射强度，可计算出钻孔在不同深度处的孔径值，并反映出孔壁情况。到达孔底后，还可以得出孔深 L，从而计算出孔的垂直度。

2. 数据计算

（1）成孔偏心距（图 2-20）应按下式计算：

$$E_n = \sqrt{\left(\frac{l_{1,0} + l_{2,n} - l_{1,n} - l_{2,0}}{2}\right)^2 + \left(\frac{l_{3,0} + l_{4,n} - l_{3,n} - l_{4,0}}{2}\right)^2} \qquad (2\text{-}22)$$

式中　E_n——成孔在第 n 测点处的偏心距（m）；

$l_{i,0}$——孔口探头中心距离 i 方向桩孔壁的距离（m）；

$l_{i,n}$——第 n 测点探头中心距离 i 方向孔壁的距离（m）。

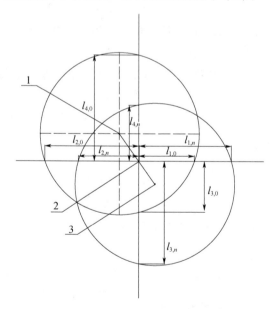

图 2-20　超声波法垂直度计算示意图

1—孔口位置桩孔中心；2—探头中心；3—测点 n 位置桩孔中心

（2）成孔垂直度应按下式计算：

$$K_n = (E_n / H_n) \times 100\% \tag{2-23}$$

式中　K_n——桩孔在第 n 测点处的垂直度（%）；

　　　H_n——桩孔在第 n 测点处的深度值，由仪器自带的深度计数器同步测得（m）。

2.5　沉渣厚度

沉渣的形成原因和组成较复杂：一是清桩孔不彻底，钻孔时产生的沉渣残留在桩孔底；二是在清孔后到灌注混凝土之前，下钢筋笼时会碰到桩孔壁而产生泥浆沉淀，桩孔壁塌孔也可能会产生沉渣。有时，泥浆沉渣的界面并非泾渭分明，泥浆常常裹挟着沉渣，桩孔底介质往往从下向上颗粒一稠一稀变化，沉渣的界面较模糊。因此，即使使用仪器测量，也带有一定的误差和经验性。

沉渣厚度的测量误差，与沉渣和原状土的差异有关，端承桩沉渣和持力层强度差距较大，相对检测误差较小；而非端承桩，沉渣和持力层强度差距较小，因此，相对测量误差偏大。对可能产生的误差，需要检测人员根据情况合理评估。

2.5.1　电阻率法

孔底沉渣或相对密度较大的泥浆与上部颗粒悬浮较好的泥浆存在着较明显的电性差异，采用地球物理勘探常用的微电极探头，可区分薄层的电阻率差异。它所产生的交变电场在泥浆中基本不受土层影响，对均匀泥浆测得的电阻率曲线将是一条近似的直线。当电阻率探头进入沉渣和均匀泥浆的分界时，电阻率会发生变化，利用电阻率-深度曲线的突变点可以确定沉渣的分界位置。电阻率法的微电极探头在桩孔中的工作示意图如图 2-21 所示。

在地下水含盐量高的地区，各界面电阻率差异不明显，因此不适合采用电阻率法。

探头电极带电裸露在泥浆中工作，需要更好的绝缘性能，且与泥浆电阻率相差较大；质量太轻不易刺到孔底，直径太大时，在导管壁内检测时易碰到导管壁，长度要大于导管到孔底距离，否则探头倾倒有卡住的可能；电极距长度过大分辨率低且两点间电阻大了不易测出信号；倾角（姿态）传感器实时掌握探头是否铅直，若倾斜会造成沉渣厚度检测值偏大。

2.5.2　探针法

探针法工作原理：在一个探头上集成了探针伸缩装置、探针压力传感器（或电流表）和探头倾角传感器。检测时，其底部的浮盘将被沉渣层的上表面阻止，在主机中的程序控制下，机械探针将从浮盘中心处的一个圆孔中伸出，并穿过沉渣层，到达原状土层表面，此时探针受阻，压力值逐渐增大，探头的倾角暂时变化较小；当探头倾角值开始逐渐变大时，压力值逐渐减小。综合压力曲线和探头倾斜角度曲线的变化来给出沉渣厚度的检测结果，探针法在桩孔中的工作示意图如图2-22所示。

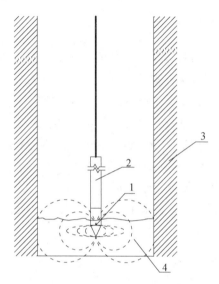

图2-21 电阻率法的微电极探头在桩孔中的工作示意图

1—微电极探头；2—配重及电路；3—孔壁；4—沉渣

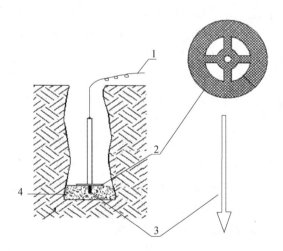

图2-22 探针法在桩孔中工作示意图

1—电源及数据电缆；2—浮盘；3—探针；4—沉渣

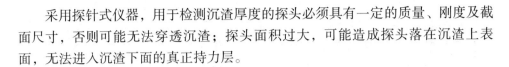

采用探针式仪器，用于检测沉渣厚度的探头必须具有一定的质量、刚度及截面尺寸，否则可能无法穿透沉渣；探头面积过大，可能造成探头落在沉渣上表面，无法进入沉渣下面的真正持力层。

2.6　典型数据

2.6.1　接触式孔径检测典型数据

一般接触式机械组合法中的伞形孔径仪在测定桩孔直径时，示值是探头 4 个测臂各自检测结果的平均值，不能直观反映两边孔壁的变化情况，对非轴对称孔径变化桩孔的检测存在一定误差。图 2-23 和图 2-24 为典型的接触式孔径检测数据。其中，图 2-23 为典型合格孔径检测曲线图，图 2-24 为不合格孔径检测曲线图，从曲线上可以明显看出存在缩径和扩径（或坍塌）情况。

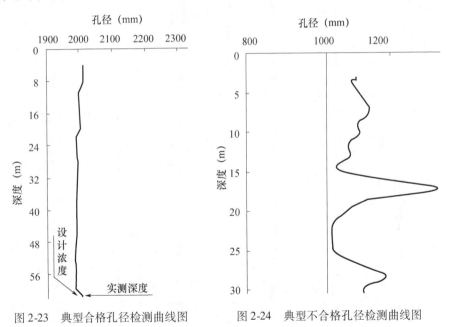

图 2-23　典型合格孔径检测曲线图　　　　图 2-24　典型不合格孔径检测曲线图

2.6.2　超声式孔径检测典型数据

超声波法成孔质量检测能直观反映测试成孔的孔壁变化情况，根据检测结果得出孔口至孔底的孔径变化情况，以及成孔倾斜大小和倾斜方向。典型信号如图 2-25 ~ 图 2-27 所示。

mm
1000 750 500 250   X X′   250 500 750 1000 1250 1000 750 500 250   Y Y′   250 500 750 1000

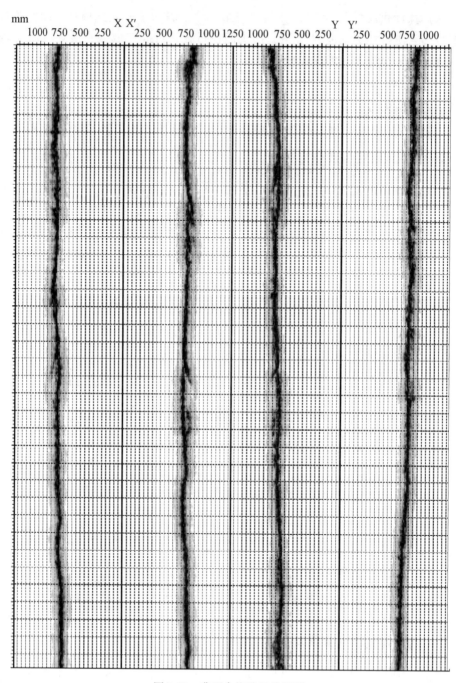

图 2-25　典型合格孔径检测图

工程名称：160415	规范：DB/T 29-112—2010
检测：武汉中岩科技	仪器：RSM-HGT(B)
孔(槽)号：234	检测日期：2015-08-07 14:32:45
孔(槽)深(m)：30.00	孔(槽)径(mm)：900

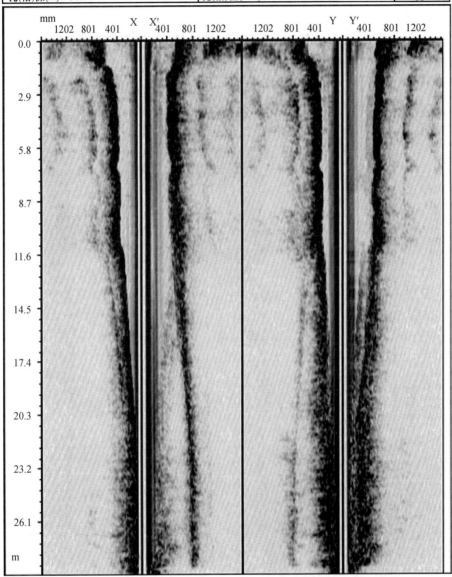

图 2-26 典型孔斜检测图

工程名称：Sinorock	规范：DB/T 29-112—2010	北 X
检测：武汉中岩科技有限公司	仪器：RSM-HGT(B)	Y
孔(槽)号：394.10	检测日期：2016-07-14 11:16:03	Y'
孔(槽)深(m)：60.00	孔(槽)径(mm)：2500	X'

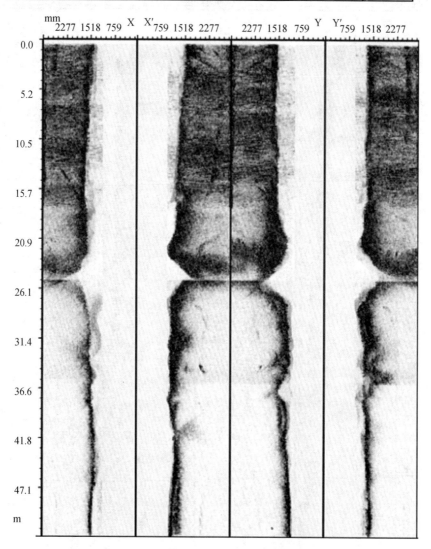

图 2-27　典型孔径变化检测图

前面提到泥浆相对密度和含砂率过大会影响信号的强度和测试的准确性，气泡过多也会影响测试效果，故超声波法检测宜在清孔后进行。图 2-28 为未清孔、清孔一般及清孔良好情况下的超声波孔壁反射信号图。

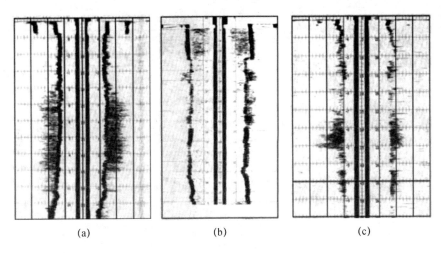

(a)　　　　　　　　　　　(b)　　　　　　　　　　　(c)

图 2-28　清孔前后检测图

（a）清孔良好；（b）清孔一般；（c）未清孔

2.7　工程案例

2.7.1　接触式成孔检测案例

　　某工程位于商务核心区，临江而建，设计高度达 606m，规模位居全国前列，设计桩基础采用大直径超长钻孔灌注桩。工程场地范围内的主要地层为第四纪全新世冲积成因的黏性土和砂土层，下伏基岩为志留系砂岩和泥岩。本单位对该项目的四组试桩进行了成孔质量检测。试桩皆采用桩端后注浆工艺，桩顶以下 30m 范围内采用双套管隔离桩身与土体的接触以直接测试有效桩长内的桩基承载力。

　　现以 2 号试桩（编号为 S2）为例进行介绍。S2 设计孔深为 59.6m，桩径为1200mm，桩端进入微风化泥岩 7.2m 左右，现场施工方和监理方反映该试桩在施工过程中无异常现象，成孔质量检测在成孔后 48h 内，每隔 4h 测一次，共计 13次。初次测试至最末次成孔质量检测结果如表 2-7 所示，成孔 48h 内，孔径的变化范围为 1264～1302mm，均大于孔径设计值 1200mm，孔径平均值为 1288mm，比孔径设计值约大 7.33%，沉渣厚度的变化范围为 2～7.5cm，平均值为 6.5cm，小于设计允许的 10cm。从表 2-7 可以看出，沉渣厚度在 8.5h 内由小变大，在8.5～22h 时段内，其值在 7.5cm 左右，在 22～26h 时段内略有减小，第 36h 后又恢复至 7.5cm 左右，说明该试验孔在最初 8.5h 内变化较大，其后基本趋于稳定，本次被测孔的垂直度为 0.48%。

表 2-7 S2 孔成孔质量检测结果一览表

孔号	检测时间	孔径最大值 （mm）	孔径最小值 （mm）	孔径平均值 （mm）	沉渣厚度 （cm）	垂直度 （%）
S2	00：05	1355	1253	1285	2.0	0.48
	04：02	1352	1251	1278	5.0	0.48
	08：30	1345	1250	1277	7.5	—
	12：11	1347	1257	1271	7.5	—
	17：27	1347	1254	1264	7.5	—
	21：53	1357	1258	1289	7.5	—
	00：34	1355	1260	1291	5.5	—
	04：23	1349	1253	1280	5.5	—
	08：23	1366	1279	1302	6.5	—
	12：07	1368	1279	1307	7.5	—
	15：57	1389	1276	1307	7.5	—
	20：12	1373	1217	1302	7.5	—
	23：52	1355	1253	1285	7.5	—

S2 最末次测试成果见图 2-29。从测试结果上看，S2 扩径较严重处出现在 55～57m 处，最大值为 1373.47mm，该处接近孔底，为施工反复清孔所致，属于正常的施工工艺，对成孔质量不造成影响。由于 S2 孔泥浆护壁施工到位，其扩径程度不高。在成孔垂直度上，因为采用的是较大型号的钻机以及调平工作做得较好，S2 孔垂直度仅为 0.48%。S2 最末次沉渣厚度测试值为 7.5cm，沉渣偏厚，需在浇筑混凝土前进行二次清孔，以降低沉渣对基桩承载力的影响。施工方经二次清孔后，其沉渣厚度 <5cm，满足设计要求。

2.7.2 超声式成孔检测案例

（1）某互通主线桥，临大河而建，设计桩基础采用大直径钻孔灌注桩，设计孔深为 41m，设计桩径为 1800mm。为提高竖向及水平承载力，设计为支盘桩，分别在 27m、32m、37m 处设计有三个支盘。为检测成孔质量及支盘施工情况，选择使用 RSM-HGT（B）超声波成孔质量检测仪进行检测，现场检测结果如图 2-30 所示。从图中可以看出，该桩的钻孔垂直，孔壁状况良好。本次检测实际孔深分别为 41.70m，平均桩径分别为 1822mm，垂直度均为 0.25%，孔深、孔径、垂直度均满足设计要求，且通过超声波波形图像分析，清晰地体现了上部接近 2m 的护筒和下面三个支盘的情况。

（2）某双塔斜拉桥，一跨 820m 飞跃天堑，大桥综合施工难度位居世界同类桥梁前列。大桥所在河段属于典型的蜿蜒形河道，江面宽阔，流速缓慢，长年累月的泥沙淤积，形成了 200 多米深的细沙层。为让大桥主塔桩基稳固扎进细沙层

横向比例：1：5
纵向比例：1：500　　　　　　　　　　　　　　　　测试桩号：S2-12
采样间隔：2.5cm

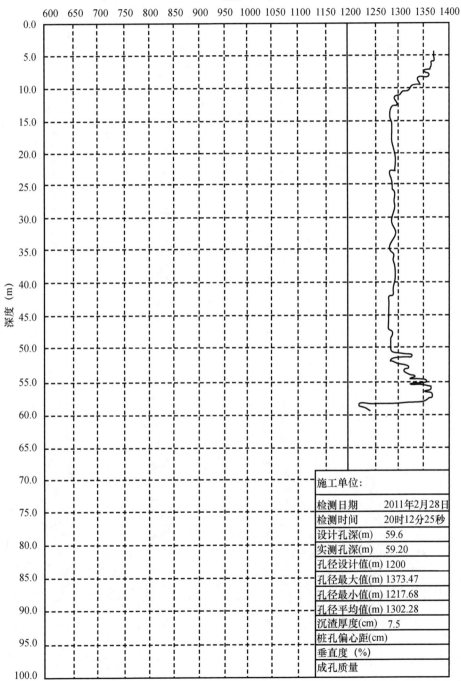

图 2-29　S2 孔最末次测试报告图

工程名称：某桥梁互通	规范：DB/T 29-112—2010	北 X
检测：武汉中岩科技有限公司	仪器：RSM-HGT(B)	
孔(槽)号：31-0-3	检测日期：2018-06-22 15:35:40	
孔(槽)深(m)：41.70	孔(槽)径(mm)：1800	

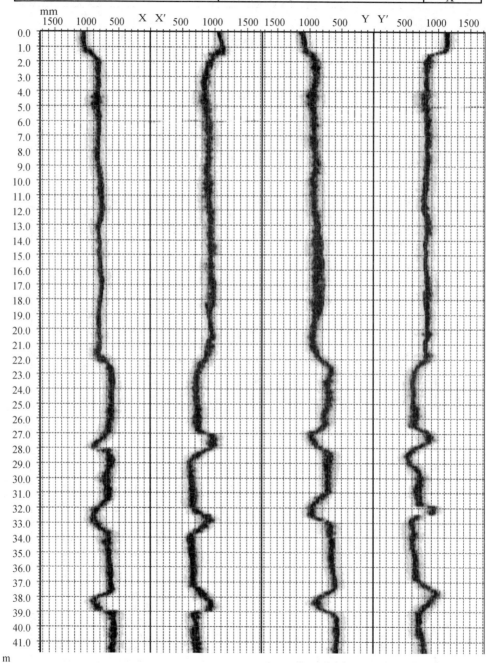

图 2-30 31 号孔测试报告图

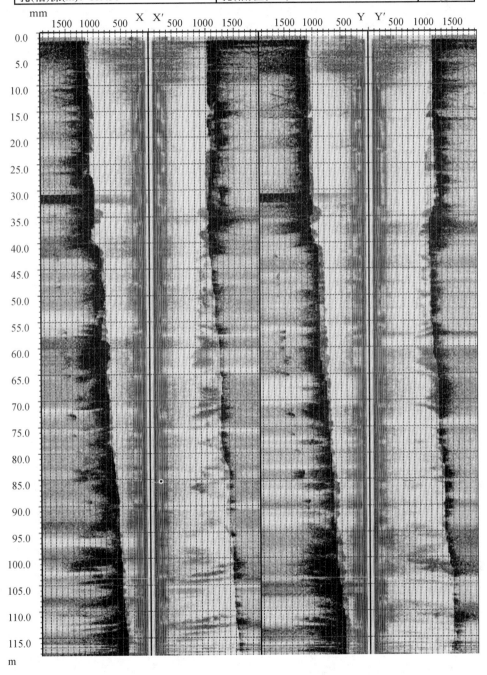

工程名称: 20160524	规范: DB/T 29-112—2010
检测: bolian	仪器: RSM-HGT(B)
孔(槽)号: 813	检测日期: 2016-05-24 17:22:52
孔(槽)深(m): 119.30	孔(槽)径(mm): 2000

图 2-31　31 号孔测试报告图

中，确保桥梁结构安全和使用寿命，最终确定了119m长摩擦桩的设计方案。被测孔设计孔深为119m，设计桩径为2000mm。使用RSM-HGT（B）超声波成孔质量检测仪进行检测，现场检测结果如图2-31所示。从图中可以看出，该桩的钻孔垂直，孔壁状况良好。本次检测实际孔深分别为119.30m，平均桩径分别为2025mm，垂直度均为0.62%，孔深、孔径、垂直度均满足设计要求。

超声波波形图像清晰地体现了119m深的钻孔的真实情况，为后期桩基施工提供了很好的参考依据。

第3章 基桩完整性检测技术

3.1 概述

桩身完整性的定义为反映桩身截面尺寸相对变化、桩身材料密实性和连续性的综合定性指标。桩身完整性是一个综合定性指标，而非严格的定量指标。其类别是按缺陷对桩身结构承载力的影响程度划分的。连续性包含桩长不够的情况。因动测法只能估算桩长，桩长明显偏短时，给出断桩的结论是正常的。而钻芯法则不同，可准确测定桩长。作为完整性定性指标之一的桩身截面尺寸，由于定义为"相对变化"，所以先要确定一个相对衡量尺度。但检测时，桩径是否减小可能会比照以下条件之一：

（1）按设计桩径；

（2）根据设计桩径，并针对不同成桩工艺的桩型按施工验收规范考虑桩径的允许负偏差；

（3）考虑充盈系数后的平均施工桩径。

3.2 低应变法

3.2.1 基本原理

低应变反射波法是建立在一维波动理论基础上，将桩假设为一维弹性连续杆，在桩身顶部进行竖向激振产生应力，应力波沿着桩身向下传播，当桩身存在明显差异的界面（如桩底、断桩和严重离析等）或桩身截面面积变化（如缩径或扩径）部位，波阻抗将发生变化，产生反射波，通过安装在桩顶的传感器接收反射信号，对接收的反射信号进行放大、滤波和数据处理，可以识别来自桩身不同部位的反射信息。利用波在桩体内传播时纵波波速、桩长与反射时间之间的对应关系，通过对反射信息的分析计算，判断桩身混凝土的完整性及根据平均波速校核桩的实际长度，判定桩身缺陷程度及位置。

3.2.2 仪器设备

仪器设备一般由检测仪器、传感器和激振设备三大部分构成，配置反射波法信号分析处理软件。

现行《建筑基桩检测技术规范》（JGJ 106）对仪器设备的要求如下：

（1）检测仪器的主要技术性能指标应符合现行行业标准《基桩动测仪》（JG/T 518）的有关规定；

（2）瞬态激振设备应包括能激发宽脉冲和窄脉冲的力锤和锤垫；力锤可装有力传感器；稳态激振设备应为电磁式稳态激振器，其激振力可调，扫频范围为10～2000Hz。

目前国内使用较广泛的基桩动测仪器有：武汉中岩科技股份有限公司生产的RSM系列基桩动测仪（图3-1）、美国的PIT（图3-2）等。基桩动测仪在野外较恶劣环境条件下使用，因此选择仪器既要考虑仪器的动态性能满足测试要求、测试软件对实测信号的再处理功能，也要综合考虑仪器的可靠性、维修性、安全性和经济性等。

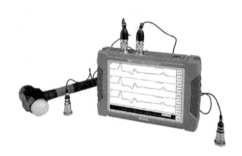

图 3-1 RSM 基桩动测仪

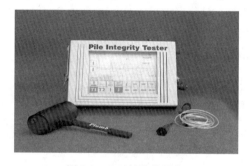

图 3-2 PIT 基桩检测仪

低应变反射波法中常用的传感器有加速度传感器、速度传感器。速度传感器的动态范围一般小于60dB；而加速度传感器的动态范围可达到140～160dB。加速度传感器可满足反射波法测桩对频率范围的要求，速度传感器则应选择宽频带的高阻尼速度传感器。

激振设备可根据要求改变激振频率和能量，满足不同检测目的，来判断异常波的位置、特征，从而推定出桩身缺陷位置和程度。考虑到对基桩检测信号的影响，激振设备应从锤头材料、冲击能量、接触面积、脉冲宽度等方面进行考虑。

3.2.3 现场检测

现场检测一般遵循如下步骤：

1. 资料收集

检测人员在进行测试之前，首先要了解该工程的概貌，内容包括建筑物的类型、桩基础的种类、设计指标、地质情况、施工队的素质和工作作风以及甲方现场管理人员、监理人员的情况等。检测工作开始以前，应借阅基础设计图纸及有关设计资料、有效的地质勘察报告、桩基础的施工记录、甲方现场管理人员、监理人员的现场工作日志等。

2. 桩位选择与桩头处理

为了确保检测信号能有效、清楚地反映桩基的完整性，测试前应按照规范要求考察桩身混凝土的龄期，使之具备足够的强度，因此《建筑基桩检测技术规范》（JGJ 106）要求：当采用低应变法或声波透射法检测时，受检桩混凝土强度不应低于设计强度的 70%，且不应低于 15MPa。

测试工作的负责人应会同设计者、甲方人员及监理人员，参考现场施工记录和工作日志，选择被检测桩的桩位。

桩顶条件和桩头处理好坏直接影响测试信号的质量，因此务必进行桩头处理，处理后应保证桩头的材质、强度与桩身相同，桩头的截面尺寸不宜与桩身有明显差异；桩顶面应平整、密实，并与桩轴线基本垂直。灌注桩应凿去桩顶浮浆或松散、破损部分，露出坚硬的混凝土表面；桩顶表面应平整干净且无积水；妨碍正常测试的桩顶外露主筋应割掉。对预应力管桩，当法兰盘与桩身混凝土之间结合紧密时，可不进行处理；否则，应采用电锯将桩头锯平。

当桩头与承台或垫层相连时，相当于桩头处存在很大的截面阻抗变化，对测试信号会产生影响。因此，测试时桩头应与混凝土承台断开；当桩头侧面与垫层相连时，除非对测试信号没有影响，否则应断开。

3. 传感器安装

现行《建筑基桩检测技术规范》（JGJ 106）要求：根据桩径大小，桩心对称布置 2~4 个安装传感器的检测点：实心桩的激振点应选择在桩中心，检测点宜在距桩中心 2/3 半径处；空心桩的激振点和检测点宜为桩壁厚的 1/2 处，激振点和检测点与桩中心连线形成的夹角宜为 90°，如图 3-3 所示。

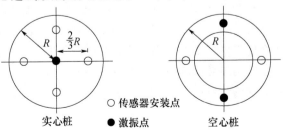

图 3-3　传感器安装点、激振点布置示意图

当桩径较大或桩上部横截面尺寸不规则时，除按规范规定的激振点和检测点位置采集信号外，还应根据实测信号特征，改变激振点和检测点的位置采集信号。

《建筑基桩检测技术规范》（JGJ 106）对传感器安装做了如下规定：

（1）安装传感器部位的混凝土应平整，传感器安装底面与桩顶面之间不得留有缝隙，安装部位混凝土凹凸不平时应磨平；传感器安装应与桩顶面垂直；用耦合剂粘结时，应具有足够的粘结强度，粘结层应尽可能薄；

（2）激振点与测量传感器安装位置应避开钢筋笼的主筋影响，应远离钢筋笼的主筋，其目的是减少外露主筋对测试产生干扰信号。若外露主筋过长而影响正常测试时，应将其割短。

低应变检测时，传感器的安装尤为重要，安装的好坏将直接影响信号的质量，传感器与桩顶面之间应该刚性接触为一体，这样传递特性最佳，测试的信号也接近桩顶面的质点运动。所以传感器与桩顶面应该粘结牢固，保证有足够的粘结强度。传感器用耦合剂粘结时，粘结层应尽可能薄，试验表明，耦合剂较厚会降低传感器的安装谐振频率，传感器安装越牢固则传感器安装的谐振频率越高。常用的耦合剂有口香糖、黄油、橡皮泥、石膏等，必要时可采用冲击钻打孔安装方式。

4. 激振

为了采集比较理想的信号，《建筑基桩检测技术规范》（JGJ 106）对激振操作做了下列规定：

（1）激振方向应沿桩轴线方向，这是为了有效地减少敲击时的水平分量。

（2）瞬态激振应通过现场敲击试验，选择合适质量的激振力锤和软硬适宜的锤垫；宜用宽脉冲获取桩底或桩身下部缺陷反射信号，宜用窄脉冲获取桩身上部缺陷反射信号；通过改变锤的质量及锤头材料，可改变冲击入射波的脉冲宽度及频率成分。当按前面操作尚不能识别桩身浅部阻抗变化趋势时，应在测量桩顶速度响应的同时测量锤击力，根据实测力和速度信号起始峰的比例失调情况判断桩身浅部阻抗变化程度。

（3）稳态激振应在每一个设定频率下，为避免频率变换过程产生失真信号，应具有足够的稳定激振时间，以获得稳定的激振力和响应信号，并应根据桩径、桩长及桩周土约束情况调整激振力大小。稳态激振器的安装方式及好坏对测试结果起着很大的作用。为保证激振系统本身在测试频率范围内不至于出现谐振，激振器的安装宜采用柔性悬挂装置，同时在测试过程中应避免激振器出现横向振动。

5. 仪器参数设置

《建筑基桩检测技术规范》（JGJ 106）对测试参数做了下列规定：

（1）时域信号记录的时间段长度应在 $2L/c$（L 为桩长，c 为波速）时刻后延续不少于 5ms；幅频信号分析的频率范围上限不应小于 2000Hz；

（2）设定桩长应为桩顶测点至桩底的施工桩长，设定桩身截面面积应为施工截面面积；

（3）桩身波速可根据本地区同类型桩的测试值初步设定；

（4）采样时间间隔或采样频率应根据桩长、桩身波速和频域分辨率合理选择；时域信号采样点数不宜少于 1024 点。

合理设置采样间隔、采样点数、增益、模拟滤波、触发方式等，其中增益应结合冲击入射波能量以及锤击点与传感器安装点间的距离大小通过现场对比试验确定；采样间隔和采样点数应根据受检桩桩长和桩身波速来确定。

6. 信号采集与判断

对信号采集后，必须在现场对信号的质量进行判断。《建筑基桩检测技术规范》（JGJ 106）具体要求如下：

（1）根据桩径大小，桩心对称布置 2～4 个安装传感器的检测点；

（2）当桩径较大或桩上部横截面尺寸不规则时，除应按规定的激振点和检测点位置采集信号外，还应根据实测信号特征，改变激振点和检测点的位置采集信号；

（3）不同检测点及多次实测时域信号一致性较差时，应分析原因，增加检测点数量；

（4）信号不应失真和产生零漂，信号幅值不应大于测量系统的量程；

（5）每个检测点记录的有效信号数不宜少于 3 个；

（6）应根据实测信号反映的桩身完整性情况，确定采取变换激振点位置和增加检测点数量的方式再次测试或结束测试。

对现场检测人员的要求绝不能仅满足于熟练操作仪器，因为只有通过检测人员对所采集信号曲线在现场的合理、快速判断，才有可能决定下一步激振点、检测点以及敲击方式（锤重、锤垫等）的选择。因影响测试信号的因素很多，它们往往使信号曲线畸变，导致桩身质量的误判，因此，检测时应随时检查采集信号的质量，判断实测信号是否反映桩身完整性特征，不同检测点及多次实测时域信号一致性较差，应分析原因，增加检测点数量。

3.2.4　检测数据分析与判断

1. 信号处理

数字滤波是波形分析处理的重要手段之一，是对采集的原始信号进行加工处理，将测试信号中无用的或次要成分的波滤除掉，使波形更容易分析判断，在实际工作中，多采用低通滤波。而低通滤波频率上限的选择尤为重要，选择过低，容易掩盖浅层缺陷；选择过高，起不到滤波的作用。

在现场信号采集过程中，桩底反射信号不明显的情况经常发生，这时指数放大是非常有用的一种功能。它可以确保在桩头信号不削波的情况下，使桩底部信号得以清晰地显现出来；是提高桩中下部和桩底信号识别能力的有效手段。有时指数放得太大，会使曲线失真，过分突出桩深部的缺陷，也会使测试信号明显不归零，影响桩身质量的分析判断。如果结合原始曲线，适当地对曲线进行指数放大，作为显示深部缺陷和桩底的一种手段，它还是一种非常有用的功能。

2. 桩身波速平均值确定

桩身波速平均值的确定应符合下列要求：

（1）当桩长已知、桩底反射信号明确时，应在地基条件、桩型、成桩工艺相同的基桩中，选取不少于 5 根 I 类桩的桩身波速值，按下列公式计算其平均值：

$$c_m = \frac{1}{n}\sum_{i=1}^{n} c_i \tag{3-1}$$

$$c_i = \frac{2000L}{\Delta T} \tag{3-2}$$

$$c_i = 2L \cdot \Delta f \tag{3-3}$$

式中　c_m——桩身波速的平均值（m/s）；

c_i——第 i 根受检桩的桩身波速值（m/s），且 $|c_i - c_m|/c_m$ 不宜大于 5%；

L——测点下桩长（m）；

ΔT——速度波第一峰与桩底反射波峰间的时间差（ms）；

Δf——幅频曲线上桩底相邻谐振峰间的频差（Hz）；

n——参加波速平均值计算的基桩数量（$n \geq 5$）。

（2）当无法满足第（1）条要求时，波速平均值可根据本地区相同桩型及成桩工艺的其他桩基工程的实测值，结合桩身混凝土的骨料品种和强度等级综合确定。

为分析不同时段或频段信号所反映的桩身阻抗信息、核验桩底信号并确定桩身缺陷位置，需要确定桩身波速及其平均值。波速除与桩身混凝土强度有关外，还与混凝土的骨料品种、粒径级配、密度、水灰比、成桩工艺（导管灌注、振捣、离心）等因素有关。波速与桩身混凝土强度整体趋势上呈正相关关系，即强度高、波速高，但二者并非一一对应关系。在影响混凝土波速的诸多因素中，强度对波速的影响并非首位。

3. 缺陷位置确定

桩身缺陷位置应按下列公式计算：

$$x = \frac{1}{2000} \cdot \Delta t_x \cdot c \tag{3-4}$$

$$x = \frac{1}{2} \cdot \frac{c}{\Delta f'} \tag{3-5}$$

式中 x——桩身缺陷至传感器安装点的距离（m）；

    Δt_x——速度波第一峰与缺陷反射波峰间的时间差（ms）；

    c——受检桩的桩身波速（m/s），无法确定时可用桩身波速的平均值 c_m 替代；

    $\Delta f'$——幅频信号曲线上缺陷相邻谐振峰间的频差（Hz）。

通过低应变反射波法确定桩身缺陷的位置是有误差的，其原因如下：

（1）缺陷位置处 Δt_x 和 $\Delta f'$ 存在读数误差；采样点数不变时，提高时域采样频率则降低了频域分辨率；波速确定的方式及用抽样所得平均值 c_m 替代某具体桩身段波速带来的误差。

（2）尺寸效应的影响。低应变反射波法的理论基础是一维弹性杆纵波理论。采用一维弹性杆纵波理论的前提是激励脉冲频谱中的有效高频谐波分量波长 λ_0 与被检基桩的半径 R 之比应足够大（$\lambda_0/R \geqslant 10$），否则平截面假设不成立，即"一维纵波沿杆传播"的问题转化为应力波沿具有一定横向尺寸柱体传播的三维问题；另一方面，激励脉冲的波长与桩长相比又必须比较小，否则桩身的运动更接近刚体，波动性状不明显，从而对准确探测桩身缺陷特别是浅部缺陷深度产生不利影响。显然桩的横向、纵向尺寸与激励脉冲波长的关系本身就是矛盾的，这种尺寸效应在大直径桩（包括管桩）和浅部严重缺陷桩的实际测试中尤为突出。

3.2.5 桩身完整性评价

桩身完整性类别应结合缺陷出现的深度、测试信号衰减特性以及设计桩型、成桩工艺、地基条件、施工情况，分别根据《建筑基桩检测技术规范》（JGJ 106）桩身完整性分类表的规定和桩身完整性判定所列实测时域信号特征或幅频信号特征进行综合分析判定。

表 3-1 为《建筑基桩检测技术规范》（JGJ 106）中的桩身完整性分类表。表 3-2 为桩身完整性判定表。

表 3-1　桩身完整性分类表

桩身完整性类别	分类原则
Ⅰ 类桩	桩身完整
Ⅱ 类桩	桩身有轻微缺陷，不会影响桩身结构承载力的正常发挥
Ⅲ 类桩	桩身有明显缺陷，对桩身结构承载力有影响
Ⅳ 类桩	桩身存在严重缺陷

表 3-2　桩身完整性判定表

类别	时域信号特征	幅频信号特征
I	$2L/c$ 时刻前无缺陷反射波，有桩底反射波	桩底谐振峰排列基本等间距，其相邻频差 $\Delta f \approx c/2L$
II	$2L/c$ 时刻前出现轻微缺陷反射波，有桩底反射波	桩底谐振峰排列基本等间距，其相邻频差 $\Delta f \approx c/2L$，轻微缺陷产生的谐振峰与桩底谐振峰之间的频差 $\Delta f' > c/2L$
III	有明显缺陷反射波，其他特征介于 II 类和 IV 类之间	
IV	$2L/c$ 时刻前出现严重缺陷反射波或周期性反射波，无桩底反射波；或因桩身浅部严重缺陷使波形呈现低频大振幅衰减振动，无桩底反射波	缺陷谐振峰排列基本等间距，相邻频差 $\Delta f' > c/2L$，无桩底谐振峰；或因桩身浅部严重缺陷只出现单一谐振峰，无桩底谐振峰

注：对同一场地、地基条件相近、桩型和成桩工艺相同的基桩，因桩端部分桩身阻抗与持力层阻抗相匹配导致实测信号无桩底反射波时，可按本场地同条件下有桩底反射波的其他桩实测信号判定桩身完整性类别。

3.3　高应变法

所谓"高"应变试桩，是相对于"低"应变试桩而言的。高应变动力试桩利用几十甚至几百千牛的重锤打击桩顶，使桩产生的位移接近常规静载试桩的沉降量级，以便使桩侧和桩端岩土阻力较大乃至充分发挥，即桩周土全部或大部分产生塑性变形，直观表现为桩出现贯入度。不过，对嵌入坚硬基岩的端承型桩、超长的摩擦型桩，不论是静载还是高应变试验，欲使桩下部及桩端岩土进入塑性状态，从概念上讲似乎不大可能。

低应变动力试桩采用几牛至几百牛的手锤、力棒或上千牛的铁球锤击桩顶，或采用几百牛出力的电磁激振器在桩顶激振，桩-土系统处于弹性状态，桩顶位移比高应变低 2~3 个数量级。

高应变桩身应变量通常在 0.1‰~1.0‰ 范围内。对普通钢桩，超过 1.0‰ 的桩身应变已接近钢材屈服台阶所对应的变形；对混凝土桩，视混凝土强度等级的不同，桩身出现明显塑性变形对应的应变量为 0.5‰~1.0‰。低应变桩身应变量一般小于 0.01‰。

众所周知，钢材和在很低应力应变水平下的混凝土材料具有良好的线弹性应力-应变关系。混凝土是典型的非线性材料，随着应力或应变水平的提高，其应力-应变关系的非线性特征趋于显著。打入式混凝土预制桩在沉桩过程中已历经反复的高应力水平锤击，混凝土的非线性大体上已消除，因此高应变检测时的锤击应力水平只要不超过沉桩时的应力水平，其非线性就可忽略。但对灌注桩，锤击应力水平较高时，混凝土的非线性会多少表现出来，直观反映是通过应变式力传感器测得的力信号不归零（混凝土出现塑性变形），所得的一维纵波波速比低应变法测得的波速低。

高应变法检测桩身完整性具有锤击能量大，可对缺陷程度定量计算，连续锤击可观察缺陷的扩大和逐步闭合情况等优点。但和低应变法一样，检测的仍是桩身阻抗变化，一般不宜判定缺陷性质。在桩身情况复杂或存在多处阻抗变化时，可优先考虑用实测曲线拟合法判定桩身完整性。桩身完整性判定可采用以下方法进行：

（1）采用实测曲线拟合法判定时，拟合所选用的桩土参数应按承载力拟合时的有关规定；根据桩的成桩工艺，拟合时可采用桩身阻抗拟合或桩身裂隙（包括混凝土预制桩的接桩缝隙）拟合。

（2）对等截面桩，可按前面章节的表格并结合经验判定；桩身完整性系数 β 和桩身缺陷位置 x 应分别按公式计算。注意：前面章节介绍 β 的计算公式仅适用于截面基本均匀桩的桩顶下第一个缺陷的程度定量计算。

β 的计算公式用桩顶实测力和速度表示为

$$\beta = \frac{F(t_1) + F(t_x) - 2R_x + Z \cdot [V(t_1) - V(t_x)]}{F(t_1) - F(t_x) + Z \cdot [V(t_1) + V(t_x)]} \tag{3-6}$$

式中　t_x——缺陷反射峰对应的时刻；

　　　R_x——缺陷以上部位土阻力的估计值，等于缺陷反射波起始点的力与速度乘以桩身截面力学阻抗之差值，取值方法如图 3-4 所示。

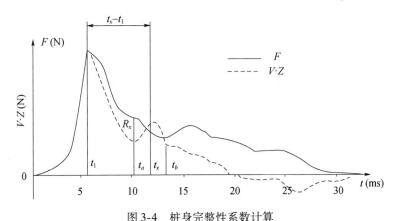

图 3-4　桩身完整性系数计算

这里，Z 为传感器安装点处的桩身阻抗，相当于等截面均匀桩缺陷以上桩段的桩身阻抗。显然式（3-6）对等截面桩桩顶下的第一个缺陷程度计算才严格成立。缺陷位置按下式计算：

$$x = c \cdot \frac{t_x - t_1}{2} \qquad (3-7)$$

式中　x——桩身缺陷至传感器安装点的距离。

根据公式计算的 β 值，我国及世界各国普遍认可的桩身完整性分类见表3-3。

表 3-3　桩身完整性分类

类别	β 值
Ⅰ	$\beta = 1.0$
Ⅱ	$0.8 \leqslant \beta < 1.0$
Ⅲ	$0.6 \leqslant \beta < 0.8$
Ⅳ	$\beta < 0.6$

（3）出现下列情况之一时，桩身完整性判定宜按工程地质条件和施工工艺，结合实测曲线拟合法或其他检测方法综合进行：

① 桩身有扩径；

② 混凝土灌注桩桩身截面渐变或多变；

③ 力和速度曲线在第一峰附近不成比例，桩身浅部有缺陷；

④ 锤击力波上升缓慢；

⑤ 等截面桩且缺陷深度 x 以上部位的土阻力 R_x 出现卸载回弹时。

具体采用实测曲线拟合法分析桩身扩径、桩身截面渐变或多变的情况时，应注意合理选择土参数，因为土阻力（土弹簧刚度和土阻尼）取值过大或过小，一定程度上会产生掩盖或放大作用。

高应变法锤击的荷载上升时间通常在 $1 \sim 3 \text{ms}$ 范围，因此对桩身浅部缺陷的定位存在盲区，不能定量给出缺陷的具体部位，也无法根据公式来判定缺陷程度，只能根据力和速度曲线不成比例的情况来估计浅部缺陷程度；当锤击力波上升缓慢时，可能出现力和速度曲线不成比例的似浅部阻抗变化情况，但不能排除土阻力的耦合影响。对浅部缺陷桩，宜用低应变法检测并进行缺陷定位。

3.4　声波透射法

3.4.1　基本原理

声波及超声波测试技术是近年来发展非常迅速的一项新技术。它的基本原理是用人工方法在混凝土介质中激发一定频率的弹性波。该弹性波在介质中传播时，遇到混凝土介质缺陷会发生反射、透射、绕射，由接收换能器接收的波形，对波的到时、波幅、频率及波形特征进行分析，就能判断混凝土桩的完整性及缺陷的性质、位置、范围及缺陷程度。

声波透射法的基本方法：基桩成孔后，灌注混凝土之前，在桩内预埋若干根声测管作为声波发射和接收换能器的通道，在桩身混凝土灌注若干天后开始检测，用声波检测仪沿桩的纵轴方向以一定的间距逐点检测声波穿过桩身各横截面的声学参数，然后对这些检测数据进行处理、分析和判断，确定桩身混凝土缺陷的位置、范围、程度，从而推断桩身混凝土的连续性、完整性和均匀性状况，评定桩身完整性等级。

声波透射法以其鲜明的技术特点成为目前混凝土灌注桩（尤其是大直径灌注桩）完整性检测的重要手段，在工业与民用建筑、水利电力、铁路、公路和港口等工程建设的多个领域得到了广泛应用。

3.4.2　仪器设备

混凝土声波检测设备主要包含声波仪和换能器两大部分。用于混凝土检测的声波频率一般在 20 ~ 250kHz 范围内，属超声频段，因此，通常也可称为混凝土的超声波检测，相应的仪器也叫超声仪。

混凝土声波仪的功能（基本任务）是向待测的结构混凝土发射声波脉冲，使其穿过混凝土，然后接收穿过混凝土的脉冲信号。仪器显示声脉冲穿过混凝土所需时间、接收信号的波形、波幅等。根据声脉冲穿越混凝土的时间（声时）和距离（声程），可计算声波在混凝土中的传播速度；波幅可反映声脉冲在混凝土中的能量衰减状况，根据所显示的波形，经过适当处理后可对被测信号进行频谱分析。

RSM-SY8 系列声波仪如图 3-5 所示。

图 3-5　RSM-SY8 系列声波仪

运用声波检测混凝土，首先要解决的问题是如何产生声波以及接收经混凝土传播后的声波，然后进行测量。解决这类问题通常采用能量转换方法：将电能转化为声波能量，向被测介质（混凝土）发射声波，当声波经混凝土传播后，为了度量声波的各声学参数，又将声能量转化为最容易量测的量——电量，这种实现电能与声能相互转换的装置称为换能器。

换能器依据其能量转换方向的不同，又分为发射换能器和接收换能器：发射换能器——实现电能向声能的转换；接收换能器——实现声能向电能的转换。

发射换能器和接收换能器的基本构成是相同的，一般情况下可以互换使用，但有的接收换能器为了增加测试系统的接收灵敏度而增设了前置放大器，这时，收、发换能器不能互换使用。

用于混凝土灌注桩声波透射法检测的换能器应符合下列要求：

（1）圆柱状径向振动：沿径向（水平方向）无指向性。

（2）径向换能器的谐振频率宜采用 30～60kHz，有效工作面轴向长度不大于 150mm。当接收信号较弱时，宜选用带前置放大器的接收换能器。

（3）换能器的实测主频与标称频率相差应不大于 ±10%，对用于水中的换能器，其水密性应在 1MPa 水压下不渗漏。

3.4.3　现场检测

1. 测管的埋设及要求

声测管是声波透射法测桩时，径向换能器的通道，其埋设数量决定了检测剖面的个数［检测剖面数为 C_n^2（n 为声测管数）］，同时也决定了检测精度：声测管埋设数量越多，则两两组合形成的检测剖面越多，声波对桩身混凝土的有效检测范围越大、越细致，但需消耗更多的人力、物力，增加成本；减小声测管数量虽然可以缩减成本，但同时也减小了声波对桩身混凝土的有效检测范围，降低了检测精度和可靠性。

声测管的埋设应该满足以下要求：

（1）声测管内径应大于换能器外径；

（2）声测管应有足够的径向刚度，声测管材料的温度系数应与混凝土接近；

（3）声测管应下端封闭、上端加盖、管内无异物；声测管连接处应光顺过渡，管口应高出混凝土顶面 100mm 以上；

（4）浇筑混凝土前应将声测管有效固定。

声测管应沿钢筋笼内侧呈对称形状布置，并按顺时针方向依次编号，如图 3-6 所示。

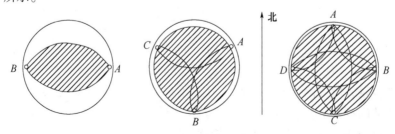

图 3-6　测管布置示意图

声测管的数量应满足如下要求：

① 桩径小于或等于 800mm 时，不得少于 2 根声测管；

② 桩径大于 800mm 且小于或等于 1600mm 时，不得少于 3 根声测管；

③ 桩径大于 1600mm 时，不得少于 4 根声测管；

④ 桩径大于 2500mm 时，宜增加预埋声测管数量。

2. 检测准备工作

按照现行《建筑基桩检测技术规范》（JGJ 106）的要求，制定检测工作程序。

按照现行《建筑基桩检测技术规范》（JGJ 106）的要求，调查、收集待检工程及受检桩的相关技术资料和施工记录。例如桩的类型、尺寸、标高、施工工艺、地质状况、设计参数、桩身混凝土参数、施工过程及异常情况记录等信息。

检查测试系统的工作状况，必要时（更换换能器、电缆线等）应按率定法对测试系统的延时 t_0 重新标定，并根据声测管的尺寸和材质计算耦合声时 t_w，声测管壁声时 t_p。

将伸出桩顶的声测管切割到同一标高时，测量管口标高，作为计算各声测线高程的基准。

向管内注入清水，封口待检。

在放置换能器前，先用直径与换能器略同的圆钢做吊绳。检查声测管的通畅情况，以免换能器卡住后取不上来或换能器电缆被拉断，造成损失。有时，对局部漏浆或焊渣造成的阻塞，可用钢筋导通。

用钢卷尺测量桩顶面各声测管之间外壁的净距离，作为相应的两个声测管组成的检测剖面各声测线测距，测试误差小于 1%。

测试时径向换能器宜配置扶正器，尤其在声测管内径明显大于换能器直径时，换能器的居中情况对首波波幅的检测值有明显影响。扶正器就是用 1～2mm 厚的橡皮剪成一齿轮形，套在换能器上，齿轮的外径略小于声测管内径。扶正器既保证换能器在管中能居中，又保护换能器在上下提升中不致与管壁碰撞，损坏换能器。软的橡皮齿又不会阻碍换能器通过管中某些狭窄部位。

3. 现场检测步骤

现场检测过程一般分两个步骤进行，首先是采用平测法对全桩各个检测剖面进行普查，找出声学参数异常的声测线。然后，对声学参数异常的声测线采用加密测试、斜测或扇形扫测等细测方法进一步检测，这样一方面可以验证普查结果，另一方面可以进一步确定异常部位的范围，为桩身完整性类别的判定提供可靠依据。

平测（图 3-7）可以按照下列步骤进行：

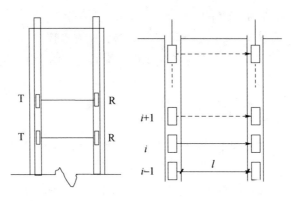

图 3-7　平测

T—发射换能器；R—接收换能器

将多根声测管以两根为一个检测剖面进行全组合（共有 C_n^2 个检测剖面，n 为声测管数），并进行剖面编码。

（1）将发、收换能器分别置于某一剖面的两声测管中，并放至桩的底部，保持相同标高。

（2）自下而上将发、收换能器以相同的步长（一般不宜大于 100mm）向上提升，提升过程中应校核换能器的深度和校正换能器的高差，并确保测试波形的稳定性，提升速度不宜超过 0.5m/s。每提升一次，进行一次测试，实时显示和记录声测线的声波信号的时程曲线，读取声时、首波幅值和周期值（模拟式声波仪），宜同时显示频谱曲线和主频值（数字式仪器）。重点是注意声时和波幅的变化，同时也要注意实测波形的变化。保存检测数据的同时，应保存实测波列图。

（3）在同一桩的各检测剖面的检测过程中，声波发射电压和仪器设置参数应保持不变。由于声波波幅和主频的变化，对声波发射电压和仪器设置参数很敏感，而目前的声波透射法测桩，对声参数的处理多采用相对比较法，为使声参数具有可比性，仪器性能参数应保持不变。

对可疑声测线进行细测（加密平测、斜测、扇形扫）步骤如下：

通过对平测普查的数据分析，可以根据声时、波幅和主频等声学参数相对变化及实测波形的形态，找出可疑声测线。

对可疑声测线，先进行加密平测（换能器提升步长应小于 100mm），核实可疑点的异常情况，并确定异常部位的纵向范围。再用斜测法对异常点缺陷的严重情况进行进一步的探测。斜测就是让发、收换能器保持一定的高程差，在声测管内以相同步长同步升降进行测试，而不是像平测那样让发、收换能器在检测过程中始终保持相同的高程。斜测又分为单向斜测和交叉斜测，如图 3-8 所示。

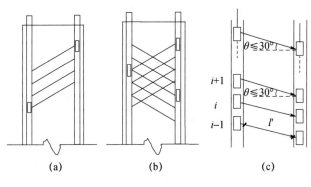

图 3-8　斜测细查

（a）单向斜测；（b）交叉斜测；（c）斜测角度要求

由于径向换能器在铅垂面上存在指向性，因此，斜测时，发、收换能器中心连线与水平面的夹角不能太大，一般不大于 30°，进行扇形扫测时一般不大于 40°。

3.4.4　测试数据分析与判定

1. 声速计算

各声测线波速按如下公式计算：

$$t_{ci}(j) = t_i(j) - t_0 - t' \tag{3-8}$$

$$v_i(j) = \frac{l'_i(j)}{f_{ci}(j)} \tag{3-9}$$

式中　　i——声测线编号，应对每个检测剖面自下而上（或自上而下）连续编号；

j——检测剖面编号，按规范顺序编组；

$t_{ci}(j)$——第 j 检测剖面第 i 声测线声时（μs）；

$t_i(j)$——第 j 检测剖面第 i 声测线声时测量值（μs）；

t_0——仪器系统延迟时间（μs）；

t'——声测管及耦合水层声时修正值（μs）；

$l'_i(j)$——第 j 检测剖面第 i 声测线的两声测管的外壁间净距离（mm）[当两声测管平行时，可取为两声测管管口的外壁间净距离；斜测时，$l'_i(j)$ 为声波发射和接收换能器各自中点对应的声测管外壁处之间的净距离，可由桩顶面两声测管的外壁间净距离和发射接收声波换能器的高差计算得到]；

$v_i(j)$——第 j 检测剖面第 i 声测线声速（km/s）。

2. 声幅计算

这里说的声幅是声测线首波幅值，一般用分贝（dB）数表示，即用声测线实测首波幅值与某一基准幅值比较得出的分贝数，其计算公式如下：

$$A_{pi}(j) = 20\lg\frac{a_i(j)}{a_0} \tag{3-10}$$

式中 $A_{pi}(j)$ ——第 j 检测剖面第 i 声测线的首波幅值（dB）；

$a_i(j)$ ——第 j 检测剖面第 i 声测线信号首波幅值（V）；

a_0 ——基准幅值，也就是 0dB 对应的幅值（V）。

声幅的数值与测试系统（仪器、换能器、电缆线）的性能、状态、设置参数、声耦合状况、测距、测线倾角相关，只有在上述条件均相同的条件下，声测线声幅的差异才能真实地反映被测混凝土质量差异导致的声波能量衰减的差异。

3. 频率计算

这里说的频率是指声测线声波接收信号的主频，计算接收信号的主频通常有两种方法：

（1）周期法

直接取测试信号的前一两个周期，用周期与频率的倒数关系进行计算：

$$f_i(j) = \frac{1000}{T_i(j)} \tag{3-11}$$

式中 $f_i(j)$ ——第 j 检测剖面第 i 声测线信号主频值（kHz），可经信号频谱分析得到；

$T_i(j)$ ——第 j 检测剖面第 i 声测线首波周期（μs）。

（2）频域分析法

数字式声波仪一般都配有频谱分析软件，可启动软件直接对测试信号进行频域分析，获得信号的主频值。由于用于混凝土检测的声波都是复频波，因而，使用频谱分析计算信号主频比周期法更精确。

4. 声速判据

将第 j 检测剖面各声测线的声速值 $v_i(j)$ 由大到小依次按下式排序：

$$v_1(j) \geqslant v_2(j) \geqslant \cdots v_{k'}(j) \geqslant \cdots v_{i-1}(j) \geqslant v_i(j) \geqslant v_{i+1}(j) \geqslant \cdots$$
$$v_{n-k}(j) \geqslant \cdots v_{n-1}(j) \geqslant v_n(j)$$

式中 $v_i(j)$ ——第 j 检测剖面第 i 声测线声速，$i = 1, 2, \cdots, n$；

n ——第 j 检测剖面的声测线总数；

k ——拟去掉的低声速值的数据个数，$k = 0, 1, 2, \cdots$；

k' ——拟去掉的高声速值的数据个数，$k' = 0, 1, 2, \cdots$。

对逐一去掉 $v_i(j)$ 中 k 个最小数值和 k' 个最大数值后的其余数据，按下列公式进行统计计算：

$$v_{01}(j) = v_m(j) - \lambda \cdot s_x(j) \tag{3-12}$$
$$v_{02}(j) = v_m(j) + \lambda \cdot s_x(j) \tag{3-13}$$

$$v_{\mathrm{m}}(j) = \frac{1}{n-k-k'}\sum_{i=k'+1}^{n-k}v_i(j) \qquad (3\text{-}14)$$

$$s_x(j) = \sqrt{\frac{1}{n-k-k'-1}\sum_{i=k'+1}^{n-k}\left[v_i(j)-v_{\mathrm{m}}(j)\right]^2} \qquad (3\text{-}15)$$

$$C_{\mathrm{v}}(j) = \frac{s_x(j)}{v_{\mathrm{m}}(j)} \qquad (3\text{-}16)$$

式中　$v_{01}(j)$——第 j 剖面的声速异常小值判断值；

$\quad\quad v_{02}(j)$——第 j 剖面的声速异常大值判断值；

$\quad\quad v_{\mathrm{m}}(j)$——（$n-k-k'$）个数据的平均值；

$\quad\quad s_x(j)$——（$n-k-k'$）个数据的标准差；

$\quad\quad C_{\mathrm{v}}(j)$——（$n-k-k'$）个数据的变异系数；

$\quad\quad\lambda$——由表 3-4 查得的与（$n-k-k'$）相对应的系数。

表 3-4　统计数据个数（$n-k-k'$）与对应的 λ 值

$n-k-k'$	10	11	12	13	14	15	16	17	18	20
λ	1.28	1.33	1.38	1.43	1.47	1.50	1.53	1.56	1.59	1.64
$n-k-k'$	22	24	26	28	30	32	34	36	38	40
λ	1.69	1.73	1.77	1.80	1.83	1.86	1.89	1.91	1.94	1.96
$n-k-k'$	42	44	46	48	50	52	54	56	58	60
λ	1.98	2.00	2.02	2.04	2.05	2.07	2.09	2.10	2.11	2.13
$n-k-k'$	62	64	66	68	70	72	74	76	78	80
λ	2.14	2.15	2.17	2.18	2.19	2.20	2.21	2.22	2.23	2.24
$n-k-k'$	82	84	86	88	90	92	94	96	98	100
λ	2.25	2.26	2.27	2.28	2.29	2.29	2.30	2.31	2.32	2.33
$n-k-k'$	105	110	115	120	125	130	135	140	145	150
λ	2.34	2.36	2.38	2.39	2.41	2.42	2.43	2.45	2.46	2.47
$n-k-k'$	160	170	180	190	200	220	240	260	280	300
λ	2.50	2.52	2.54	2.56	2.58	2.61	2.64	2.67	2.69	2.72
$n-k-k'$	320	340	360	380	400	420	440	470	500	550
λ	2.74	2.76	2.77	2.79	2.81	2.82	2.84	2.86	2.88	2.91
$n-k-k'$	600	650	700	750	800	850	900	950	1000	1100
λ	2.94	2.96	2.98	3.00	3.02	3.04	3.06	3.08	3.09	3.12
$n-k-k'$	1200	1300	1400	1500	1600	1700	1800	1900	2000	
λ	3.14	3.17	3.19	3.21	3.23	3.24	3.26	3.28	3.29	

按 $k = 0$、$k' = 0$、$k = 1$、$k' = 1$、$k = 2$、$k' = 2$ 等的顺序，将参加统计的数列最小数据 $v_{n-k}(j)$ 与异常小值判断值 $v_{01}(j)$ 进行比较，当 $v_{n-k}(j)$ 小于等于 $v_{01}(j)$ 时剔除最小数据；将最大数据 $v_{k'+1}(j)$ 与异常大值判断值 $v_{02}(j)$ 进行比较，当 $v_{k'+1}(j)$ 大于等于 $v_{02}(j)$ 时剔除最大数据。每次剔除一个数据，对剩余数据构成的数列，重复以上第二点的计算步骤，直到下列两式成立：

$$v_{n-k}(j) > v_{01}(j) \tag{3-17}$$

$$v_{k'+1}(j) < v_{02}(j) \tag{3-18}$$

第 j 检测剖面的声速异常判断概率统计值，应按下式计算：

$$v_0(j) = \begin{cases} v_m(j)(1 - 0.015\lambda) & \text{当 } C_v(j) < 0.015 \text{ 时} \\ v_{01}(j) & \text{当 } 0.015 \leqslant C_v(j) \leqslant 0.045 \text{ 时} \\ v_m(j)(1 - 0.045\lambda) & \text{当 } C_v(j) > 0.045 \text{ 时} \end{cases} \tag{3-19}$$

应根据本地区经验，结合预留同条件混凝土试件或钻芯法获取的芯样试件的抗压强度与声速对比试验，分别确定桩身混凝土声速低限值 v_L 和混凝土试件的声速平均值 v_p。

当 $v_0(j)$ 大于 v_L 且小于 v_p 时

$$v_c(j) = v_0(j) \tag{3-20}$$

式中　　$v_c(j)$ ——第 j 检测剖面的声速异常判断临界值；

　　　　$v_0(j)$ ——第 j 检测剖面的声速异常判断概率统计值。

当 $v_0(j)$ 小于等于 v_L 或 $v_0(j)$ 大于等于 v_p 时，应分析原因。第 j 检测剖面的声速异常判断临界值可按下列情况的声速异常判断临界值综合确定：

（1）同一根桩的其他检测剖面的声速异常判断临界值；

（2）与受检桩属同一工程、相同桩型且混凝土质量较稳定的其他桩的声速异常判断临界值。

对只有单个检测剖面的桩，其声速异常判断临界值等于检测剖面声速异常判断临界值；对具有三个及三个以上检测剖面的桩，应取各个检测剖面声速异常判断临界值的算术平均值，作为该桩各声测线的声速异常判断临界值。

5. 波幅判据

接收波首波波幅是判定混凝土灌注桩桩身缺陷的另一个重要参数，首波波幅对缺陷的反应比声速更敏感，但波幅的测试值受仪器设备、测距、耦合状态等许多非缺陷因素的影响，因而其测值没有声速稳定。

在现行《建筑基桩检测技术规范》（JGJ 106）中采用下列方法确定波幅临界值判据：

$$A_m(j) = \frac{1}{n} \sum_{j=1}^{n} A_{pi}(j) \tag{3-21}$$

$$A_c(j) = A_m(j) - 6 \tag{3-22}$$

波幅 $A_{pi}(j)$ 异常应按下式判定：

$$A_{pi}(j) < A_c(j) \tag{3-23}$$

式中　$A_m(j)$——第 j 检测剖面各声测线的波幅平均值（dB）；

　　　$A_{pi}(j)$——第 j 检测剖面第 i 声测线的波幅值（dB）；

　　　$A_c(j)$——第 j 检测剖面波幅异常判断的临界值（dB）；

　　　　　n——第 j 检测剖面的声测线总数。

可知，波幅异常的临界值判据为同一剖面各声测线波幅平均值的一半。

6. PSD 判据

PSD 的计算公式如下：

$$PSD(j,i) = \frac{\left[\, t_{ci}(j) - t_{ci-1}(j)\,\right]^2}{z_i - z_{i-1}} \tag{3-24}$$

$$\Delta t = t_{ci}(j) - t_{ci-1}(j) \tag{3-25}$$

式中　PSD——声时-深度曲线上相邻两点连线的斜率与声时差的乘积（$\mu s^2/m$）；

　　　$t_{ci}(j)$——第 j 检测剖面第 i 声测线的声时（μs）；

　　　$t_{ci-1}(j)$——第 j 检测剖面第 $i-1$ 声测线的声时（μs）；

　　　　　z_i——第 i 声测线深度（m）；

　　　　　z_{i-1}——第 $i-1$ 声测线深度（m）。

根据实测声时计算某一剖面各声测线的 PSD 判据，绘制判据值-深度曲线，然后根据 PSD 值在某深度处的突变，结合波幅变化情况，进行异常点判定。采用 PSD 法突出了声时的变化，对缺陷较敏感，同时也减小了因声测管不平行或混凝土不均匀等非缺陷因素造成的测试误差对数据分析判断的影响。

7. 主频判据

声波接收信号的主频漂移程度反映了声波在桩身混凝土中传播时的衰减程度，而这种衰减程度又能体现混凝土质量的优劣。声波接收信号的主频漂移越大，该声测线的混凝土质量就越差。接收信号的主频与波幅有一些类似，也受诸如测试系统状态、耦合状况、测距等许多非缺陷因素的影响，其波动特征与正态分布也存在偏差，测试值没有声速稳定，对缺陷的敏感性不及波幅，在实测中用得较少。

3.4.5　桩身完整性评价

在现行《建筑基桩检测技术规范》（JGJ 106）中明确指出：桩身完整性类别应结合桩身混凝土各声学参数临界值、PSD 判据、混凝土声速低限值以及桩身质量可疑点加密测试后确定的缺陷范围，按规范表中规定的特征进行综合判定。

对桩身完整性类别的判定可按表 3-5 描述的各种类别桩的特征进行，但还需综合考察下列因素：桩的承载机理（摩擦型或端承型），桩的设计荷载要求，受荷状况（抗压、抗拔、抗水平力等），基础类型（单桩承台或群桩承台），缺陷出现的部位（桩上部、中部还是桩底）等。

表 3-5 桩身完整性判定

类别	特征
I	所有声测线声学参数无异常，接收波形正常。 存在声学参数轻微异常、波形轻微畸变的异常声测线。异常声测线在任一检测剖面的任一区段内纵向不连续分布，且在任一深度横向分布的数量少于检测剖面数量的50%
II	存在声学参数轻微异常、波形轻微畸变的异常声测线。异常声测线在一个或多个检测剖面的一个或多个区段内纵向连续分布，或在一个或多个深度横向分布的数量多于或等于检测剖面数量的50%。 存在声学参数明显异常、波形明显畸变的异常声测线。异常声测线在任一检测剖面的任一区段内纵向不连续分布，且在任一深度横向分布的数量少于检测剖面数量的50%
III	存在声学参数明显异常、波形明显畸变的异常声测线。异常声测线在一个或多个检测剖面的一个或多个区段内纵向连续分布，但在任一深度横向分布的数量少于检测剖面数量的50%。 存在声学参数明显异常、波形明显畸变的异常声测线。异常声测线在任一检测剖面的任一区段内纵向不连续分布，但在一个或多个深度横向分布的数量多于或等于检测剖面数量的50%。 存在声学参数严重异常、波形严重畸变或声速低于低限值的异常声测线。异常声测线在任一检测剖面的任一区段内纵向不连续分布，且在任一深度横向分布的数量少于检测剖面数量的50%
IV	存在声学参数明显异常、波形明显畸变的异常声测线。异常声测线在一个或多个检测剖面的一个或多个区段内纵向连续分布，且在一个或多个深度横向分布的数量多于或等于检测剖面数量的50%。 存在声学参数严重异常、波形严重畸变或声速低于低限值的异常声测线。异常声测线在一个或多个检测剖面的一个或多个区段内纵向连续分布，或在一个或多个深度横向分布的数量多于或等于检测剖面数量的50%

注：1. 完整性类别由IV类往I类依次判定。
　　2. 对只有一个检测剖面的受检桩，桩身完整性判定应按该检测剖面代表桩全部横截面的情况对待。

3.5 钻芯法

钻芯法是检测钻（冲）孔、人工挖孔等现浇混凝土灌注桩的成桩质量的一种有效手段，不受场地条件的限制，特别适用于大直径混凝土灌注桩的成桩质量

检测。钻芯法检测的主要目的有四个：

（1）检测桩身混凝土质量情况，如桩身混凝土胶结状况、有无气孔、松散或断桩等，桩身混凝土强度是否符合设计要求；

（2）桩底沉渣厚度是否符合设计或规范的要求；

（3）桩端持力层的岩土性状（强度）和厚度是否符合设计或规范要求；

（4）施工记录桩长是否真实。

本节主要介绍钻芯法用于检测桩身完整性。

3.5.1 仪器设备

钻机宜采用岩芯钻探的液压高速钻机，并配有相应的钻塔和牢固的底座，机械技术性能良好，不得使用立轴晃动过大的钻机。钻杆应顺直，直径宜为 50mm。

钻机设备参数应满足：额定最高转速不低于 790r/min；转速调节范围不少于 4 挡；额定配用压力不低于 1.5MPa。

水泵的排水量宜为 50～160L/min，泵压宜为 1.0～2.0MPa。

孔口管、扶正稳定器（又称导向器）及可捞取松软渣样的钻具应根据需要选用。桩较长时，应使用扶正稳定器确保钻芯孔的垂直度。桩顶面与钻机塔座距离大于 2m 时，宜安装孔口管，孔口管应垂直且牢固。

钻取芯样的真实程度与所用钻具有很大关系，进而直接影响桩身完整性的类别判定。为提高钻取桩身混凝土芯样的完整性，钻芯检测用钻具应为单动双管钻具，明确禁止使用单动单管钻具。

为了获得比较真实的芯样，要求钻芯法检测应采用金刚石钻头，钻头胎体不得有肉眼可见的裂纹、缺边、少角、喇叭形磨损。

3.5.2 现场检测

1. 检测前准备工作

钻芯前应明确：检测目的、方法、数量、深度、检测日期、地点及特殊要求等。

了解现场情况：包括受检桩的位置、道路、场地平整、水、电源及障碍物等。

应按规范规定收集必要的资料，主要包括：

（1）工程概况表；

（2）受检桩平面位置图；

（3）受检桩的相关设计、施工资料（包括桩型、桩号、桩径、桩长、桩顶标高、桩身混凝土设计强度等级、单桩设计承载力、成桩日期、持力层的岩土性质等）；

（4）场地的工程地质资料。

对仲裁检测或重大检测项目，以及委托方有要求时，应制订检测方案。

桩头处理：为准确确定桩中心位置，受检桩头应出露；由于特殊原因不能使桩头出露，应要求施工单位在实地将桩位置准确放出。

2. 钻芯设备安装

钻芯钻机的安装必须稳固、精心调平，各部固定螺栓要拧紧，传动系统要相应对线，确保施工过程不发生倾斜、移位。

钻机应安装稳固，底座应调平，并保证立轴垂直。钻机安装定位后，钻机的立轴中心、天轮中心（天车前沿切点）与钻芯孔中心点必须在同一条铅垂线上。

设备安装后必须进行试运转，在确定正常后方能开钻。

应具备冲洗液循环系统，循环系统必须离钻机塔脚 0.5m 以上，避免冲洗液冲湿地面造成钻机倾斜、移位。

3. 钻芯位置

每根受检桩的钻芯孔数和钻孔位置，应符合下列要求：

（1）桩径小于 1.2m 的桩的钻孔数量可为 1~2 个孔，桩径为 1.2~1.6m 的桩的钻孔数量宜为 2 个孔，桩径大于 1.6m 的桩的钻孔数量宜为 3 个孔。

（2）当钻芯孔为 1 个时，宜在距桩中心 10~15cm 的位置开孔；当钻芯孔为 2 个或 2 个以上时，开孔位置宜在距桩中心（0.15~0.25）D 范围内均匀对称布置。

（3）对桩端持力层的钻探，每根受检桩不应少于 1 个孔。

4. 现场检测

每回次钻孔进尺宜控制在 1.5m 内；钻至桩底时，宜采取减压、慢速钻进、干钻等适宜的方法和工艺，钻取沉渣并测定沉渣厚度；对桩底强风化岩层或土层，可采用标准贯入试验、动力触探等方法对桩端持力层的岩土性状进行鉴别。

芯样取出后，钻机操作人员应由上而下按回次顺序放进芯样箱中，芯样侧表面上应清晰标明回次数、块号、本回次总块数（宜写成带分数的形式，如 $2\frac{3}{5}$ 表示第 2 回次共有 5 块芯样，本块芯样为第 3 块）。及时记录孔号、回次数、起至深度、块数、总块数、芯样质量的初步描述及钻进异常情况。

检测人员对桩身混凝土芯样的描述包括桩身混凝土钻进深度，芯样连续性、完整性、胶结情况、表面光滑情况、断口吻合程度，混凝土芯样是否为柱状，骨料大小分布情况，气孔、蜂窝麻面、沟槽、破碎、夹泥、松散的情况，以及取样

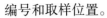

编号和取样位置。

检测人员对持力层的描述包括持力层钻进深度，岩土名称，芯样颜色、结构构造、裂隙发育程度、坚硬及风化程度，以及取样编号和取样位置，或动力触探、标准贯入试验位置和结果。分层岩层应分别描述。

钻机操作人员应按表3-6的格式记录钻进情况和钻进异常情况，对芯样质量进行初步描述；检测人员应按表3-7的格式对芯样混凝土、桩底沉渣以及桩端持力层详细编录。

表 3-6　钻芯法检测现场操作记录表

桩号			孔号		工程名称		
时间	钻进（m）			芯样编号	芯样长度（m）	残留芯样	芯样初步描述及异常情况记录
	自	至	计				
检测日期			机长：		记录：		页次：

表 3-7　钻芯法检测芯样编录表

工程名称				日期		
桩号/钻芯孔号			桩径		混凝土设计强度等级	
项目	分段（层）深度（m）	芯样描述			取样编号取样深度	备注
桩身混凝土		混凝土钻进深度，芯样连续性、完整性、胶结情况、表面光滑情况、断口吻合程度，混凝土芯是否为柱状，骨料大小分布情况，以及气孔、空洞、蜂窝麻面、沟槽、破碎、夹泥、松散的情况				
桩底沉渣		桩端混凝土与持力层接触情况、沉渣厚度				
持力层		持力层钻进深度，岩土名称，芯样颜色、结构构造、裂隙发育程度、坚硬及风化程度； 分层岩层应分层描述			（强风化或土层时的动力触探或标贯结果）	

检测单位：	记录员：	检测人员：

钻芯结束后，应对芯样和钻探标示牌的全貌进行拍照。芯样和钻探标示牌的内容包括：工程名称、桩号、钻芯孔号、芯样试件采取位置、桩长、孔深、检测单位名称等，可将一部分内容在芯样上标识，另一部分标识在指示牌上。对全貌拍完彩色照片后，再截取芯样试件。取样完毕，剩余的芯样宜移交委托单位妥善保存，如图3-9所示。

图 3-9　芯样示意图

当单桩质量评价满足设计要求时，应从钻芯孔孔底往上用水泥浆回灌封闭；当单桩质量评价不满足设计要求时，应封存钻芯孔，留待处理。

3.5.3　桩身完整性评价

桩身完整性类别应结合钻芯孔数、现场混凝土芯样特征、芯样试件抗压强度试验结果，按表3-8所列特征进行综合判定。

表 3-8　桩身完整性判定要求

类别	特征		
	单孔	两孔	三孔
I	混凝土芯样连续、完整、胶结好，芯样侧表面光滑、骨料分布均匀，芯样呈长柱状、断口吻合		
	芯样侧表面仅见少量气孔	局部芯样侧表面有少量气孔、蜂窝麻面、沟槽，但在另一孔同一深度部位的芯样中未出现，否则应判为Ⅱ类	局部芯样侧表面有少量气孔、蜂窝麻面、沟槽，但在三孔同一深度部位的芯样中未同时出现，否则应判为Ⅱ类

续表

类别	特征		
	单孔	两孔	三孔
Ⅱ	混凝土芯样连续、完整、胶结较好，芯样侧表面较光滑、骨料分布基本均匀，芯样呈柱状、断口基本吻合，有下列情况之一		
	1. 局部芯样侧表面有蜂窝麻面、沟槽或较多气孔； 2. 芯样侧表面蜂窝麻面严重、沟槽连续或局部芯样骨料分布极不均匀，但对应部位的混凝土芯样试件抗压强度检测值满足设计要求，否则应判为Ⅲ类	1. 芯样侧表面有较多气孔、严重蜂窝麻面、连续沟槽或局部混凝土芯样骨料分布不均匀，但在两孔同一深度部位的芯样中未同时出现； 2. 芯样侧表面有较多气孔、严重蜂窝麻面、连续沟槽或局部混凝土芯样骨料分布不均匀，且在另一孔同一深度部位的芯样中同时出现，但该深度部位的混凝土芯样试件抗压强度检测值满足设计要求，否则应判为Ⅲ类； 3. 任一孔局部混凝土芯样破碎段长度不大于10cm，且在另一孔同一深度部位的局部混凝土芯样的外观判定完整性类别为Ⅰ类或Ⅱ类，否则应判为Ⅲ类或Ⅳ类	1. 芯样侧表面有较多气孔、严重蜂窝麻面、连续沟槽或局部混凝土芯样骨料分布不均匀，但在三孔同一深度部位的芯样中未同时出现； 2. 芯样侧表面有较多气孔、严重蜂窝麻面、连续沟槽或局部混凝土芯样骨料分布不均匀，且在任两孔或三孔同一深度部位的芯样中同时出现，但该深度部位的混凝土芯样试件抗压强度检测值满足设计要求，否则应判为Ⅲ类； 3. 任一孔局部混凝土芯样破碎段长度不大于10cm，且在另两孔同一深度部位的局部混凝土芯样的外观判定完整性类别为Ⅰ类或Ⅱ类，否则应判为Ⅲ类或Ⅳ类
Ⅲ	大部分混凝土芯样胶结较好，无松散、夹泥现象，有下列情况之一		大部分混凝土芯样胶结较好，有下列情况之一
	1. 芯样不连续，多呈短柱状或块状； 2. 局部混凝土芯样破碎段长度不大于10cm	1. 芯样不连续，多呈短柱状或块状； 2. 任一孔局部混凝土芯样破碎段长度大于10cm 但不大于20cm，且在另一孔同一深度部位的局部混凝土芯样的外观判定完整性类别为Ⅰ类或Ⅱ类，否则应判为Ⅳ类	1. 芯样不连续，多呈短柱状或块状； 2. 任一孔局部混凝土芯样破碎段长度大于10cm 但不大于30cm，且在另两孔同一深度部位的局部混凝土芯样的外观判定完整性类别为Ⅰ类或Ⅱ类，否则应判为Ⅳ类； 3. 任一孔局部混凝土芯样松散段长度不大于10cm，且在另两孔同一深度部位的局部混凝土芯样的外观判定完整性类别为Ⅰ类或Ⅱ类，否则应判为Ⅳ类

续表

类别	特征		
	单孔	两孔	三孔
	有下列情况之一		
Ⅳ	1. 因混凝土胶结质量差而难以钻进; 2. 混凝土芯样任一段松散或夹泥; 3. 局部混凝土芯样破碎长度大于10cm	1. 任一孔因混凝土胶结质量差而难以钻进; 2. 混凝土芯样任一段松散或夹泥; 3. 任一孔局部混凝土芯样破碎长度大于20cm; 4. 两孔同一深度部位的混凝土芯样破碎	1. 任一孔因混凝土胶结质量差而难以钻进; 2. 混凝土芯样任一段松散或夹泥段长度大于10cm; 3. 任一孔局部混凝土芯样破碎长度大于30cm; 4. 其中两孔在同一深度部位的混凝土芯样破碎、松散或夹泥

注:当上一缺陷的底部位置标高与下一缺陷的顶部位置标高的高差小于30cm时,可认定两缺陷处于同一深度部位。

当混凝土出现分层现象时,宜截取分层部位的芯样进行抗压强度试验。抗压强度满足设计要求的,可判为Ⅱ类;抗压强度不满足设计要求或不能制作成芯样试件的,应判为Ⅳ类。

桩身完整性是一个综合定性指标,虽然按芯样特征判定完整性和通过芯样试件抗压试验判定桩身强度是否满足设计要求在内容上相对独立,且表3-8中的桩身完整性分类是针对缺陷是否影响结构承载力而做出的原则性规定。但是,除桩身裂隙外,根据芯样特征描述,不论缺陷属于哪种类型,都指明或相对表明桩身混凝土质量差,即存在低强度区这一共性。因此对钻芯法,完整性分类尚应结合芯样强度值综合判定。

蜂窝麻面、沟槽、空洞等缺陷程度应根据其芯样强度试验结果判断。若无法取样或不能加工成试件,缺陷程度应判重些。

芯样连续、完整、胶结好或较好、骨料分布均匀或基本均匀、断口吻合或基本吻合;芯样侧面无表观缺陷,或虽有气孔、蜂窝麻面、沟槽,但能够截取芯样制作成试件;芯样试件抗压强度代表值不小于混凝土设计强度等级,则判定基桩的混凝土质量满足设计要求。

芯样任一段松散、夹泥或分层,钻进困难甚至无法钻进,则判定基桩的混凝土质量不满足设计要求;若仅在一个孔中出现前述缺陷,而在其他孔同深度部位未出现,为确保质量,仍应进行工程处理。

局部混凝土破碎、无法取样或虽能取样但无法加工成试件,一般判定为Ⅲ类桩。但是,当钻芯孔数为3个时,若同一深度部位芯样质量均如此,宜判为Ⅳ类桩；如果仅一孔的芯样质量如此，且长度小于 10cm，另两孔同深度部位的芯样试件抗压强度较高，宜判为 II 类桩。

3.6　孔中摄像法

孔中摄像法是一种直观的探查方法，能起到其他方法无法实现的直观、可视化效果，主要用于预制空心桩和钻有钻孔的灌注桩，对预制空心桩，由于土塞的影响（即使采用桩内清孔的方法一般也不能清孔到桩底，否则会破坏桩底持力层），采用孔中摄像法检测时一般难以进行整桩检测，故而多数情况下仅作为一种辅助检测手段，用来对低应变等其他检测方法结果的验证。对进行钻芯法检测的灌注桩，可以进行整个钻孔深度范围内的检测，也可在有疑问的深度范围内进行验证检测。

一般而言，建议在对桩孔或钻孔进行清孔并排除积水后进行检测，这样效果好，视频和图像资料清楚。当然在孔壁无附着物且孔内积水透明度较高，能保证水下图像、视频清晰的条件下也可进行水下检测。

3.6.1　仪器设备

孔中摄像检测仪应包括摄像头、信号采集仪、深度测量装置、连接电缆，并宜配置扶正器。常见的孔中摄像仪如图 3-10 所示。

图 3-10　常见的孔中摄像仪

1. 摄像头一般应符合的要求

（1）应采用宽视角全景彩色摄像头，成像分辨率不应低于 100 万像素，照度不低于 0.1lx，可使用高清摄像头；

（2）应自带光源，亮度应连续可调，应满足检测的照度需求；

（3）应具有方位角识别记录功能；

（4）应具有防水功能且视窗清晰，结实耐用；

（5）水密性应满足 10MPa 水压不渗水。

2. 信号采集仪一般应符合的要求

（1）采用的信号采集仪成像分辨率不应低于 1024×768 像素，并具有深度记录装置和孔内探头定位装置；

（2）应能实时采集、存储摄像头传输的图像及视频数据；

（3）应具备图像快速无缝拼接、自动深度校正，全景视频图像和平面展开图像实时呈现；

（4）记录的图像及视频数据应有深度标识和方位角信息；

（5）采集仪应具有显示和播放功能。

3. 深度测量装置应符合的要求

（1）深度测量装置对探头下放时的深度进行相应的记录，深度测量精度应优于或等于 0.1mm；

（2）图像和视频标识深度与实际深度的偏差值不应大于总测试深度的 0.5%，且不应超过 400mm。

4. 连接电缆应符合的要求

（1）电缆线应具备信号传输指标的要求；

（2）电缆线应具有用于校正深度的深度标识，深度标识的间距不应大于 50cm；

（3）电缆线应具备足够的抗拉强度或配置辅助钢丝线，确保正常测试时不产生较大变形；

（4）电缆线的水密性应满足 10MPa 水压不渗水。

5. 图像分析软件应具备的功能

孔内电视成像仪应配备专业的图像分析处理软件。图像分析软件应具备以下功能：

（1）应具备图像分析、描述、编辑、转换输出及打印等功能；

（2）应具备几何尺寸和角度的量测功能，分辨率不宜小于 1mm，角度分辨率不宜小于 1°；

（3）应具有深度修正及方位角修正功能；

（4）在图像分析处理过程中，应保证源文件数据的完整性；

（5）应具备重新拼图、视频回放、三维展示功能。

3.6.2 现场检测

检测前应对受检桩进行孔内清理。无水条件下检测时，应排除孔中积水至检测深度以下不小于 1m；水中检测时，应清除孔中杂物至检测深度以下不小于 1.5m，孔中积水应保证有足够的透明度。

检测宜在清孔深度范围内全程检测，对其他方法检测时有疑问的范围应重点检测。

检测过程中应全面、清晰地记录桩孔内壁混凝土的图像，检测时可采取拍摄静态照片也可采用拍摄连续视频的方式进行。采用连续视频方式时，摄像头移动速度应缓慢以保证视频图像质量。

竖向或高倾斜度裂缝等缺陷是低应变检测方法难以发现的，采用孔中摄像法却可以发现，这也是这种方法的优势之一。此外，视频影像和静态照片各有优势，前者反映情况较为全面和连贯，而后者可以保证较高的清晰度，因此两者结合使用往往可以取得较好的效果。

3.6.3　检测数据分析与判定

桩身缺陷应根据静态照片和视频图像并结合低应变等其他方法的检测结果综合判定。

缺陷的描述，应包括缺陷的类型、深度、延伸长度、宽度、分布方位等，对裂缝类缺陷还应重点描述倾斜角度、裂缝张开或闭合情况等信息。桩身缺陷深度信息宜以本方法检测结果为准。

桩身完整性类别应结合缺陷出现的深度、程度、成桩工艺、地质条件、施工情况，按表 3-9 综合确定。

表 3-9　桩身完整性判定

类别	照片或视频图像特征
Ⅰ	检测深度范围内无缺陷，其他方法检测时也未发现缺陷
Ⅱ	仅存在局部闭合性的横向裂纹而无其他明显缺陷，基本不影响桩身承载能力的
Ⅲ	有明显可见的横向张开性裂纹，或存在其他较明显的缺陷，已明显影响桩身承载能力的
Ⅳ	存在贯穿全截面的横向张开性裂缝，或存在较明显竖向或倾斜裂缝，或存在桩身错位性断裂以及混凝土部分或全断面碎裂等情况，已严重影响桩身承载能力的

注：已经过钻芯法检测的桩，尚应结合钻芯法检测结果综合判定桩身完整性。

第4章　基桩承载力检测技术

4.1　概述

单桩承载力是指单桩到达破坏状态时所能承受的最大轴向静荷载，它取决于土对桩的支承力和桩身材料强度，并取用两者中的较小值。

按土对桩的支承力确定单桩承载力的方法分为静力法和动力法两大类。前者根据室内和原位土工试验的资料，后者则根据沉桩过程中或沉桩后的现场动力测试的资料，然后应用理论分析方法或者应用工程实践经验来估算单桩承载力。静力法可分为经验公式法、理论计算法、现场静载试验法等。动力法可分为打桩公式法、应力波动方程法等。单桩承载力主要由土对桩的支承力所控制；但对端承桩、外露段较长的桩、超长桩、混凝土质量不易控制的就地灌注桩等，有时可能由桩身材料强度所控制。

4.2　高应变法

4.2.1　基本原理

1. CASE 法

CASE 法采用以下四个假定：

（1）桩身阻抗恒定，即除了截面不变外，桩身材质均匀且无明显缺陷。

（2）只考虑桩端阻尼，忽略桩侧阻尼的影响。

（3）应力波在沿桩身传播时没有能量耗散和波形畸变。

（4）土阻力的本构关系隐含采用了刚-塑性模型，即土体对桩的静阻力大小与桩土之间的位移大小无关，而仅与桩土之间是否存在相对位移有关。具体来讲：桩土之间一旦产生运动（应力波一旦到达），此时土的阻力立即达到极限静阻力 R_u，且随位移增加不再改变。

由于忽略了桩侧阻尼，只需考虑桩端的动阻力 $R_d(L)$。在 CASE 法中，土的动阻力模型采用的是线性黏滞模型，即

$$R_d(L) = J_v \cdot V(L,t) \tag{4-1}$$

式中　　　J_v——黏滞阻尼系数；

$V(L, t)$——t 时刻（冲击应力波到达桩端）桩端截面的运动速度。

$$J_v = J_c \cdot Z \tag{4-2}$$

式中　J_c——CASE 法的阻尼系数（无量纲，一般认为与桩端土性相关）。

因此

$$R_d(L) = J_c \cdot Z \cdot V(L,t) \tag{4-3}$$

下面分析 $V(L, t)$，由假定可知，土阻尼存在于桩端，只与桩端运动速度有关，有下面恒等式：

$$V(L,t) = \frac{F_d(L,t) - F_u(L,t)}{Z} \tag{4-4}$$

式（4-4）中的 $F_d(L, t)$ 和 $F_u(L, t)$ 都是无法直接测量的，但可根据行波理论由桩顶的实测力和速度（或下行波）表示：

在 $t - L/c$ 时刻由桩顶下行的力波将于 t 时刻到达桩底。假设在 L/c 时程段上遇到的阻力之和为 R，则运行至桩端后下行力波的量值为

$$F_d(L,t) = F_d(0,t - L/c) - \frac{R}{2} \tag{4-5}$$

在同样的假设下，从时刻 t 由桩端上行的力波将于 $t + L/c$ 到达桩顶，在同样的阻力作用下，其量值变为

$$F_u(L,t) = F_u(0,t + L/c) - \frac{R}{2} \tag{4-6}$$

因此，桩端运动速度计算公式为

$$V(L,t) = \frac{F_d(0,t + L/c) - F_u(0,t - L/c)}{Z} \tag{4-7}$$

假设由阻尼引起的桩端土的动阻力 R_d 与桩端运动速度 $V(L, t)$ 成正比，即

$$R_d = J_c Z V(L,t) = J_c(F_d(0,t - L/c) - F_u(0,t + L/c)) \tag{4-8}$$

将上式中的时间 $t - L/c$ 和 $t + L/c$ 分别替换为 t_1 和 t_2，得

$$R_d = J_c(2F_d(t_1) - R_0) = J_c(F(t_1) + ZV(t_1) - R_0) \tag{4-9}$$

将总阻力视为独立的静阻力和动阻力之和，则静阻力可由下式求出

$$R_u = R_0 - R_d = R_0 - J_c(F(t_1) + ZV(t_1) - R_0) \tag{4-10}$$

最后利用前面的总阻力公式，可得

$$R_u = \frac{1}{2}(1 - J_c) \cdot [F(t_1) + Z \cdot V(t_1)] + \frac{1}{2}(1 + J_c) \cdot$$

$$\left[F\left(t_1 + \frac{2L}{c}\right) - Z \cdot V\left(t_1 + \frac{2L}{c}\right)\right] \tag{4-11}$$

习惯上用 R_c（c 表示 CASE）作为 CASE 法计算桩的承载力，即 $R_u = R_c$。

这就是标准形式的 CASE 法计算桩承载力公式，较适宜于长度适中且截面规则的中、小型桩。以后的分析还可说明，它较适宜于摩擦型桩。

2. CASE 法的几种子方法及适用条件

为了获得比较简洁的承载力计算公式，CASE 法对桩-土力学模型做了较多的假定，而这些假定在某些情况下与桩-土的实际力学性状可能存在较明显差别，为了在一定程度上减小因这种偏差导致的 CASE 计算桩的承载力偏差，人们进一步对 CASE 法的承载力的计算公式做了一些修正，从而衍生出在某些特定情况下使用的 CASE 法的几种子方法。

（1）阻尼系数法（RSP 法）

这是 CASE 法的传统方法，其承载力计算公式为

$$R_c = \frac{1}{2}(1 - J_c) \cdot [F(t_1) + Z \cdot V(t_1)] + \frac{1}{2}(1 + J_c) \cdot$$

$$\left[F\left(t_1 + \frac{2L}{c}\right) - Z \cdot V\left(t_1 + \frac{2L}{c}\right)\right] \tag{4-12}$$

一般 t_1 选择速度的第一峰对应的时刻，$t_2 = t_1 + 2L/c$，当单击锤击贯入度大于 2.5mm 时，桩顶虽然没有到达最大位移，但桩侧及桩端岩土已进入塑性阶段，岩土承载力已被充分激发。从公式中可以看到，此时桩的承载力取决于 CASE 法阻尼系数 J_c 的取值，一般认为阻尼系数 J_c 与桩端土层的性质有关，它是通过静动对比试验得到的。

由于世界各国的静载试验的破坏标准或判定极限承载力标准的差异，加之与地质条件相关的桩型、施工工艺不同，因此具体应用到某一国家甚至是该国家某一地区时，该系数都应结合地区特点进行调整。表 4-1 是美国 PDI 公司早期通过预制桩的静动对比试验推荐的阻尼系数取值。对比时采用的静载试验相当于我国的快速维持荷载法，极限承载力判定标准采用 Davisson 准则。该准则根据桩的竖向抗压刚度和桩径大小，按桩顶沉降量来确定单桩极限承载力，通常比用我国规范确定的承载力保守。

表 4-1 PDI 公司 CASE 法阻尼系数经验取值

桩端土质	砂土	粉砂	粉土	粉质黏土	黏土
J_c	0.1~0.15	0.15~0.25	0.25~0.4	0.4~0.7	0.7~1.0

根据我国 20 世纪 80 年代后期至 90 年代初期的静动对比结果以及对静动对比条件的仔细考察，我们发现表中给出的 J_c 取值的离散性较大，而且有些静动对比的试验条件本身并不具有可比性。在新的标准中，建议积累相近条件静动对比资料后，再用波形拟合法校核来综合确定阻尼系数 J_c 的合理取值。

（2）最大阻力修正法（RMX 法）

前面公式的推导是建立在土阻力的刚-塑性模型基础之上的，此时 t_1 选择在速度曲线初始第一峰处，而 t_1 点虽是桩顶速度的最大值，但非桩顶位移的最大值。事实上，被激发的静阻力是位移的函数。只有桩-土间产生足够的相对位移，岩土进入塑性状态，土阻力才能被充分激发。桩顶达到最大位移一般要比出现速度第一峰的时刻滞后一段时间 $t_{u,0}$。

如果桩的承载力以侧摩擦力为主，当桩侧土极限阻力充分发挥所需最大弹性变形值 Q_s 较大时，则土阻力-位移关系与刚-塑性模型相差甚远，按 $t_1 \sim t_2$ 时段确定的承载力不可能包含整个桩段的桩侧土阻力充分发挥的信息。

对端承型桩，假设应力波在桩身中传播（包括桩底反射）只引起波形幅值的变化，而不改变波形的形状，则桩端最大位移出现的时刻也要滞后 t_2 点 $t_{u,0}$。显然，当端阻力所占桩的总承载力比重较大（端承型桩），或桩端阻力的充分发挥所需的桩端位移较大时（如大直径桩），按 RSP 法承载力计算公式得出的承载力也不可能包含全部端阻力充分发挥的信息。

不少情况下，桩侧土阻力和桩端土阻力的发挥是相互影响和相互制约的，因此桩周土的 Q_s 值较大时，刚-塑性假定与实际情况之间的差异便暴露出来。

为了弥补这些情况造成对桩承载力的低估，可采用下列方法对 R_c 进行修正：

① 将 t_1 向右移动（保持 $t_2 - t_1 = 2L/c$ 不变），在 $[t_1 + \Delta, \ t_1 + \Delta + 2L/c]$ 找出 R_c 的最大值 $R_{c,\max}$。

② 如果毗邻第一峰 t_1 还有明显的第二峰，且 F 与 ZV 曲线仍成比例，则将 t_1 对准第二峰，求得 $R_{c,\max}$。

$$R_{\max} = \max \left\{ \frac{1}{2}(1 - J_c) \cdot (F(t_1) + Z \cdot V(t_1)) + \frac{1}{2}(1 + J_c) \cdot \right.$$

$$\left. \left[F\left(t_1 + \frac{2L}{c}\right) - Z \cdot V\left(t_1 + \frac{2L}{c}\right) \right] \right\} \tag{4-13}$$

式（4-13）中，$t_r \leqslant t_1 \leqslant t_r + 30$（ms），$t_r$ 指从冲击波开始到峰值的时间（ms）。这就是 CASE 法的最大阻力修正法，也称 RMX 法。

（3）卸载修正法（RUN 法）

在 CASE 法承载力计算公式的推导过程中，假定土阻力一经激发，则在 $[t_1, \ t_1 + 2L/c]$ 时段内将持续作用不卸载（土的理想刚塑性模型）。但是对长摩擦桩，当激励脉冲有效持续时间与 $2L/c$ 相比明显偏小时，整个桩身各个界面的运动状态有明显差别，冲击脉冲在桩身中下部向下传播时，桩的中上部可能出现回弹现象而使桩-土之间相对位移减小，甚至出现反向位移，这些现象将导致桩中上部土阻力的卸载。卸载修正法的曲线示意图如图 4-1 所示。

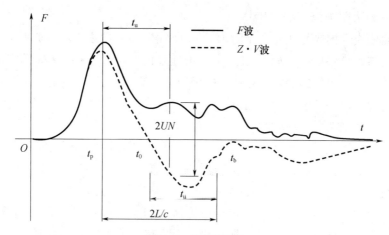

图 4-1　卸载修正法

为了防止出现承载力的低估，需做如下修正。

① 计算激振后桩顶质点速度为零的时刻与 $2L/c$ 的时间差 t_u（以速度第一峰作为起始时刻 t_1）。

② 将 t_u 与波速 c 相乘，然后除以 2 得到卸载部分的桩长，即

$$l_u = \frac{c \cdot t_u}{2} \tag{4-14}$$

③ 在 F、ZV 曲线上，$t = t_1 + t_u$ 时刻对应的土阻力为 $R_x = F - ZV$，其形成的上行压力波为 $\dfrac{R_x}{2} = \dfrac{F - ZV}{2}$，这部分因土的卸载在总阻力公式中被忽略了。因此在总阻力公式中加上

$$U_n = \frac{R_x}{2} = \frac{F(t_1 + t_u) - ZV(t_1 + t_u)}{2} \tag{4-15}$$

④ 总阻力中补偿后的 CASE 法承载力为

$$R_{un} = R_c + (1 + J_c)U_n \tag{4-16}$$

卸载法（RUN）适合于长摩擦桩，考虑了阻力的卸载效应，其波形特征为桩的上部在 $2L/c$ 之前出现了反向运动速度（回弹）。

（4）最小阻力法（RMN 法）

通过延时求出承载力最小值的最小阻力法（RMN 法）的做法与 RMX 法有所差别，它不是固定 $2L/c$ 不动，而是固定 t_1，左右变化 $2L/c$ 值用以下公式寻找承载力的最小值。

$$R_{max} = \min\left\{\frac{1}{2}(1 - J_c) \cdot (F(t_1) + Z \cdot V(t_1)) + \frac{1}{2}(1 + J_c) \cdot \right.$$
$$\left. \left[F\left(t_1 + \frac{2L}{c} + \Delta\right) - Z \cdot V\left(t_1 + \frac{2L}{c} + \Delta\right)\right]\right\} \quad \left(-\frac{2L}{5c} \leq \Delta \leq \frac{2L}{5c}\right)$$

$$\tag{4-17}$$

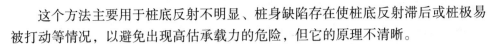

这个方法主要用于桩底反射不明显、桩身缺陷存在使桩底反射滞后或桩极易被打动等情况，以避免出现高估承载力的危险，但它的原理不清晰。

（5）其他方法

自动法：在桩尖质点运动速度为零时，动阻力也为零，此时有两种计算承载力与 J_c 无关的"自动"法，即 RAU 法和 RA2 法。

① 前者适用于桩侧阻力很小的情况。正如最大阻力修正法所指出的，桩顶位移的最大值滞后于速度最大值的时间为 $t_{u,0}$，同理可推知桩端位移最大值也会滞后于桩端最大速度。在桩端速度变为零时刻，RAU 法计算出的土阻力显然包含端阻力的全部信息。所以，该法较适宜于端承桩。

② 后者适用于桩侧阻力适中的场合。如果桩侧阻力较强，当桩端速度为零时，用 RAU 法确定的土阻力实际包含桩上部或大部卸载的土阻力。所以要采用类似于卸载法的修正原理，对提前卸去的部分桩侧阻力进行补偿。

3. 曲线拟合法

CASE 法由于对桩-土力学模型做了许多简化假定，从而得出了简捷的计算公式，便于检测现场做实时分析和判别，而波动方程曲线拟合法采用较为复杂的桩-土力学模型，计算结果更客观、更符合工程桩的实际状况。在介绍拟合法之前，我们先对 CASE 法做一个简单的回顾：

CASE 法的桩-土计算模型做了如下假定：

（1）桩为一维阻抗均匀的弹性杆（无裂缝、无接头松弛、无强度变化）。

（2）只考虑桩端土阻尼，忽略桩侧土的动阻力。

（3）刚塑性体，土的阻力在承载力计算周期内不发生变化。

在以上假定基础上，CASE 法得出简便的计算公式，可在现场由打桩分析仪完成实时分析。通过 CASE 法分析，我们可以获得桩的承载力、桩身完好系数、打桩应力等桩锤能量传递比信息。

CASE 法的不足也同样源于上述基本假定：

（1）不能考虑桩身阻抗有较大变化的情况，对非均匀桩由于应力波传递过程中产生的畸变，忽略它的影响，会使结果的可靠性下降。

（2）对于侧摩擦力较大的桩，桩侧土阻尼较大，忽略它的影响，会使结果的可靠性降低。

（3）对于长摩擦桩，在 $2L/c$ 时刻之前，桩身上部土单元可能已开始出现卸载，不考虑卸载会低估桩的承载力。

（4）CASE 法得出的是桩的总静阻力，无法将桩侧摩擦力与桩端承载力分开，无法描述桩侧摩擦力的分布。

（5）CASE 法的关键参数 J_c（桩端土 CASE 阻尼系数）是一个地区性经验系数，这个取值的人为因素较多，且地质报告不准时会对计算结果有较大影响，需要通过动、静对比试验来确定。

实测曲线拟合法是通过波动问题数值计算，反演确定桩和土的力学模型及其参数值。其过程：假定各桩单元的桩和土力学模型及其模型参数，利用实测的速度（或力、上行波、下行波）曲线作为输入边界条件，数值求解波动方程，反算桩顶的力（或速度、下行波、上行波）曲线。若计算的曲线与实测曲线不吻合，说明假设的模型或其参数不合理，有针对性地调整模型及参数再进行计算，直至计算曲线与实测曲线（以及贯入度的计算值与实测值）的吻合程度良好且不易进一步改善为止。由此可以得到单桩极限承载力、侧阻分布、端阻大小和模拟静荷载试验的 Q-s 曲线等参数。

虽然从原埋上讲，这种方法是客观唯一的，但由于桩、土以及它们之间的相互作用等力学行为的复杂性，实际运用时还不能对各种桩型、成桩工艺、地质条件，都达到十分准确地求解桩的动力学和承载力问题的效果。所以，《建筑基桩检测技术规范》（JGJ 106）针对实测曲线拟合法判定桩承载力应用中的关键技术问题，做了具体阐述和规定：

（1）所采用的力学模型应明确合理，桩和土的力学模型应能分别反映桩和土的实际力学性状，模型参数的取值范围应能限定。

（2）拟合分析选用的参数应在岩土工程的合理范围内。

（3）曲线拟合时间段长度在 $t_1 + 2L/c$ 时刻后延续时间不应少于20ms；对柴油锤打桩信号，在 $t_1 + 2L/c$ 时刻后延续时间不应少于30ms。

（4）各单元所选用的土的最大弹性位移值不应超过相应桩单元的最大计算位移值。

（5）拟合完成时，土阻力响应区段的计算曲线与实测曲线应吻合，其他区段的曲线应基本吻合。

（6）贯入度的计算值应与实测值接近。

之所以做以上规定，主要是基于以下考虑：

（1）关于桩与土模型：

① 目前已有成熟使用经验的土的静阻力模型为理想弹-塑性或考虑土体硬化或软化的双线性模型；模型中有两个重要参数——土的极限静阻力 R_u 和土的最大弹性位移 s_q，可以通过静载试验（包括桩身内力测试）来验证。在加载阶段，土体变形小于或等于 s_q 时，土体在弹性范围内工作；变形超过 s_q 后，进入塑性变形阶段（理想弹-塑性时，静阻力达到 R_u 后不再随位移增加而变化）。对卸载阶段，同样要规定卸载路径的斜率和弹性位移限制。

② 土的动阻力模型一般习惯采用与桩身运动速度成正比的线性黏滞阻尼，带有一定的经验性，且不易直接验证。

③ 桩的力学模型一般为一维杆模型，单元划分应采用等时单元（实际为特

征线法求解的单元划分模式），即应力波通过每个桩单元的时间相等，由于没有高阶项的影响，计算精度高。

④ 桩单元除考虑 A、E、c 等参数外，也可考虑桩身阻尼和裂隙。另外，也可考虑桩底的缝隙、开口桩或异型桩的土塞、残余应力影响和其他阻尼形式。

⑤ 所用模型的物理力学概念应明确，参数取值应能限定；避免采用可使承载力计算结果产生较大变异的桩-土模型及其参数。

（2）拟合时应根据波形特征，结合施工和地基条件合理确定桩土参数取值。因为拟合所用的桩土参数的数量和类型繁多，参数各自和相互间耦合的影响非常复杂，而拟合结果并非唯一解，需通过综合比较判断进行参数选取或调整。正确选取或调整的要点是参数取值应在岩土工程的合理范围内。

（3）拟合时间的要求主要考虑两点：一是自由落锤产生的力脉冲持续时间通常不超过 20ms（除非采用很重的落锤），但柴油锤信号在主峰过后的尾部仍能产生较长的低幅值延续；二是与位移相关的总静阻力一般会不同程度地滞后于 $2L/c$ 发挥，当端承型桩的端阻力发挥所需位移很大时，土阻力发挥将产生严重滞后，因此规定 $2L/c$ 后延时足够的时间，使曲线拟合能包含土阻力响应区段的全部土阻力信息。

（4）为防止土阻力未充分发挥时的承载力外推，设定的 s_q 值不应超过对应单元的最大计算位移值。若桩、土间相对位移不足以使桩周岩土阻力充分发挥，则给出的承载力结果只能验证岩土阻力发挥的最低程度。

（5）土阻力响应区是指波形上呈现的静土阻力信息较为突出的时间段。所以本条特别强调此区段的拟合质量，避免只重波形头尾，忽视中间土阻力响应区段拟合质量的错误做法，并通过合理的加权方式计算总的拟合质量系数，突出土阻力响应区段拟合质量的影响。

（6）贯入度的计算值与实测值是否接近，是判断拟合选用参数，特别是 s_q 值是否合理的辅助指标。

4.2.2　仪器设备

高应变动力试桩测试系统主要由传感器、基桩动测仪、冲击设备三部分组成。

1. 测力传感器——应变式力传感器

通常采用环形应变式力传感器来检测高应变动力试桩中桩身截面的受力，其外观如图 4-2 所示。它有一个弹性铝合金环形框架，在框架内壁贴有四片箔式电阻片，电阻片连成一个桥路，当轴向受力时，两片受压，另两片受拉。

工具式力传感器轻便，安装使用都很方便，可重复使用。它量测的是桩身 77mm（传感器标距）段的应变值，换算成力还要乘以桩身材料的弹性模量 E，因此力不是它的直接测试量，而是通过下式换算：

$$F = EA\varepsilon = c^2\rho A\varepsilon \tag{4-18}$$

式中　F——传感器安装处桩身截面受力；

　　　A——桩身横截面面积；

　　　E——桩身材料弹性模量；

　　　ε——应变式传感器测得的应变值；

　　　ρ——桩身材料质量密度；

　　　c——桩身材料弹性波速。

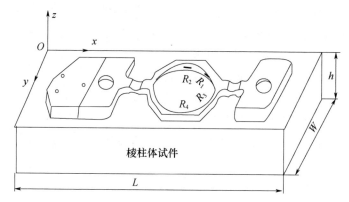

图 4-2　应变式力传感器外观

虽然在一般的测试中，实测轴向应变平均一般在 $\pm 1000\mu\varepsilon$ 以内，但考虑到锤击偏心，传感器安装初变形以及钢桩测试等极端情况，一般可测最大轴向应变范围宜为 $\pm 2500 \sim \pm 3000\mu\varepsilon$，而相应的应变适调仪应具有较大的电阻平衡范围。

2. 测振传感器——加速度计

目前一般采用压电式（或压阻式）加速度计来测试桩顶截面的运动状况。

压电式加速度计具有体积小、质量轻、低频特性好、频带宽等特点。其外观如图 4-3 所示。

图 4-3　压电式加速度计

压电式加速度计是利用半导体应变片的压阻效应工作的。压电式加速度计具有灵敏度高、信噪比大、输出阻抗低、可测量很低频率等优点，因此常用于低频振动测量中。

在《建筑基桩检测技术规范》（JGJ 106）中对加速度计的量程未做具体规定，原因是不同类型的桩，各种因素影响使其最大冲击加速度变化很大，建议根据实测经验合理选择，一般原则是选择量程大于预估最大冲击加速度的一倍以上，因为加速度计量程越大，其自振频率越高。加速度计量程用于混凝土桩测试时一般为 $1000 \sim 2000g$，用于钢桩测试时为 $3000 \sim 5000g$（g 为重力加速度）。

在其他任何情况下，如采用自制自由落锤，加速度计的量程也不应小于 $1000g$。这也包括锤体上安装加速度计的测试，但根据重锤低击原则，锤体上的加速度峰值不应超过 $150 \sim 200g$。

3. 基桩动测仪

基桩高应变动测技术自 20 世纪 80 年代引入我国后，国内的工程技术人员在吸收、消化国外先进技术的基础上，逐步开始研制自己的基桩动测仪，近些年，国内外一体化动测仪已作为主流产品投放我国市场，表观上更具专业化水准。它在现场操作、携带、可靠性和环境适应性等方面明显优于过去分离式结构的动测仪。特别是随着集成电路技术的发展，元器件、模块和线路板的尺寸大幅度减小，进而使仪器的体积、质量和功耗进一步下降。所以，小型、便携、一体化代表着专业化基桩动测仪器的发展潮流。

目前国内已有许多单位能生产成熟的基桩高应变动测仪器和分析软件，如中国科学院武汉岩土力学研究所、武汉中岩科技股份有限公司、中国建科院地基所等，如图 4-4 所示。

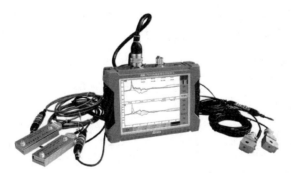
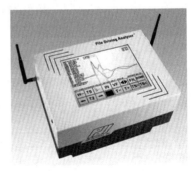

图 4-4　基桩动测仪

现行《基桩动测仪》（JG/T 518）对基桩动测仪的主要性能指标做了具体规定。在《建筑基桩检测技术规范》（JGJ 106）中规定检测仪器的主要技术性能指标不应低于《基桩动测仪》（JG/T 518）中规定的 2 级标准。

4. 冲击设备的形式

现场高应变试验用锤击设备分为两大类：预制桩打桩机械和自制自由落锤。

预制桩打桩机械：这类打桩机械有单动或双动筒式柴油锤、导杆式柴油锤、单动或双动蒸汽锤或液压锤、振动锤、落锤。在我国，单动筒式柴油锤、导杆式柴油锤和振动锤在沉桩施工中的应用均很普遍。由于振动锤施加给桩的是周期激振力，目前尚不适合于瞬态法的高应变检测。导杆式柴油锤靠落锤下落压缩汽缸中的气体对桩施力，造成力和速度上升前沿十分缓慢，由于动测仪器的复位（隔直流）作用，加上压电加速度传感器的有限低频响应（低频响应不能到零），使响应信号发生崎变，所以一般不用于高应变检测。

自制自由落锤锤击设备一般由锤体（整体或分块组装式）、脱钩装置、导向架及其底盘组成，主要用于承载力验收检测或复打。

常见的自制自由落锤脱钩装置大体分为力臂式、锁扣式和钳式三类。第一类是利用杠杆原理，在长臂端施加下拉力使脱钩器旋转一定角度，使锤体的吊耳从吊钩中滑出，或使锁扣机构打开。该脱钩装置的优点是制作简单，最大缺点是锤脱钩时受到偏心力作用，由于锤的重力突然释放，吊车起重臂将产生强烈反弹。第二类是锤在提升时是锁死的，当锤达到预定高度时，脱钩装置锁扣与凸出的限位机构碰撞使锁扣打开。这种装置的优点是锤脱钩时不受偏心力作用。第三类是利用两钳臂在受提升力时产生的水平分力将锤吊耳自动抱紧，锤上升至预定高度后，将脱钩装置中心吊环用钢丝绳锁定在导向架上，缓慢下放落锤使锤的重力逐渐传递给中心吊环的钢丝绳，此时两钳臂所受上拉力逐渐减小，抱紧力也随之减小，抱紧力减小到一定程度后锤将自动脱钩；该装置制作简单，脱钩时无偏心，几乎没有吊车起重臂反弹；但要求锤击装置的导向架应有足够的承重能力，试桩架底盘下的地基土不得在导向架承重期间产生不均匀沉降。

4.2.3 现场检测

1. 现场准备

试验时桩身混凝土强度（包括加固后的混凝土桩头强度）应达到设计强度值。

承载力时间效应因地而异，以沿海软土地区最显著。成桩后，若桩周岩土无隆起、侧挤、沉陷、软化等影响，承载力随时间增长。工期紧、休止时间不够时，除非承载力检测值已满足设计要求，否则应休止到满足表 4-2 规定的时间为止。

表 4-2　休止时间

土的类别		休止时间（d）
砂土		7
粉土		10
黏性土	非饱和	15
	饱和	25

注：对泥浆护壁灌注桩，宜适当延长休止时间。

一般桩头需要进行处理，预制桩的桩头处理较为简单，使用施工用柴油锤跟打时，只需要留出足够深度以备传感器安装；使用自由落锤测试时，则应清理场地，确保锤击系统的使用及转场空间。预制桩混凝土强度较高，桩头较平整，一般垫上合适的桩垫即可，无须进行桩头处理，但有些桩是在截掉桩头或桩头打烂后才通知测试的，有时也有必要进行处理，或将凸出部分敲掉（割掉，尤其出露的钢筋），或重新涂上一层高强度早强水泥使桩头平整。大部分预制桩桩侧非常平整，可直接安装传感器；小口径预应力管桩，则因曲率半径太小，不利于应变环与桩身的紧贴，有时需要进行局部处理。

针对灌注桩，对不能承受锤击的桩头应加固处理，混凝土桩的桩头处理按下列步骤进行：

（1）混凝土桩应先凿掉桩顶部的破碎层以及软弱或不密实的混凝土。

（2）桩头顶面应平整，桩头中轴线与桩身上部的中轴线应重合。

（3）桩头主筋应全部直通至桩顶混凝土保护层之下，各主筋应在同一高度上。

（4）距桩顶 1 倍桩径范围内，宜用厚度为 3～5mm 的钢板围裹或距桩顶 1.5 倍桩径范围内设置箍筋，间距不宜大于 100mm。桩顶应设置钢筋网片 1～2 层，间距为 60～100mm。

（5）桩头混凝土强度等级宜比桩身混凝土提高 1～2 级，且不得低于 C30。

（6）高应变法检测的桩头测点处截面尺寸应与原桩身截面尺寸相同。

（7）桩顶应用水平尺找平。

2. 现场操作

（1）锤击装置的安设

为了减小锤击偏心和避免击碎桩头，锤击装置应垂直，锤击应平稳对中。这些措施对保证测试信号质量很重要。对自制的自由落锤装置，锤架底盘与其下的地基土应有足够的接触面积，以确保锤架承重后不会发生倾斜以及锤体反弹对导向横向撞击使锤架倾覆。

（2）传感器安装

为了减小锤击在桩顶产生的应力集中和对锤击偏心进行补偿，应在距桩顶规定的距离下的合适部位对称安装传感器。检测时至少应对称安装冲击力和冲击响应（质点运动速度）测量传感器各两个，传感器安装见各规范要求。

（3）桩垫或锤垫

对自制自由落锤装置，桩头顶部应设置桩垫，桩垫可采用 10~30mm 厚的木板或胶合板等材料，并在桩垫上铺一层薄砂找平。

（4）重锤低击

采用自由落锤为锤击设备时，应重锤低击，最大锤击落距不宜大于 2.5m。根据波动理论分析，若视锤为一刚体，则桩顶的最大锤击应力只与锤冲击桩顶时的初速度有关，锤撞击桩顶的初速度与落距的平方根成正比。落距越高，锤击应力和偏心越大，越容易击碎桩头。轻锤高击并不能有效提高桩锤传递给桩的能量和增大桩顶位移，因为力脉冲作用持续时间不仅与锤垫有关，还主要与锤重有关；锤击脉冲越窄，波传播的不均匀性即桩身受力和运动的不均匀性（惯性效应）越明显，实测波形中土的动阻力影响加剧，而与位移相关的静土阻力呈明显的分段发挥态势，使承载力的测试分析误差增加。

3. 仪器工作状态确认

对高应变检测，一般不可能像低应变检测那样，可以通过反复调整锤击点和接收点位置、锤垫的软硬和施力大小，最终测到满意的响应波形。高应变检测虽非破坏性试验，但有时也不具备重复多次的锤击条件。例如，需要开挖试桩桩头以暴露传感器安装部位，此时地下水位较高、地基土松软，锤架受力后倾斜，试坑周边塌陷，使锤架倾斜或传感器被掩埋；桩头过早开裂或桩身缺陷进一步发展。这些都有可能使试验暂时或永远终止。因此，每一锤的高应变测试信号都非常宝贵，这就要求检测人员在锤击前能检查和识别仪器的工作状态。

传感器外壳与仪器外壳共地，测试现场潮湿，传感器对地未绝缘，交流供电时常出现 50Hz 的干扰，解决办法是良好接地或改用直流供电。利用仪器内置标准的模拟信号触发所有测试通道进行自检，以确认包括传感器、连接电缆在内的仪器系统是否处于正常工作状态。

4. 参数设置

（1）采样间隔

采样时间间隔宜为 50~200μs，信号采样点数不宜少于 1024 点。

采样时间间隔为 100μs，对常见的工业与民用建筑的桩是合适的。但对超长桩，例如桩长超过 60m，采样时间间隔可放宽至 200μs，当然也可增加采样点数。

（2）传感器参数

传感器的设定值应按计量检定结果设定。

应变式力传感器直接测到的是其安装面上的应变，按下式换算成冲击力：

$$F = EA\varepsilon \tag{4-19}$$

式中　　F——锤击力；

　　　　A——测点处桩截面面积；

　　　　E——桩材弹性模量；

　　　　ε——实测应变值。

显然，锤击力的正确换算依赖于测点处设定的桩参数是否符合实际。另外，计算测点以下原桩身的阻抗变化包括计算的桩身运动及受力大小，都是以测点处桩头单元为相对"基准"的。

（3）力锤上测力时加速度计的参数设定

自由落锤安装加速度传感器测力时，力的设定值由加速度传感器设定值与重锤质量的乘积确定。例如，自由落锤的质量为10t，加速度计的灵敏度为2.5mV/g（g为重力加速度，其值等于9.8m/s^2），则锤体测力的设定值为39200kN/V。

（4）桩身参数设定

测点处的桩截面尺寸应按实际测量确定，波速、质量密度和弹性模量应按实际情况设定。

测点以下桩长和截面面积可采用设计文件或施工记录提供的数据作为设定值。

测点下桩长是指桩头传感器安装点至桩底的距离，一般不包括桩尖部分。

5. 贯入度测量

测量贯入度的方法较多，可视现场具体条件选择：

（1）如采用类似单桩静载试验架设基准梁的方式测量，准确度较高，但现场工作量大，特别是重锤对桩冲击，使桩周土产生振动，使受检桩附近架设的基准梁受影响，导致桩的贯入度测量结果可靠度下降；

（2）预制桩锤击沉桩时利用锤击设备导架的某一标记作基准，根据一阵锤（如10锤）的总下沉量确定平均贯入度，简便但准确度不高；

（3）采用加速度信号二次积分得到的最终位移作为贯入度，操作最为简便，但加速度计零漂大和低频响应差（时间常数小）时将产生明显的积分漂移，且零漂小的加速度计价格很高；另外因信号采集时段短，信号采集结束时若桩的运动尚未停止（以柴油锤打桩时为甚），则不能采用；

（4）用精密水准仪时受环境振动影响小，观测准确度相对较高。

所以，对贯入度测量精度要求较高时，宜采用精密水准仪等光学仪器测定。

6. 信号采集质量的现场检查与判断

检测时应及时检查采集数据的质量；每根受检桩记录的有效锤击信号应根据桩顶最大动位移、贯入度以及桩身最大拉、压应力和缺陷程度及其发展情况综合确定。

高应变试验成功的关键是信号质量以及信号中的桩-土相互作用信息是否充

分。信号质量不好首先要检查测试各个环节，如动位移、贯入度小可能预示着土阻力发挥不充分，据此初步判别采集到的信号是否满足检测目的的要求；检查混凝土桩锤击拉、压应力和缺陷程度大小，以决定是否进一步锤击，以免桩头或桩身受损。自由落锤锤击时，锤的落距应由低到高；打入式预制桩则按每次采集一阵（10击）的波形进行判别。

现均测试波形紊乱时，应分析原因；桩身有明显缺陷或缺陷程度加剧时，应停止检测。

检测工作现场情况复杂，经常产生各种不利影响。为确保采集到可靠的数据，检测人员应能正确判断波形质量，熟练地诊断测量系统的各类故障，排除干扰凶素。

高应变的现场实测信号，理想波形具有以下特征：

（1）力和速度的时程一致，上升峰值前两者重合，峰值后两者协调，力曲线应在速度曲线之上（除非桩身有缺陷），两曲线间距离随桩侧土阻力增加而增大，其差值等于相应深度的总阻力值，能真实反映桩周土阻力的实际情况。

（2）力和速度曲线的时程波形终线归零。位移曲线对时间轴收敛。

（3）锤击没有严重偏心，对称的两个力或速度传感器的测试信号不应相差太大，二组力信号不出现受拉。

（4）波形平滑，无明显高频干扰杂波，对摩擦桩桩底反射明确。

（5）有足够的采样长度。保证曲线拟合时间段长度不少于 $5L/c$，并在 $2L/c$ 时刻后延续时间不少于20ms。

（6）贯入度适中，一般单击贯入度不宜小于2mm，也不宜大于6mm。

4.2.4　检测数据分析

1. 信号选取

对以检测承载力为目的的试桩，从一阵锤击信号中选取分析用信号时，宜取锤击能量较大的击次。除要考虑有足够的锤击能量使桩周岩土阻力充分发挥这一主因外，还应注意下列问题：

（1）连续打桩时桩周土的扰动及残余应力；

（2）锤击使缺陷进一步发展或拉应力使桩身混凝土产生裂隙；

（3）在桩易打或难打以及长桩情况下，速度基线修正带来的误差；

（4）对桩垫过厚和柴油锤冷锤信号，因加速度测量系统的低频特性造成速度信号出现偏离基线的趋势项。

高质量的信号是得出可靠分析计算结果的基础。除柴油锤施打的长桩信号外，力的时程曲线应最终归零。对混凝土桩，高应变测试信号质量不但受传感器安装好坏、锤击偏心程度和传感器安装面处混凝土是否开裂的影响，也受混凝土

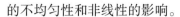

的不均匀性和非线性的影响。

2. 信号调整

进行信号幅值调整的情况只有以下两种：上述因波速改变需调整通过时测应变换算得到的力值；传感器设定值或仪器增益的输入错误。通常情况下，如正常施打的预制桩，力和速度信号在第一峰处应基本成比例，但在以下几种情况下比例失调属于正常：

（1）桩浅部阻抗变化和土阻力影响；

（2）采用应变式传感器测力时，测点处混凝土的非线性造成力值明显偏高；

（3）锤击力波上升缓慢或桩很短时，土阻力波或桩底反射波的影响。

除对第（2）种情况当减小力值时，可避免计算的承载力过高外，其他情况的随意比例调整均是对实测信号的歪曲，并产生虚假的结果，因为这种比例调整往往是对整个信号乘以一个标定常数，如通过放大实测力或速度进行比例调整的后果是计算承载力不安全。因此，禁止将实测力或速度信号重新标定。

3. 波速确定

桩身波速可根据下行波波形起升沿的起点到上行波下降沿的起点之间的时差与已知桩长值确定（图 4-5）；桩底反射明显时，桩身平均波速也可根据速度波形第一峰起升沿的起点和桩底反射峰的起点之间的时差与已知桩长值确定。桩底反射信号不明显时，可根据桩长、混凝土波速的合理取值范围以及邻近桩的桩身波速值综合确定。

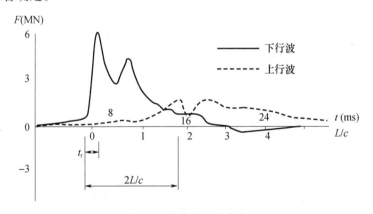

图 4-5　桩身波速的确定

对桩底反射峰变宽或有水平裂缝的桩，不应根据峰与峰间的时差来确定平均波速。对桩身存在缺陷或水平裂缝桩，桩身平均波速一般低于无缺陷段桩身波速是可以想见的，如水平裂缝处的质点运动速度是 1m/s，则 1mm 宽的裂缝闭合所需时间为 1ms。桩较短且锤击力波上升缓慢时，反射峰与起始入射峰发生重叠，以致难于确定波速，可采用低应变法确定平均波速。

当测点处原设定波速随调整后的桩身平均波速改变时，桩身弹性模量应重新计算。当采用应变式传感器测力时，应对原实测力值校正，除非原实测力信号是直接以实测应变值保存的。

4.2.5 单桩承载力判定

1. 承载力的计算

进行灌注桩的竖向抗压承载力检测时，应具有现场实测经验和本地区相近条件下的可靠对比验证资料。灌注桩的截面尺寸和材质的非均匀性、施工的隐蔽性（干作业成孔桩除外）及由此引起的承载力变异性普遍高于打入式预制桩，导致灌注桩检测采集的波形质量低于预制桩，波形分析中的不确定性和复杂性又明显高于预制桩。与静载试验结果对比，灌注桩高应变检测判定的承载力误差也如此。因此，积累灌注桩现场测试、分析经验和相近条件下的可靠对比验证资料，对确保检测质量尤其重要。

对大直径扩底桩和预估 $Q\text{-}s$ 曲线具有缓变型特征的大直径灌注桩，不宜采用高应变方法进行竖向抗压承载力检测。除嵌入基岩的大直径桩和纯摩擦型大直径桩外，大直径灌注桩、扩底桩（墩）由于尺寸效应，通常其静载 $Q\text{-}s$ 曲线表现为缓变型，端阻力发挥所需的位移很大。另外，增加桩径使桩身截面阻抗（或桩的惯性）按直径的平方增加，而桩侧阻力按直径的一次方增加，桩-锤匹配能力下降。而多数情况下高应变检测所用锤的质量有限，很难在桩顶产生较长持续时间的荷载作用，达不到使土阻力充分发挥所需的位移量。

对于 $t_1 + 2L/c$ 时刻桩侧和桩端土阻力均已充分发挥的摩擦型桩，可按以下 CASE 法公式的计算结果判定单桩承载力：

$$R_c = \frac{1}{2}(1 - J_c) \cdot (F(t_1) + Z \cdot V(t_1)) + \frac{1}{2}(1 + J_c) \cdot$$

$$\left[F\left(t_1 + \frac{2L}{c}\right) - Z \cdot V\left(t_1 + \frac{2L}{c}\right) \right] \tag{4-20}$$

$$Z = \frac{E \cdot A}{c} \tag{4-21}$$

式中　R_c——由 CASE 法计算的单桩竖向抗压承载力（kN）；

J_c——CASE 法阻尼系数；

t_1——速度第一峰对应的时刻（ms）；

$F(t_1)$——t_1 时刻的锤击力（kN）；

$V(t_1)$——t_1 时刻的质点运动速度（m/s）；

Z——桩身截面力学阻抗（kN·s/m）；

A——桩身截面面积（m²）；

L——测点下桩长（m）。

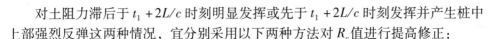

对土阻力滞后于 $t_1 + 2L/c$ 时刻明显发挥或先于 $t_1 + 2L/c$ 时刻发挥并产生桩中上部强烈反弹这两种情况，宜分别采用以下两种方法对 R_c 值进行提高修正：

（1）适当将 t_1 延时，确定 R_c 的最大值；

（2）考虑卸载回弹部分土阻力对 R_c 值进行修正。

由于公式中给出的 R_c 值与位移无关，仅包含 $t_2 = t_1 + 2L/c$ 时刻之前所发挥的土阻力信息，通常除桩长较短的摩擦型桩外，土阻力在 $2L/c$ 时刻不会充分发挥，尤以端承型桩显著。所以，需要采用将 t_1 延时求出承载力最大值的最大阻力法（RMX 法），对与位移相关的土阻力滞后 $2L/c$ 发挥的情况进行提高修正。

桩身在 $2L/c$ 之前产生较强的向上回弹，使桩身从顶部逐渐向下产生土阻力卸载（此时桩的中下部土阻力属于加载）。这对桩较长、侧阻力较大而荷载作用持续时间相对较短的桩较为明显。因此，需要采用将桩中上部卸载的土阻力进行补偿提高修正的卸载法（RSU 法）。

RMX 法和 RSU 法判定承载力，体现了高应变法波形分析的基本概念——应充分考虑与位移相关的土阻力发挥状况和波传播效应，这也是实测曲线拟合法的精髓所在。

2. 单桩竖向承载力的确定

单桩竖向抗压承载力特征值 R_a 应按高应变法得到的单桩承载力检测值的 50% 取值。

高应变法动测承载力检测值多数情况下不会与静载试验桩的明显破坏特征或产生较大的桩顶沉降相对应，总趋势是沉降量偏小。这里需要强调指出：规范中取消了验收检测中对单桩竖向抗压承载力进行统计平均的规定。单桩静载试验常因加荷量或设备能力限制，而做不出真正的试桩极限承载力，于是一组试桩往往因某一根桩的极限承载力达不到设计要求特征值的 2 倍，结论自然是不满足设计要求。动测承载力则不同，可能出现部分桩的承载力远高于承载力特征值的 2 倍，即使个别桩的承载力不满足设计要求，但"高"和"低"取平均后仍可能满足设计要求。所以，规范中没有采用通过算术平均进行承载力值统计的规定，以规避高估承载力的风险。

4.3 单桩竖向抗压静载试验

单桩竖向抗压静载试验采用接近于竖向抗压桩的实际工作条件的试验方法，确定单桩竖向抗压承载力，是目前公认的检测基桩竖向抗压承载力最直观、最可靠的试验方法。

4.3.1 仪器设备

静载试验设备主要由反力装置、加载装置、荷载量测装置、位移量测装置和测试仪器设备组成。

1. 反力装置

静荷载反力装置主要是由钢梁（主要是主梁、次梁等）及配重组成。静荷载试验加载反力装置可根据现场条件选择压重平台反力装置（图4-6）、锚桩横梁反力装置、锚桩压重联合反力装置、地锚反力装置等。

图4-6　静荷载现场试验图

2. 加载装置

静载试验均采用千斤顶与油泵相连的形式，由千斤顶施加荷载。荷载测量可采用以下两种形式：一是通过放置在千斤顶上的荷重传感器直接测定；二是通过并联于千斤顶油路的压力表或压力传感器测定油压，根据千斤顶率定曲线换算荷载。用荷重传感器测力，不需考虑千斤顶活塞摩擦对出力的影响；用油压表（或压力传感器）间接测量荷载需对千斤顶出力进行率定，受千斤顶活塞摩擦的影响，不能简单地根据油压乘活塞面积计算荷载，同型号千斤顶在保养正常状态下，相同油压时的出力相对误差为1%~2%，非正常时高达5%，现场试验应该按照千斤顶的率定曲线换算千斤顶的出力。采用传感器测量荷重或油压，容易实现加卸荷与稳压自动化控制，且测量准确度较高。准确度等级一般是指仪器仪表测量值的最大允许误差，如采用惯用的弹簧管式精密压力表测定油压时，符合准确度等级要求的为0.4级，不得使用大于0.5级的压力表控制加载。当油路工作压力较高时，有时出现油管爆裂、接头漏油、油泵加压不足造成千斤顶出力受限，压力表在超过其3/4满量程时的示值误差增大。所以，应适当控制最大加荷时的油压，选用耐压高、工作压力大和量程大的油管、油泵和压力表。另外，也应避免将大吨位级别的千斤顶用于小荷载（相对千斤顶最大出力）的静载试验中。

3. 荷载量测装置

常规的荷载量测装置为油压表，目前市场上用于静载试验的油压表的量程主要有 25MPa、40MPa、60MPa、100MPa，应根据千斤顶的配置和最大试验荷载要求，合理选择油压表。最大试验荷载对应的油压不宜小于压力表量程的 1/4，避免"大秤称轻物"；同时为了延长压力表的使用寿命，最大试验荷载对应的油压不宜大于压力表量程的 2/3。

自动静载测试设备的荷载量测装置一般采用荷重传感器和压力传感器，要求传感器的准确度应优于或等于 0.5 级。

4. 位移量测装置

位移量测装置主要由基准桩、基准梁和百分表或位移传感器组成。

5. 测试仪器设备

静载试验由于试验时间较长，现场的环境较恶劣，市面上出现了很多静荷载试验仪，能够较大程度增加现场的检测效率，减少现场检测工作人员的工作量，并且能够较精准地进行操作和记录等。

使用静荷载测试仪，不仅能提高现场的工作效率，保障现场工作人员的安全，并且能更准确地进行试验。常见的静荷载测试仪如图 4-7 所示。

图 4-7　静荷载测试仪

4.3.2　现场检测

1. 桩头处理

试验过程中，应保证不会因桩头破坏而终止试验，但桩头部位往往承受较高的垂直荷载和偏心荷载，因此，一般应对桩头进行处理。

对预制方桩和预应力管桩，如果未进行截桩处理，桩头质量正常，单桩设计承载力合理，可不进行处理。预应力管桩尤其是进行了截桩处理的预应力管桩，可采用填芯处理，填芯高度 h 一般为 1~2m，可放置钢筋也可不放，填芯用的混凝土宜按 C25~C30 配制，也可用特制夹具箍住桩头。为了方便安装两个千斤顶，同时进一步保证桩头不受破损，可针对不同的桩径制作特定的桩帽套在试验桩桩头上。

2. 系统检查

在所有试验设备安装完毕之后，应进行一次系统检查。其方法是对试桩施加一较小的荷载进行预压，其目的是消除整个量测系统和被检桩本身由于安装、桩头处理等人为因素造成的间隙而引起的非桩身沉降，排除千斤顶和管路中的空气，检查管路接头、阀门等是否漏油等。如一切正常，卸载至零，待百分表显示的读数稳定后，记录百分表初始读数，即可开始进行正式加载。

3. 试验方式

单桩竖向抗压试验加、卸载方式应符合下列规定：

加载应分级进行，采用逐级等量加载；分级荷载宜为最大加载量或预估极限承载力的 1/10，其中第一级可取分级荷载的 2 倍。

终止试验后开始卸载，卸载应分级进行，每级卸载量取加载时分级荷载的 2 倍，逐级等量卸载。

加、卸载时应使荷载传递均匀、连续、无冲击，每级荷载在维持过程中的变化幅度不得超过分级荷载的 ±10%。

工程桩验收检测宜采用慢速维持荷载法。当有成熟的地区经验时，也可采用快速维持荷载法。

快速维持荷载法的每级荷载维持时间不应少于 1h，且当本级荷载作用下的桩顶沉降速率收敛时，可施加下一级荷载。

4.3.3 试验资料记录

静载试验资料应准确记录。试验前应收集工程地质资料、设计资料、施工资料等，填写单桩静载试验概况表（表 4-3）。概况表包括三部分信息：一是有关拟建工程资料；二是试验设备资料，如千斤顶、压力表、百分表的编号等；三是受检桩试验前后表观情况及试验异常情况的记录。试验油压值应根据千斤顶校准公式计算确定。试验可按表 4-4 记录，应及时记录百分表调表等情况，如果沉降量突然增大，荷载无法稳定，还应记录桩"破坏"时的残余油压值。

表 4-3 单桩静载试验概况表

工程名称		建设单位		结构形式	
工程地点		设计单位		层数	
委托单位		勘察单位		工程桩总数	
兴建单位		基桩施工单位		混凝土强度等级	
桩型		持力层		单桩承载力特征值（kN）	
桩径（mm）		设计桩长（m）		试验最大荷载量（kN）	
千斤顶编号及校准公式				压力表编号	

百分表编号				
试验序号	工程桩号	试验前桩头观察情况	试验后桩头观察情况	试验异常情况
1				
2				
3				
4				

表 4-4　单桩竖向抗压静载试验记录表

工程名称								桩号		日期		
加载级	油压（MPa）	荷载（kN）	测读时间	位移计（百分表）读数				本级沉降（mm）		累计沉降（mm）		备注
				1 号	2 号	3 号	4 号					

检测单位：　　　　　　　　　　校核：　　　　　　　　　　　　记录：

4.3.4　检测数据分析与判定

确定单桩竖向抗压承载力时，应绘制竖向荷载-沉降（Q-s）、沉降-时间对数（s-lg$t$）曲线，需要时也可绘制 s-lg$Q$、lg$s$-lg$Q$ 等其他辅助分析所需曲线，并整理荷载沉降汇总表（表4-5）。

表 4-5　单桩竖向抗压静载试验结果汇总表

工程名称：　　　　　　　日期：　　　　　　　桩号：　　　　　　　试验序号：

序号	荷载（kN）	历时（min）		沉降（mm）	
		本级	累计	本级	累计

注：同一工程的一批试桩曲线应按相同的沉降纵坐标比例绘制，满刻度沉降值不宜小于40mm，当桩顶累计沉降量大于40mm时，可按总沉降量以10mm的整模数倍增加满刻度值，使结果直观，便于比较。

单桩竖向抗压极限承载力 Q_u 可按下列方法综合分析确定。

（1）根据沉降随荷载变化的特征确定。对陡降型 Q-s 曲线，单桩竖向抗压极限承载力取其发生明显陡降的起始点所对应的荷载值。有两种典型情况，可根据残余油压值来判断：一种是荷载加不上去，只要补压，沉降量就增加，不补压时，沉降基本处于稳定状态，压力值基本维持在较高水平——接近于极限承载力对应的压力；另一种情况是在高荷载作用下桩身破坏，在破坏之前，沉降量比较正常，总沉降量比较小，桩的破坏没有明显的前兆，施加下一级荷载时，沉降量明显增大，压力值迅速降至较低水平并维持在这个水平。

（2）根据沉降随时间变化的特征确定。在前面若干级荷载作用下，s-$\lg t$ 曲线呈直线状态，随着荷载的增加，s-$\lg t$ 曲线变为双折线甚至三折线，尾部斜率呈增大趋势，单桩竖向抗压极限承载力取 s-$\lg t$ 曲线尾部出现明显向下弯曲的前一级荷载值。采用 s-$\lg t$ 曲线判定极限承载力时，还应结合各曲线的间距是否明显增大来判断，如果 s-$\lg t$ 曲线尾部明显向下弯曲，本级荷载对应的 s-$\lg t$ 曲线与前一级荷载的间距明显增大，那么前一级荷载即为桩的极限承载力，必要时应结合 Q-s 曲线综合判定。

（3）如果在某级荷载作用下，桩顶沉降量大于前一级荷载作用下沉降量的 2 倍，且经 24h 尚未达到稳定标准，在这种情况下，单桩竖向抗压极限承载力取前一级荷载值。

（4）如果因为已达加载反力装置或设计要求的最大加载量，或锚桩上拔量已达到允许值而终止加载时，桩的总沉降量不大，桩的竖向抗压极限承载力取不小于实际最大试验荷载值。

（5）对缓变型 Q-s 曲线可根据沉降量确定，宜取 $s = 40\text{mm}$ 对应的荷载值；当桩长大于 40m 时，宜考虑桩身弹性压缩量；对直径大于或等于 800mm 的桩，可取 $s = 0.05d$ 对应的荷载值。

单位工程同一条件下的单桩竖向抗压承载力特征值 R_a 应按单桩竖向抗压极限承载力统计值的一半取值。《建筑地基基础设计规范》（GB 50007）规定的单桩竖向抗压承载力特征值是按单桩竖向抗压极限承载力统计值除以安全系数 2 得到的。

4.4　单桩竖向抗拔静载试验

单桩竖向抗拔静载试验一般按设计要求确定最大加载量，为设计提供依据的试验桩，应加载至桩侧岩土阻力达到极限状态或桩身材料达到设计强度；工程桩验收检测时，施加的上拔荷载不得小于单桩竖向抗拔承载力特征值的 2.0 倍或使桩顶产生的上拔量达到设计要求的限值。

4.4.1　仪器设备

单桩竖向抗拔静荷载试验设备装置基本与单桩竖向抗压静载试验装置相同，但是其使用及安装方式不尽相同。

1. 反力装置

抗拔试验反力装置宜采用反力桩（或工程桩）提供支座反力，也可根据现场情况采用天然地基提供支座反力；反力架系统应具有不小于极限抗拔力 1.2 倍的安全系数。

采用反力桩（或工程桩）提供支座反力时，反力桩顶面应平整并具有一定的强度。为保证反力梁的稳定性，应注意反力桩顶面直径（或边长）不宜小于反力梁的梁宽；否则，应加垫钢板以确保试验设备安装的稳定性。

采用天然地基提供反力时，两边支座处的地基强度应相近，且两边支座与地面的接触面积宜相同，施加于地基的压应力不宜超过地基承载力特征值的 1.5 倍，避免加载过程中两边沉降不均造成试桩偏心受拉，反力梁的支点重心应与支座中心重合。

2. 加载装置

加载装置采用油压千斤顶，千斤顶的安装有两种方式：一种是千斤顶放在试桩的上方、主梁的上面，因拔桩试验时千斤顶安放在反力架上面，比较适用于一个千斤顶的情况，特别是穿心张拉千斤顶，当采用两台以上千斤顶加载时，应采取一定的安全措施，防止千斤顶倾倒或其他意外事故发生。如对预应力管桩进行抗拔试验，可采用穿心张拉千斤顶，将管桩的主筋直接穿过穿心张拉千斤顶的各个孔，然后锁定，进行试验。另一种是将两个千斤顶分别放在反力桩或支承墩的上面、主梁的下面，千斤顶顶主梁，如图 4-8 所示，通过"抬"的形式对试桩施加上拔荷载。对大直径、高承载力的桩，宜采用后一种形式。

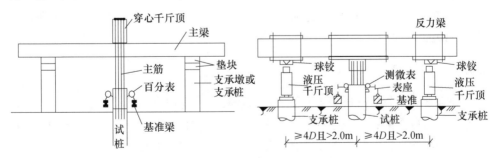

图 4-8　单桩竖向抗拔静载试验示意图

3. 荷载量测装置

荷载可用放置于千斤顶上的应力环、应变式压力传感器直接测定，也可采用连接于千斤顶上的标准压力表测定油压，根据千斤顶荷载-油压率定曲线换算出实际荷载值。一般来说，桩的抗拔承载力远低于抗压承载力，在选择千斤顶和压力表时，应注意量程问题，特别是试验荷载较小的试验桩，采用"抬"的形式时，应选择相适应的小吨位千斤顶。对大直径、高承载力的试桩，可采用两台或四台千斤顶对其加载。当采用两台及两台以上千斤顶加载时，为了避免受检桩偏心受荷，千斤顶型号、规格应相同且应并联同步工作。

4. 位移量测装置

位移量测装置主要由基准桩、基准梁和百分表或位移传感器组成。

5. 测试仪器设备

与单桩竖向抗压静载试验所使用的仪器设备一致。

4.4.2 现场检测

1. 桩头处理及系统检查

（1）对受检桩进行桩头处理，保证在试验过程中，不会因桩头破坏而终止试验。

对预应力管桩进行植筋处理，并且对桩头应用夹具夹紧，防止拉裂桩头；对混凝土灌注桩，对桩顶部做出处理，并且预留出足够的主筋长度。

（2）对现场使用的仪器进行检查，对现场的锚拉钢筋等进行详细的检查，对现场的场地等进行处理等。

2. 试验中的加载方法

《建筑基桩检测技术规范》（JGJ 106）中规定抗拔静载试验宜采用慢速维持荷载法。需要时，也可采用多循环加、卸载方法。慢速维持法的加卸载分级、试验方法及稳定标准同抗压试验。每级加载为设计或预估单桩极限抗拔承载力的 $1/10 \sim 1/8$，每级荷载达到稳定标准后加下一级荷载，直至满足加载终止条件，然后分级卸载到零。

4.4.3 试验资料记录

静载试验资料应准确记录。试验前应收集工程地质资料、设计资料、施工资料等，填写桩静载试验概况表。概况表包括三部分信息：一是有关拟建工程资料；二是试验设备资料，如千斤顶、压力表、百分表的编号等；三是受检桩试验前后表观情况及试验异常情况的记录。试验油压值应根据千斤顶校准公式计算确定。试验可按表4-6记录，应及时记录百分表调表等情况，如果上拔量突然增大，荷载无法稳定，还应记录桩"破坏"时的残余油压值。

表 4-6　单桩竖向抗拔静载试验记录表

工程名称：　　　　　　　　日期：　　　　　　桩号：　　　　　　　试验序号：

油压表读数 （MPa）	荷载 （kN）	读数 时间	时间间隔 （min）	读数（mm）					上拔（mm）		备注
				表1	表2	表3	表4	平均	本次	累计	

试验记录：　　　　　　校对：　　　　　　审核：　　　　　　页次：

4.4.4　检测数据分析与判定

1. 绘制表格

绘制单桩竖向抗拔静荷载试验上拔荷载和上拔量之间的 $U\text{-}\delta$ 曲线以及 $\delta\text{-lg}t$ 曲线；当进行桩身应力、应变量测时，尚应根据量测结果整理出有关表格，绘制桩身应力、桩侧阻力随桩顶上拔荷载的变化曲线；必要时绘制相对位移 $\delta\text{-}U/U_{\mathrm{u}}$（$U_{\mathrm{u}}$ 为桩的竖向抗拔极限承载力）曲线，以了解不同入土深度对抗拔桩破坏特征的影响。

2. 单桩竖向抗拔承载力极限值的确定

（1）根据上拔量随荷载变化的特征确定

对陡变型 $U\text{-}\delta$ 曲线，取陡升起始点对应的荷载值。对陡变型的 $U\text{-}\delta$ 曲线（图 4-9），可根据 $U\text{-}\delta$ 曲线的特征点来确定，大量试验结果表明，单桩竖向抗拔 $U\text{-}\delta$ 曲线大致上可划分为三段：第 I 段为直线段，$U\text{-}\delta$ 按比例增加；第 II 段为曲线段，随着桩土相对位移的增大，上拔位移量比侧阻力增加的速率快；第 III 段又呈直线段，此时即使上拔荷载增加很小，桩的位移量仍急剧上升，同时桩周地面往往出现环向裂缝。第 III 段起始点所对应的荷载值即为桩的竖向抗拔极限承载力 U_{u}。

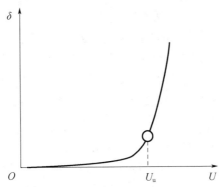

图 4-9　陡变型 $U\text{-}\delta$ 曲线确定单桩竖向抗拔极限承载力

（2）根据上拔量随时间变化的特征确定

取 δ-$\lg t$ 曲线斜率明显变陡或曲线尾部明显弯曲的前一级荷载值，如图 4-10 所示。

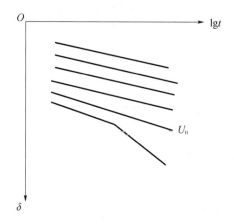

图 4-10　根据 δ-$\lg t$ 曲线确定单桩竖向抗拔极限承载力

当在某级荷载下抗拔钢筋断裂时，取其前一级荷载为该桩的抗拔极限承载力值。这里所指的"断裂"，是指因钢筋强度不足情况下的断裂。如果因抗拔钢筋受力不均匀，部分钢筋因受力太大而断裂时，应视为该桩试验失效，并进行补充试验，此时不能将钢筋断裂前一级荷载作为极限荷载。

根据 $\lg U$-$\lg \delta$ 曲线来确定单桩竖向抗拔极限承载力时，可取 $\lg U$-$\lg \delta$ 双对数曲线第二拐点所对应的荷载为桩的竖向极限抗拔承载力。当根据 δ-$\lg U$ 曲线来确定单桩竖向抗拔极限承载力时，可取 δ-$\lg U$ 曲线的直线段的起始点所对应的荷载值作为桩的竖向抗拔极限承载力。

工程桩验收检测时，混凝土桩抗拔承载力可能受抗裂或钢筋强度制约，而土的抗拔阻力尚未发挥到极限，若未出现陡变型 U-δ 曲线、δ-$\lg t$ 曲线斜率明显变陡或曲线尾部明显弯曲等情况，应综合分析判定，一般取最大荷载或取上拔量控制值对应的荷载作为极限荷载，不能轻易外推。

（3）当在某级荷载下抗拔钢筋断裂时，应取前一级荷载值

工程桩验收检测时，混凝土桩抗拔承载力可能受抗裂或钢筋强度制约，而土的抗拔阻力尚未充分发挥，只能取最大试验荷载或上拔量控制值所对应的荷载作为极限荷载，不能轻易外推。当然，在上拔量或抗裂要求不明确时，试验控制的最大加载值就是钢筋强度的设计值。

3. 抗拔承载力特征值的确定

单桩竖向抗拔极限承载力统计值按以下方法确定：单桩竖向抗拔承载力特征值按单桩竖向抗拔极限承载力极限值的 50% 取值。当工程桩不允许带裂缝工作

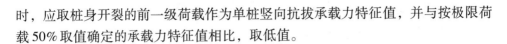

时，应取桩身开裂的前一级荷载作为单桩竖向抗拔承载力特征值，并与按极限荷载 50% 取值确定的承载力特征值相比，取低值。

4.5 单桩水平静载试验

单桩水平静载试验一般以桩顶自由的单桩为对象，采用接近于水平受载桩实际工作条件的试桩方法来达到以下目的：

（1）确定试桩的水平承载力，检验和确定试桩的水平承载能力是单桩水平静荷载试验的主要目的；

（2）确定试桩在各级水平荷载作用下桩身弯矩的分配规律；

（3）确定弹性地基系数，在进行水平荷载作用下单桩的受力分析时，弹性地基系数的选取至关重要；

（4）推求桩侧土的水平抗力（q）和桩身挠度（y）之间的关系曲线。通过试验可直接获得不同深度处地基土的抗力和挠度之间的关系，绘制桩身不同深度处的 q-y 曲线，并用它来分析工程桩在水平荷载作用下的受力情况更符合实际。

4.5.1 仪器设备

水平静载试验装置及仪器设备如图 4-11 所示。

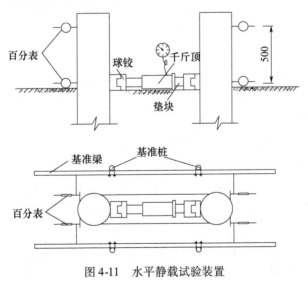

图 4-11 水平静载试验装置

1. 反力装置

反力装置的选用应考虑充分利用试桩周围的现有条件，但必须满足其承载力应大于最大预估荷载的 1.2 倍的要求，其作用力方向上的刚度不应小于试桩本身的刚度。

常用的方法是利用试桩周围的工程桩或垂直静荷载试验用的锚桩作为反力墩，也可根据需要把两根或更多根桩连成一体作为反力墩，条件许可时也可利用周围现有结构物作反力墩。必要时，也可浇筑专门支墩来作反力墩。

2. 加载装置

试桩时一般都采用卧式千斤顶加载，加载能力不小于最大试验荷载的 1.2 倍，用测力环或测力传感器测定施加的荷载值，对往复式循环试验可采用双向往复式油压千斤顶，水平力作用线应通过地面标高处（地面标高处应与实际工程桩基承台地面标高一致），若水平力作用点位置高于基桩承台底标高，试验时在相对承台底面处产生附加弯矩，影响测试结果，也不利于将试验成果根据实际桩顶的约束予以修正。

千斤顶和试验桩接触处应安置球形铰支座，千斤顶作用力应水平通过桩身轴线；球形铰支座的作用是在试验过程中，保持作用力的方向始终水平和通过桩轴线，不随桩的倾斜或扭转而改变。

当千斤顶与试桩接触面的混凝土不密实或不平整时，应对其进行补强或补平处理，为了防止桩身荷载作用点处局部的挤压破坏，一般可用钢块对荷载作用点进行局部加强或对千斤顶与试桩接触处进行补强。

3. 荷载量测装置

荷载量测可用放置在千斤顶上的荷重传感器直接测定，或采用并联与千斤顶油路的压力表或压力传感器测定油压；根据千斤顶率定曲线换算成荷载；荷载传感器在使用的过程中，注意传感器的计量等问题。

4. 位移量测装置

（1）基准桩

宜将基准桩搭设在试桩侧面靠位移的反方向，与试桩的净距不应小于 1 倍试桩直径，位移测量的基准点设置在与作用力方向垂直且与位移方向相反的试桩侧面，基准点与试桩净距不应小于 1 倍桩径且不小于 2m。

（2）基准梁

基准梁的一端应固定在基准桩上，另一端应简支于基准桩上，以减少温度变化引起的基准梁挠曲变形，并采取有效的遮挡措施，减少环境变化对位移的影响。

（3）位移计的架设

桩的水平位移测量宜采用位移传感器或百分表作为位移计。在水平力作用平面的受检桩两侧应对称安装两个位移计，以测量地面处的桩水平位移；当需测量桩顶转角时，尚应在水平力作用平面以上 50cm 的受检桩两侧对称安装两个位移计，利用上下位移计差与位移计距离的比值可求得桩顶转角。

5. 测试仪器设备

与单桩竖向抗压静载试验所使用的仪器设备一致。

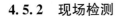

4.5.2　现场检测

单桩水平静载试验宜根据工程桩实际受力特性，选用单向多循环加载法或与单桩竖向抗压静载试验相同的慢速维持荷载法。单向多循环加载法主要是模拟实际结构的受力形式，但由于结构物承受的实际荷载异常复杂，很难达到预期目的。对长期承受水平荷载作用的工程桩，加载方式宜采用慢速维持荷载法。对需测量桩身应力或应变的试验桩不宜采取单向多循环加载法，因为它会对桩身内力的测试带来不稳定因素，此时应采用慢速或快速维持荷载法。

1. 桩头处理及系统检测

（1）桩头处理

预应力管桩桩头在必要的时候应浇筑混凝土桩帽；混凝土灌注桩桩头处理应凿掉桩顶部的松散破碎层和低强度混凝土，露出主筋，冲洗干净桩头后再浇筑桩帽。桩帽的规格可参考前面的章节。

（2）系统检测

在试验设备安装完毕后，进行一次系统检测，消除整个量测系统和被检桩由于人为因素造成的非桩身位移，排出千斤顶间的空气等。

2. 确定加卸载方式

（1）加卸载方式和水平位移测量

单向多循环加载法的分级荷载应小于预估水平极限承载力或最大试验荷载的1/10，每级荷载施加后，恒载4min后可测读水平位移，然后卸载为零，停2min后测读残余水平位移。至此完成一个加卸载循环，如此循环5次，完成一级荷载的位移观测。试验不得中间停顿。

慢速维持荷载法的加卸载分级、试验方法及稳定标准应按"单桩竖向抗压静载试验"一节的相关规定执行。测量桩身应力或应变时，测试数据的测读宜与水平位移测量同步。

（2）终止加载条件

当出现下列情况之一时，可终止加载：

桩身折断；对长桩和中长桩，水平承载力作用下的破坏特征是桩身弯曲破坏，即桩发生折断，此时试验自然终止。

水平位移超过30～40mm；软土中的桩或大直径桩时可取高值。

水平位移达到设计要求的水平位移允许值。

对抗弯性能较差的长桩或中长桩而言，承受水平荷载桩的破坏特征是弯曲破坏，即桩身发生折断，此时试验自然终止。在工程桩水平承载力验收检测中，终止加荷条件可按设计要求或标准规范规定的水平位移允许值控制。考虑软土的侧向约束能力较差以及大直径桩的抗弯刚度大等特点，终止加载的变形限值可取上限值。

4.5.3 试验资料记录

试验前应收集工程地质资料、设计资料、施工资料等，填写桩静载试验概况表。概况表包括三部分信息：一是有关拟建工程资料；二是试验设备资料，如千斤顶、压力表、百分表的编号等；三是受检桩试验前后表观情况及试验异常情况的记录。试验油压值应根据千斤顶校准公式计算确定。试验过程可按表 4-7 记录，应及时记录百分表调表等情况，如果位移量突然增大，荷载无法稳定，还应记录桩"破坏"时的残余油压值。

表 4-7　单桩水平静载试验记录表

工程名称						桩号		日期		表距	
油压（MPa）	荷载（kN）	观测时间	循环数	加载		卸载		水平位移（mm）		加载上下表读数差	转角	备注
				上表	下表	上表	下表	加载	卸载			

检测单位：　　　　　　　校核：　　　　　　　　　　记录：

静载试验资料应准确记录。

4.5.4 检测数据分析与判定

1. 绘制有关试验成果曲线

（1）采用单向多循环加载法，应绘制水平力-时间-作用点位移（H-t-Y_0）关系曲线和水平力-位移梯度（H-$\Delta Y_0/\Delta H$）关系曲线。

（2）采用慢速维持荷载法，应绘制水平力-力作用点位移（H-Y_0）关系曲线、水平力-位移梯度（H-$\Delta Y_0/\Delta H$）关系曲线、力作用点位移-时间对数（Y_0-$\lg t$）关系曲线和水平力-力作用点位移双对数（$\lg H$-$\lg Y_0$）关系曲线。

（3）绘制水平力、水平力作用点位移-地基土水平抗力系数的比例系数的关系曲线（H-m、Y_0-m）。

2. 确定单桩水平临界荷载

对中长桩而言，桩在水平荷载作用下，桩侧土体随着荷载的增加，其塑性区自上而下逐渐开展扩大，最大弯矩断面下移，最后造成桩身结构的破坏。所测水平临界荷载 H_{cr} 即当桩身产生开裂时所对应的水平荷载。因为只有混凝土桩才会产生开裂，故只有混凝土桩才有临界荷载。

（1）取单向多循环加载法时的 H-t-Y_0 曲线或慢速维持荷载法时的 H-Y_0 曲线出现拐点的前一级水平荷载值；

（2）取 H-$\Delta Y_0/\Delta H$ 曲线或 lg$H$-lgY_0 曲线上第一拐点对应的水平荷载值。

（3）取 H-σ_s 曲线第一拐点对应的水平荷载值。

3. 确定单桩水平极限承载力

单桩水平极限承载力是对应于桩身折断或桩身钢筋应力达到屈服时的前一级水平荷载。

（1）取单向多循环加载法时的 H-t-Y_0 曲线产生明显陡降的前一级，或慢速维持荷载法时的 H-Y_0 曲线发生明显陡降的起始点对应的水平荷载值。

（2）取慢速维持荷载法时的 Y_0-lg$t$ 曲线尾部出现明显弯曲的前一级水平荷载值。

（3）取 H-$\Delta Y_0/\Delta H$ 曲线或 lg$H$-lgY_0 曲线上第二拐点对应的水平荷载值。

（4）取桩身折断或受拉钢筋屈服时的前一级水平荷载值。

4. 确定单桩水平承载力特征值

单位工程同一条件下的单桩水平承载力特征值的确定应符合下列规定：

（1）当桩身不允许开裂或灌注桩的桩身配筋率小于 0.65% 时，可取水平临界荷载的 0.75 倍作为单桩水平承载力特征值。

（2）对钢筋混凝土预制桩、钢桩和桩身配筋率不小于 0.65% 的灌注桩，可取设计桩顶标高处水平位移所对应荷载的 0.75 倍为单桩水平承载力特征值。水平位移可按下列规定取值：

① 对水平位移敏感的建筑物取 6mm；

② 对水平位移不敏感的建筑物取 10mm。

（3）取设计要求的水平允许位移对应的荷载作为单桩水平承载力特征值，且应满足桩身抗裂要求。

4.6 自平衡法

4.6.1 基本原理

基桩承载力自平衡法是通过在桩体内部预先埋设一种特制的加载装置——荷载箱，在混凝土浇筑之前和钢筋笼一起埋入桩内相应的位置（具体位置根据试验的不同目的和条件而定），将荷载箱的加压管以及所需的其他测试装置（位移杆及护管、应力计等）从桩体引到地面，然后灌注成桩。到休止龄期后，由加压泵在地面通过预先埋设的管路，对荷载箱进行加压加载，使荷载箱产生上、下两个方向的力，并传递到桩身。由于桩体自成反力，将得到相当于两个静载试验的数据：荷载箱以上部分，获得反向加载时上部桩体的相应反应参数；荷载箱以下部分，获得正向加载时下部桩体的相应反应参数。通过对加载力与参数（位移、应力等）之间关系的计算和分析，可以获得桩基承载力、桩端承载力、侧摩擦力、摩擦力转换系数等一系列数据，如图 4-12 所示。

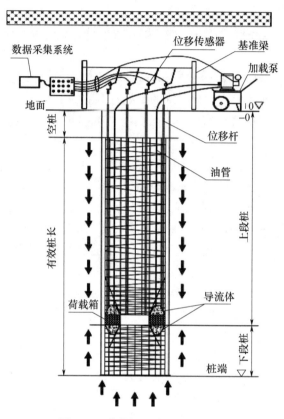

图 4-12　荷载箱工作原理示意图

基桩承载力自平衡法可以用于为设计提供数据依据，也可以用于工程桩承载力的验证。

在静载检测中采用自平衡法，与传统的静载检测方法（堆载法或锚桩法）相比具有以下几个特点：

（1）省时：成桩后待土体稳定后（一般 20d 左右，设计有规定的按设计要求）即可检测，正常情况下 1~2d 能够检测完毕，省去了大量的时间。

（2）省力：没有"堆载"，也不要笨重的反力架，检测过程更加方便、安全、环保。

（3）综合检测成本低：检测桩完全按工程桩制作，不需到达地面，不需制作桩头。对有地下室的结构，与常规方法相比，缩短了检测桩长度，且检测后经压浆处理的检测桩仍可作工程桩使用。

（4）在下列情况下或当设置传统的堆载平台或锚桩反力架特别困难或特别花钱时，该法更显示其优势，例如：水上试桩、坡地试桩、基坑底试桩、狭窄场地试桩、斜桩、嵌岩桩、抗拔桩等，都是传统试桩法难以做到的。

4.6.2　仪器设备

1. 加载系统

加载系统包括荷载箱、高压油泵以及加压管。

设计时，荷载箱的形状、布局形式等参数的取值应充分考虑灌注混凝土、注浆、声测等任务预留实施空间。荷载箱直径和加载面积的设计，充分兼顾加载液压的中低压力和桩体试验后的高承载能力。常见的荷载箱如图 4-13 所示。

图 4-13　荷载箱（组合式荷载箱）

2. 压力、位移量测装置

压力量测装置一般采用压力传感器或压力表，其精度需达到相应规范要求。压力传感器或压力表亦应由计量部门标定并提供标定证书。位移量测装置一般选用电子位移传感器或百分表，量程为 50mm（可调），一般每桩 6 支，通过磁性表座固定在基准钢梁上，2 支用于量测桩身荷载箱处的向上位移，2 支用于量测桩身荷载箱处的向下位移，2 支用于量测桩顶处的向上位移。

3. 数据采集系统

数据采集系统一般采用专业静载测试仪方式进行。

记录内容包括：油压、荷载箱上部位移、荷载箱下部位移、桩顶位移等。

4.6.3　现场检测

1. 试桩资料收集与荷载箱埋设位置计算

（1）收集相应地勘资料、试桩参数及试验要求；

（2）根据地质勘察资料及桩参数确定荷载箱预埋位置。

2. 荷载箱的现场安装

荷载箱是整个试验的核心，需根据荷载箱的具体结构进行规范化安装。荷载箱安装前应对施工人员进行详细的技术交底，确保安装工作高质量地完成。

3. 检测前的准备工作

为确保静载试验的顺利进行以及测试数据的可靠性，应确保基桩在静载试验前已经通过了桩身的完整性检测。

检测流程：前期准备—搭设基准梁、基准桩—搭设帐篷—准备电源—开始检测—检测结束—荷载箱断开面注浆。

为了确保自平衡桩基检测结果可靠准确，整个检测过程须根据相关检测规范的技术要求，严格按照规定流程及相关手册进行操作。

现场的前期准备工作包括：

（1）达到休止期后，即混凝土强度达到标称强度80%以上方可开始检测；

（2）检测前需将场地整理平整，桩头修整完毕；

（3）准备一套完整的配套检测仪器设备；

（4）检测所需的现场设备（吊车、电焊机、配电箱等）、工人、材料须全面到位，基准梁、基准桩、防风帐篷、电源等按要求进行配备。常见的防风帐篷如图4-14所示。

图4-14　常见的防风帐篷

4. 现场检测

现场检测期间，加载流程及时间应符合相关规范的规定。检测用仪器设备应在检定或校准周期的有效期内，检测前应对仪器设备检查调试。检测所使用的仪器仪表及设备应具备检测工作所必需的防尘、防潮、防振等功能，并能在 – 10 ~ 40℃温度范围内正常工作。测压传感器或压力表精度均应优于或等于 0.4 级，量程不应小于 60MPa，压力表、水泵、油管在最大加载时的压力不应超过规定工作压力的 80%。位移传感器宜采用电子百分表或电子千分表，测量误差不得大于 0.1% FS，分辨力优于或等于 0.01mm。

4.6.4 试验资料记录

试验过程中对试验中的压力及位移进行详细的记录，同时对桩的基本情况也应该做好详细的记录。试验过程可按表 4-8 记录，试验结果可按表 4-9 记录。

表 4-8 自平衡静载试验记录表

受检桩编号		受检桩类型		桩径（mm）			桩长（m）		
桩端持力层		成桩日期		测试日期			加载方法		
荷载编号	压力表读数（MPa）	荷载值（kN）	记录时间（d h min）	间隔（min）	位移计（百分表）读数（mm）						位移（mm）			温度（℃）
					1	2	3	4	5	6	向上	向下	桩顶	

记录：　　　　　　　　　　　　　　　　校对：

表 4-9 自平衡静载试验结果汇总表

试桩名称			工程地点			
建设单位			施工单位			
桩型		桩径（mm）		桩长（m）		桩顶高程（m）
成桩日期		测试日期		加载方法		
荷载编号	加载值（kN）	加载历时（min）		向上位移（mm）		向下位移（mm）		桩顶位移（mm）	
		本级	累计	本级	累计	本级	累计	本级	累计

记录：　　　　　　　　　　　　　　　　校对：

确定单桩极限承载力一般应绘制 Q-$s_上$、Q-$s_下$、$s_上$-lg$t$、$s_下$-lg$t$、$s_上$-lg$Q$、$s_下$-lg$Q$ 曲线。

将自平衡法测得的上下两段 Q-s 曲线等效地转换为常规方法桩顶加载的一条

p-s 曲线，转换方法分为桩身无实测轴力值和桩身有实测轴力值的转换方法，统一叫作等效转换法。分别求出上、下段桩的极限承载力 $Q_{u上}$ 和 $Q_{u下}$，然后考虑桩自重影响，得出单桩竖向抗压极限承载力。

4.6.5　注浆的相关要求及步骤

对在工程桩上完成的自平衡法试验，由于抗压桩荷载箱埋设在设计桩端标高以上，为确保测试后桩正常使用，施工单位应对抗压桩测试时荷载箱部位产生的缝隙进行注浆处理。

试验时，荷载箱处的混凝土被拉开（缝隙宽度等于卸载后向上向下残余位移之和），但桩身其他部位并未破坏，上下两段桩仍被荷载箱连在一起。试验后，通过位移杆护套管，用压浆泵将不低于桩身强度的水泥浆注入，受检桩仍可作为工程桩使用。其原因如下：

（1）注浆不仅填满荷载箱处混凝土的缝隙，使该处桩身强度不低于试验前，而且相当于桩侧注浆，使荷载箱上下几米范围内桩侧摩擦力适当提高。也就是说，试验后的桩经注浆处理，承载力比原来高。

（2）试验时已将桩底土压实，试验后的桩沉降量比试验前小得多。

（3）由于荷载箱置于桩的平衡点位置（大多靠近桩底），该处桩身要承受竖向压力，且数值不超过桩的竖向极限抗压承载力的一半。

1. 注浆管要求

为了保证试验后的工程桩的安全对基桩进行灌浆，安装时应确保注浆管万无一失，因此从耐压性能和可靠性上对注浆管做出要求。

注浆管应采用钢管，注浆管连接宜采用丝扣连接或套焊，确保不漏浆，上端加盖、管内无异物。注浆管连接完成后应能承受 3MPa 以上静水压力。注浆管可采用下位移杆护管、超声波管或预埋注浆管，数量不少于 2 根。

注浆管应与钢筋笼主筋绑扎固定。管体强度应能保证在钢筋笼吊装和混凝土灌注过程中不至于破损。

注浆管的构造及布置应保证试验结束后产生的空隙能被充分填充，注浆管在通过荷载箱打开面时做相应处理，以避免渗漏堵塞或试验过程中无法断开，以至影响后期注浆。

2. 水泥浆要求

注浆材料宜采用新鲜、性能稳定、强度等级不低于 P·O 52.5 级的低碱硅酸盐水泥，浆液的水灰比宜为 0.5～0.65，并掺入 7% 的膨胀剂和 1% 减水剂，确保浆体强度达到桩身强度要求，无收缩。

水泥进场需取样复验，不得采用未经检验或检验不合格的水泥。

水泥浆体经搅拌机充分搅拌均匀后方可压注，注浆过程中应不停缓慢搅拌，

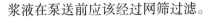

浆液在泵送前应该经过网筛过滤。

3. 注浆步骤

（1）注浆前应进行压水试验，以确认注浆管是否堵塞，确定注浆初压值。这样可以把荷载箱撑开时形成负压吸入的泥浆及注浆管内的灰尘等冲洗干净，确保注浆效果。压水时间一般为 1～2min，以压通为准，压通时泵压明显下降，然后继续压水，直到相邻注浆管返回的水流变清澈，方可进行灌浆。

（2）补浆以从一根注浆管压入，当另一根注浆管冒出新鲜水泥浆时，可封闭管头，采用压力补浆，压力为 2MPa 以上，建议持续 1h。一根管子压完换另一根管子，交替进行压浆。总压入水泥浆量为 0.8～1.5t（以压浆压力、压浆量双重控制）。

（3）注浆压力长时间低于正常值或地面冒浆时，应更改为间歇注浆或调低浆液水灰比。间歇注浆时，间歇时间宜为 30～60min。

（4）为确保压力灌注处理的效果，正常灌浆后确保桩内灌浆饱满，应对注浆管口进行封孔保压，保压时间不少于 15min，并记录灌浆量。

（5）注浆流量不得超过 75L/min。

（6）注浆时观察压力表和浆液的注入情况，并做好记录：桩号、桩径、成桩时间、压浆时间、注浆压力、终止压力、水灰比、注浆量、终止时间。

第5章 管桩质量检测技术

5.1 概述

管桩分为后张法预应力管桩和先张法预应力管桩、预应力混凝土管桩（PC管桩）和预应力混凝土薄壁管桩（PTC 管桩）及高强度预应力混凝土管桩（PHC 管桩）。

在 30 多年的发展历程中，管桩项目先后获建材行业科技进步二等奖、国家科技进步三等奖；管桩被列为国家级新产品、原建设部重点推广新产品；2006年在有关单位和协会的共同努力下，有 3 家企业的管桩产品被列入中国名牌产品目录，这是我国管桩行业发展的又一个新的高潮，得到行业内外的一致好评。管桩产品从无标生产，发展到今天拥有较完善的标准体系——《先张法预应力混凝土管桩》（GB 13476）、《先张法预应力混凝土薄壁管桩》（JC 888）、《预应力混凝土管桩》（03SG409）、《钻芯检测离心高强混凝土抗压强度试验方法》（GB/T 19496）、《先张法预应力混凝土管桩用端板》（JC/T 947）、《预应力高强混凝土管桩用硅砂粉》（JC/T 950）、《混凝土制品用脱模剂》（JC/T 949）、《混凝土制品用冷拔低碳钢丝》（JC/T 540），历时近 20 年。

近几年我国预应力管桩行业获得较快发展，大量建筑物的桩基工程采用预应力混凝土管桩，尤其预应力高强混凝土管桩（代号 PHC）和预应力混凝土管桩（代号 PC）得到广泛使用，社会经济效益显著。1989—1992 年，原国家建材局苏州混凝土水泥制品研究院和番禺市桥丰水泥制品有限公司根据我国的实际情况，通过对引进管桩生产线的消化吸收，自主开发了国产化的预应力高强混凝土管桩，1993 年该项成果被原建设部列入全国重点推广项目。随着改革开放和经济建设的发展，先张法预应力混凝土管桩开始大量应用于铁道系统，并扩大到工业与民用建筑、市政、冶金、港口、公路等领域。在长江三角洲和珠江三角洲地区，由于地质条件适合管桩的使用特点，管桩的需求量猛增，从而迅速形成一个新兴的行业。据不完全统计，到 2018 年年底，全国已有 500 多家管桩生产企业

（不含台湾地区厂家），生产预制混凝土管桩 3 亿米左右，产值达 500 多亿元。同时为管桩行业配套的辅助产品年产值也近 300 亿元，成为一个富有朝气的新兴产业，目前管桩已占全国水泥制品行业产值的 50% 左右。

管桩属于预制桩，桩身质量易于保证和检查，施工工艺简单，功效高。但是也存在诸多缺点，如沉桩过程的挤土效应常常导致断桩、桩端上浮、沉降增大，以及对周边建筑物和市政设施造成破坏等；锤击或振动法沉桩时的振动及噪声等影响周边环境，不宜在城市建筑物密集的地区使用；预制桩不能穿透硬夹层，往往使桩长过短，持力层不理想，导致沉降过大；预制桩的桩径、桩长、单桩承载力可调范围小，不能或难于按变刚度调平原则优化设计；预制桩的配筋一般高于灌注桩，接桩时增加接桩费用，经济性差。管桩适用于持力层上覆盖为松软土、没有坚硬夹层；持力层顶面的土质变化不大，桩长易于控制，减少截桩或多次接桩；水下桩基工程；大面积打桩工程；工期比较紧张的工程。特别是沿海地区使用广泛。随着应用越来越广，管桩的质量检测也越来越重要。管桩的产品质量问题容易导致工程质量问题。例如：管桩黏皮是一种比较常见的通病，不仅有碍美观，还影响管桩的耐久性能；内壁塌落将大大削弱桩身的实际强度，降低管桩的抗击能力，严重影响管桩质量；桩端板厚度不够，很容易在施工中出现桩头打裂等事故；用拆船板等废旧钢材熔炼的"地条钢"来作端板，其危害性是可焊性差，焊缝易开裂，端板易腐烂。管桩的产品质量问题日益引起有关部门的高度重视，主管部门不断通过采取发布行政法规、对生产企业进行巡查、对管桩产品进行抽查等形式加强对管桩产品质量的监管力度。

管桩为预制桩，其施工工艺和桩身结构与传统灌注桩不一样，为保证工程质量安全，还需要对管桩进行多方面的检测，如施工前期需要对管桩外观质量和尺寸检测、混凝土抗压强度和抗裂性能检测；施工过程中需要进行倾斜度检测、焊缝检测、打桩监控、噪声监测、振动监测；施工完后需要进行桩身完整性检测和承载力检测，完整性检测主要采用低应变检测，承载力检测主要为高应变检测或静载试验，与本书其他章节所述检测方法一致，但由于其结构特殊性，部分管桩可以进行内部缺陷视频检测。

5.2　管桩产品质量检测

管桩（图 5-1）为预制桩，从工厂制造完成后送至工地，进场后施工单位需要从管桩各部位的尺寸和外观质量对其进行质量检测，符合要求后进行验收。依据《先张法预应力混凝土管桩》（GB13476）进行产品检验，检验项目包括外观质量、尺寸允许偏差、混凝土抗压强度和抗裂性能等。

图 5-1　管桩现场图片

5.2.1　管桩外观质量检测

　　管桩的外观质量缺陷包括粘皮和麻面、漏浆、空洞和蜂窝、表面露筋、表面裂缝、镦头脱落、端面平整问题、桩身弯曲、露石等，外观质量直接关系到产品外观销售能力，也是产品市场竞争力的体现。

　　粘皮是指管桩表面的混凝土与模具粘连，拆模时局部混凝土从管桩外表面撕裂的现象；麻面是指脱模后管桩外表面的局部混凝土呈现无强度，表面有细小孔洞，颜色一般与正常混凝土相异，呈类似黏土粉状的浅黄色。上述缺陷有时也修补，但严重影响管桩的耐久性，特别是在有腐蚀性的土壤中使用。粘皮和麻面均发生在管桩的外表面。粘皮严重时甚至肉眼能见到预应力钢筋；而麻面的管桩外表面可用钢筋等硬物刮去。

　　合缝漏浆是最严重的质量事故，甚至比管桩混凝土强度不足还严重，因为在管桩施工过程中，漏浆处往往是施打应力最集中处，而该处又是混凝土最薄弱处。但合缝漏浆又是较难解决的质量问题，它是水泥制品企业控制质量的永恒主题。合缝漏浆一般分为桩身合缝漏浆和桩套合缝漏浆。

　　内壁露石又是常见的外观质量问题，一般在薄壁桩中较常见，虽然在 JC 888 及各地方标准图集中无规定，但许多使用单位均对露石现象感到担心甚至退货，许多管桩厂的技术人员认为露石是管桩混凝土匀质的表现，对管桩混凝土强度是有好处的。编者认为较严重的露石现象势必造成混凝土的不密实，混凝土强度达不到设计要求，虽然混凝土试块的强度是合格的，但未必能真实反映管桩混凝土的强度；另外，内壁露石对管桩的耐久性也存在重大隐患。

　　螺钉孔空洞及桩头混凝土做空对桩头的耐打性有重大影响。

　　端面倾斜是管桩厂生产中的常见病，也是较难解决的质量缺陷，较严重的倾斜达到 10mm 左右（ϕ600 管桩），远高于国家相关标准要求（$<0.5\%D$），在管桩施工时也易造成锤击应力集中而打烂桩头的事件。

　　表面裂缝缺陷分为内、外表面裂缝。内表面裂缝只要是深度不深、长度方向上不相互贯通，基本上对质量的影响较小，出现裂缝的原因一般是干缩裂缝或温度应力裂缝，裂缝一般也仅局限于浅表净浆层，离心时控制好高速时间及速度，使内壁硬一些，同时注意普通养护足够的静停时间，升温、压蒸降温控制好就能解决问题，这里要注意的是冬期生产和大雨、大风天生产时的温度控制，特别是压蒸，出釜时内外温差控制在 80℃ 为宜。外表面裂缝形成的原因较复杂，也是重大质量问题，要坚决杜绝此类现象的发生。外表裂缝可分为环裂和纵裂，两类裂缝的成因不同，造成的后果也不同。

　　管桩的内壁软浆指的是浮浆层或水泥净浆层较厚，浆层呈波峰状或钟乳状的现象，严重时通桩出现。由于软浆层强度较弱，在管桩截面方向，有效的承载面积大大减小，极大地削弱了管桩的承载能力，一般情况下软浆都伴随着内壁的偏薄现象。

　　管桩的外观质量检测的项目具体要求如表 5-1 所示。

表 5-1　管桩的外观质量要求

序号	项目		外观质量要求
1	粘皮和麻面		局部粘皮和麻面累计面积不大于桩总外表面积的 0.5%；每处粘皮和麻面的深度不得大于 5mm，且应做有效的修补
2	桩身合缝漏浆		漏浆深度不大于 5mm，每处漏浆长度不大于 300mm，累计长度不得大于管桩长度的 10%，或对称漏浆的搭接长度不得大于 100mm，且应修补
3	局部磕损		局部磕损深度不应大于 5mm，每处面积不得大于 5000mm^2，且应修补
4	内外表面积露筋		不允许
5	表面裂缝		不得出现环向和纵向裂缝，但不含龟裂、水纹和内壁浮浆层中的收缩裂缝
6	桩端面平整度		管桩端面混凝土和预应力钢筋镦头不得高出端板平面
7	断筋、脱头		不允许
8	桩套箍凹陷		凹陷深度不应大于 10mm
9	内表面混凝土塌落		不允许
10	桩头和桩套箍与桩身结合面	漏浆	漏浆深度不应大于 5mm，漏浆长度不得大于周长的 1/6，且应有效修补
		空洞和蜂窝	不允许
11	桩内壁浮浆		离心成型后内壁浮浆应清除干净

5.2.2 管桩尺寸检测

管桩的尺寸主要包括长度、端部倾斜、外径、桩壁厚、保护层厚度、桩身弯曲度、端板情况、漏浆长度、漏浆深度和裂缝宽度。其具体的检测方法和验收标准如表5-2所示。

表5-2 管桩的尺寸允许偏差

序号	项目		允许偏差值（mm）	检查方法
1	长度 L		±0.5%L	用钢卷尺测量，精确至1mm
2	端部倾斜		≤0.5%D	将直角靠尺的一边紧靠桩身，另一边与端板紧靠，测其最大间隙处，精确至1mm
3	桩外径	300~700mm	+5，-2	用卡尺或钢直尺在同一断面测定相互垂直的两直径，取其平均值，精确至1mm
		800~1000mm	+7，-4	
4	桩壁厚		+20，0	用钢直尺在同一断面相互垂直的两直径上测定四处壁厚，取其平均值，精确至1mm
5	保护层厚度		+5，0	用深度游标卡尺或钢直尺在管桩中部同一断面的三处不同部位测量，精确至0.1mm
6	桩身弯曲度	L≤15m	≤L/1000	将拉线紧靠桩的两端部，用钢直尺测量其弯曲处的最大距离，精确至1mm
		15m<L≤30m	≤L/2000	
7	端板	端面平面度	≤0.5	用钢直尺立起横放在端板面上缓慢旋转，用塞尺测量最大间隙，精确至0.1mm
		外径	0，-1	用卡尺或钢直尺在同一断面测定相互垂直的两直径，取其平均值，精确至1mm
		内径	0，-2	用钢直尺在同一断面测定相互垂直的两直径，取其平均值，精确至1mm
		厚度	正偏差不限，0	用钢直尺在同一断面相互垂直的两直径上测定四处厚度，取其平均值，精确至0.1mm

5.2.3 管桩力学性能检测

外观质量和尺寸允许偏差全部合格的基础上，管桩混凝土抗压强度、抗裂性能合格，则判该批产品为合格，否则判为不合格。

对管桩结构钢筋的抽检可利用先施工的2m以上长度的余桩经人工破碎后进行检测，若工地没有余桩可利用，则应在工地上随机选取2节桩经人工破碎后检测。检测箍筋直径可用游标卡尺；检测箍筋间距和加密区长度可用钢卷尺；检测预应力钢筋规格可截一段钢筋称其质量；检查保护层厚度可用深度游标卡尺；采用钻芯法检测离心高强混凝土抗压强度，钻芯检测应符合国家标准《钻芯检测离心高强混凝土抗压强度试验方法》（GB/T 19496）的有关规定。凡发现有不合格者，该批桩以后不得使用，已打入的桩应采取处理措施。图 5-2 为预制管桩箍筋加密区长度检测，图 5-3 为钻芯法检测混凝土强度。

图 5-2　预制管桩箍筋加密区长度检测　　　　图 5-3　钻芯法检测混凝土强度

　　沉桩以后管桩桩顶出现破碎或裂缝，很难明确区分究竟是产品存在缺陷还是施工不当，相关单收之间会存在争议。但是预应力主筋及螺旋筋间距偏差、桩头螺旋筋加密部分长度等难以检测，是否符合标准难以进行控制。当遇到质量问题争议时，一般不做管桩构造检验，而直接代之以管桩抗弯性能试验。管桩的抗弯性能能较好地反映管桩的力学性能，但是为测得抗裂荷载和极限荷载，管桩均会破坏，工作量大、成本高、试验周期长，不能进行普查。

　　对成品桩质量有怀疑的，必要时每批可抽取 2 节桩破开桩身检测配筋、钢筋保护层厚度等，或委托有资质的检测单位进行抗弯曲性能检测。

　　管桩的抗弯试验采用简支梁对称加载装置，其中荷载的方向可垂直于地面，也可平行于地面（管桩的轴线均与地面平行）。管桩抗弯试验（竖向加载）见图 5-4。

　　当抗弯试验用的单节管桩长度过短时，抗弯性能试验的检验值易受剪切力的影响；当抗弯试验用单节管桩或两根管桩焊接后的长度超过一定范围时，管桩会因自重而断裂，从而影响检验结果。因此，抗弯试验用的管桩，单节桩长不得超过表 5-3 中相应外径规定的长度上限值，也不得小于表 5-4 中规定的抗弯试验用管桩的最短单桩桩长。

　　两根管桩焊接接头的抗弯试验方法与单节相同，且两根管桩焊接后长度不得超过表 5-3 中相应外径规定的长度上限值，也不得小于表 5-4 中规定的抗弯试验用管桩的最短单节桩长，接头应位于最大弯矩处。

图 5-4　管桩抗弯试验（竖向加载）

表 5-3　抗弯试验用管桩的最长单节桩长

外径 D（mm）	300	400	500	600	700	800	1000	1200	1300	1400
最长单节长度桩长（m）	11	12、13	14、15	15	15	30	30	30	30	30

表 5-4　抗弯试验用管桩的最短单节桩长

外径 D（mm）	300	400	500	600	700	800	1000	1200	1300	1400
最长单节长度桩长（m）	5	6	7	8	10	10	12	14	15	16

目前，管桩已在全国绝大部分省市区得到广泛应用，其中不乏高等级抗震设防地区。在进行桩身抗水平力设计时，为了提供设计依据，应对管桩的抗剪性能指标进行检验。

抗剪试验采用与抗弯试验类似的方法，但管桩的长度和试验跨度不同。加载程序和抗裂荷载的确定按《混凝土结构试验方法标准》（GB 50152）中的有关规定执行。

5.3　管桩焊缝检测

管桩产品质量验收合格进场后，桩机准备就位，复合好桩位后，进行吊装，准备插桩前需要焊接桩尖（图 5-5），打入一节后，需要接桩（图 5-6），桩尖和接桩都采用焊接方式。焊接质量对管桩的整体施工质量至关重要，需要在焊接完成后进行焊缝质量检查。

图 5-5　焊接桩尖　　　　　　　　　　图 5-6　接桩焊接

5.3.1　概述

　　预应力混凝土管桩（简称管桩）由于单桩承载力高、施工速度快、价格适宜等优点，已得到了广泛的应用。国家标准建筑设计图集《预应力混凝土管桩》（10G 409）规定：当管桩上、下节桩拼接成整桩时，宜采用端板焊接或机械快速接头连接，连接接头强度应不小于管桩桩身强度。虽然机械式快速接头更为可靠，但是费用稍高，目前仍普遍采用端板焊接。

　　目前大多数接桩焊接工艺均采用手工电弧焊或 CO_2 气体保护焊。按湖北省地方标准《预应力混凝土管桩基础技术规程》规定，焊接接桩除应符合现行标准《建筑钢结构焊接技术规程》（JGJ 81）、《钢结构工程施工质量验收规范》（GB 50205）中二级焊缝要求的有关规定外，尚应符合下列要求：

　　（1）当管桩需要接桩时，其入土部分桩段的桩头宜高出地面 0.5 ~ 1.0m。

　　（2）下节桩的桩头处宜设导向箍。接桩时上、下节桩段应保持顺直，上、下节桩应接焊牢，错位偏差不宜大于 2mm，逐节接桩时，节点弯曲矢高不得大于 1/1000 桩长，且不得大于 20mm。

　　（3）管桩对接前，上、下端板表面应用铁刷子清刷干净，坡口处应刷至露出金属光泽；上、下节桩间的缝隙应用铁垫片垫实焊牢。

　　（4）焊接时宜先在坡口圆周上对称点焊 4 ~ 6 点，待上、下节桩固定后拆除导向箍再分层施焊，施焊宜由两个焊工对称进行。

　　（5）焊接层数不得少于两层，内层焊渣必须清理干净后方能施焊外层；焊缝应饱满连续。

　　（6）手工电弧焊接时，应先对称点焊，第一层宜用直径 3.2mm 电焊条打底，确保根部焊透，第二层方可用粗焊条（直径 4mm 或 5mm），可采用 E43 × × 型焊条，其质量应符合《非合金钢及细晶粒钢焊条》（GB/T 5117）的规定。采用气体保护焊时，焊接工艺应符合相关标准的规定。

　　（7）焊好的桩接头应自然冷却后才可继续施工，自然冷却时间不应少于 1min；不得用水冷却或焊完即施工。

焊接后应进行外观检查，电焊接桩焊缝检验标准见表5-5，焊缝应连续饱满，不得有凹痕、咬边、焊瘤、夹渣、裂缝等表面缺陷，发现缺陷时应及时返修，但同一条焊缝返修次数不得超过2次。

表5-5　电焊接桩焊缝检验标准

序号	检查项目	允许偏差或允许值		检查方法
		单位	数值	
1	上下节端部错口 外径≥700mm 内径<700mm	mm mm	≤3 ≤2	用钢尺量
2	焊缝咬边深度	mm	≤0.5	焊缝检查仪
3	焊缝加强层高度	mm	≥2	焊缝检查仪
4	焊缝加强层宽度	mm	≥2	焊缝检查仪
5	焊缝电焊质量外观	无气孔、无焊瘤、无裂缝		直观
6	焊缝探伤检验	满足设计要求		按设计要求

理论上讲，端板焊缝的强度远远大于桩身结构强度。尽管图集、规范、规程等均对焊接流程、冷却时间等做出明确规定，但是在实际工程中施工人员经常片面追求速度，草草行事，减少焊接层数和冷却时间，用水冷却，甚至焊好即打，或者使用劣质的焊条，焊接接头问题导致的工程事故仍然时有发生，带来隐患和危害。在反射波法完整性检测中发现的桩身缺陷，属于焊接不佳的占大多数，普遍是接桩时接头焊接质量差易引起接头开裂。例如：焊接质量差，焊接自然冷却时间太短遇水脆裂；单桩承载力达不到设计要求管桩接驳松脱，错位严重；基坑支护用管桩在接桩处折断等。

另外在实际施工过程中，对接桩焊缝的检查，常常是对焊缝表面的质量检查，而忽略了对每层焊缝质量的检查，尤其是对根部焊透的检查。现场接桩焊接时焊道为横向，而焊接过程是竖向，焊接过程中由于重力作用，往往会产生大量焊瘤，造成焊道内的焊接不均匀、不连续，焊接不能保证三层焊满，焊缝高度也参差不齐。采用焊接连接时，连接处表面未清理干净，桩端不平整；焊接质量不好，焊缝不连续、不饱满、焊肉中夹有焊渣等杂物；焊接停顿时间较短，焊缝遇地下水出现脆裂；两节桩不在同一条直线上，接桩处产生曲折，压桩过程中接桩处局部产生集中应力而破坏连接。对锤击桩，当桩尖土土质较差时，在中部$0.3 \sim 0.7L$处产生较大的拉应力；当桩距过密或打桩未按规范要求顺序施工时，因孔隙水压力的突然增大，会引起土的隆起，使桩受到向上的拉力作用，使接桩质量差的接桩处拉裂，甚至完全断裂；还有侧向挤土作用使桩产生偏位。

5.3.2　依据标准

对一般工程，除检查焊工是否持有有效的上岗证，接桩材料是否有质量保证书外，一般采用简单的方法（目测）、简单的工具（钢尺、放大镜）进行检查，要求焊缝应饱满、无夹渣、气孔、裂纹、电弧擦伤等现象，上下接头应对齐，无孔隙。

对重要的工程接头焊接的检查，《建筑地基基础工程施工质量验收标准》（GB 50202）规定对电焊接桩的接头应做 10% 的探伤检查。《建筑桩基技术规范》（JGJ 94）相关规定：焊接接头的质量检查，对同一工程探伤抽样检验不得少于 3 个接头。另外，有些地方行政主管部门也发布了相关行政法规。湖北省地方标准《预应力混凝土管桩基础技术规程》（DB 42/489—2008）规定：应对闭口桩尖的钢板厚度、桩尖尺寸、焊缝质量等进行检测，检测数量每栋建筑物不应少于总桩数的 1%，且不应少于 2 个桩尖。永久结构的抗拔桩，应对工程桩的接头焊缝进行质量检测，检验数量不少于 6 根（每根一个接头）且不少于总抗拔桩数的 1%。检测项目应按《建筑地基基础工程施工质量验收标准》（GB 50202）的有关规定，检验接头错口尺寸、焊缝咬边深度、焊缝高度和宽度、焊缝外观质量等。焊缝探伤的检测，在沉桩过程中会导致沉桩困难，因此有时只对第一个接头焊缝进行探伤检测。云南省属于高烈度抗震设防地区和地震多发地区，《云南省建设厅关于严格执行管桩规程图集和强化质量监督检测工作的通知》中关于焊接接头的管桩工程应随机抽取焊接接头进行焊缝质量探伤检查，一般工程抽检不少于 5%，重要工程抽检焊缝不少于 10%。

根据《钢结构工程施工质量验收标准》（GB 50205）和《建筑钢结构焊接技术规程》（JGJ 81），预应力混凝土管桩的焊接质量应达到表 5-6 中Ⅲ级焊缝的要求，并建议检查 5% 的总焊缝接头数量。

表 5-6　缺陷痕迹的分级

质量等级		Ⅰ	Ⅱ	Ⅲ	Ⅳ
不考虑的最大缺陷显示痕迹长度（mm）		≤0.3	≤1	≤1.5	≤1.5
线型缺陷	裂纹	不允许	不允许	不允许	不允许
	未焊透			允许存在的单个缺陷显示痕迹长度≤0.15δ 且≤2.5mm，100mm 焊缝长度范围内允许存在的缺陷显示痕迹总长≤25mm	允许存在的单个缺陷显示痕迹长度≤0.2δ 且≤3.5mm，100mm 焊缝长度范围内允许存在的缺陷显示痕迹总长≤25mm
	夹渣或气孔		≤0.3δ 且≤4mm；相邻两缺陷显示痕迹的间距应不小于其中较大缺陷显示痕迹长度的6倍	≤0.3δ 且≤10mm；相邻两缺陷显示痕迹的间距应不小于其中较大缺陷显示痕迹长度的6倍	≤0.3δ 且≤20mm；相邻两缺陷显示痕迹的间距应不小于其中较大缺陷显示痕迹长度的6倍

注：δ 为焊缝母材的厚度。当焊缝两侧的母材厚度不相等时，取其中较小的厚度值作为 δ。

5.3.3 超声波探伤

因为管桩接头端板并非完全焊合，又因端板厚度较薄且外周包裹裙板，焊后露出的几乎只有焊缝部分，无法采用射线检测法和超声波斜探法进行探伤，而超声波纵波直探法是一个可行、有效的检测方法，目前管桩焊缝质量检测常采用超声波探测。

1. 标准依据

管桩超声探伤目前没有现行的行业标准，寻找一种快捷、准确、有效的探伤方法，对保证管桩质量至关重要。有人试图将 GB/T 11345 用于管桩焊接接头的探伤，但该标准只适用于焊接厚度 8mm 以上的母材。苏州热工研究院李晓雪等人研究采用距离-波幅曲线对缺陷进行定量的方法。该方法借用 CSK-IC 试块，解决了无斜探头检测扫查面，现有探头晶片大，焊缝深度小，易形成多次反射，荧光屏上各类波形难以辨认，缺陷定量困难的问题。可根据试块 φ3 孔反射的波高、被测件表面补偿以及探头扫查的结果，确定管桩焊缝超标缺陷尺寸位置和大小。

2. 探伤工艺

（1）检测仪器。选用 A 型脉冲反射式超声波探伤仪，要求仪器性能符合 ZB/Y230 的规定，具有波形清晰，显示稳定的示波装置，并在计量有效期内使用；若使用数字探伤仪，其连续使用时间不得少于 4h。考虑到端板法兰只有 12.5mm 厚，两桩接前在其边缘车出 U 形坡口，故连焊缝在内只有 25~30mm，由于普通探头在近场区对反射波的影响强烈，因此还要求仪器具有抑制近场区杂波的能力。探伤采用耐高温双晶直探头和斜探头直接接触法，频率为 5.0MHz，仪器探头组合灵敏度为 36~40dB。根据管桩的特点，耦合剂的浓度不低于 75% 的甘油水溶液或黏稠机油；双晶探头应在磨平的焊缝上及其两侧进行周向平行和斜平行扫查，且蛇形移动。其目的是探测焊缝及热影响区的横向缺陷；同时探测纵向缺陷，还要使用小晶片短前沿的单晶斜探头，垂直于焊缝中心线位置在法兰面上做 B 级直射法探伤扫查。

试块可用 JG/T 3034 标准试块 CSK-IC 型，材料与管桩端板 Q235 相同，内部无缺陷，表面粗糙度也符合要求。

（2）扫描速度调整。双晶探头利用 CSK-IC 型试块，进行扫描速度调整。为了充分利用荧光屏的整个屏幕，使显示的缺陷反射波清晰、易辨，使一次波、直射波占满整个荧光屏，管桩使用深度比例为 4:1 或 2:1。

（3）起始灵敏度调整。在 CSK-IC 型试块上，深度以 $h = 5mm$、10mm、15mm 的 $\phi3 \times 20$ 横通孔调整，同时测定其反射当量，使其最强的反射波幅达到荧光屏满幅的 80% 为基准波高，以增益 16dB（评定线）作为探伤起始灵敏度。

（4）探伤方法。在管桩端板施焊后进行超声探伤检测（图 5-7）。双晶探头可从圆环体外表面（凸面）周向正反方向进行扫描；利用直探头只能在焊缝打磨位置扫查，也可使用折射角为 45°、56°、63°、68°的小探头。

图 5-7　超声探伤检测

3. 焊接及探伤面的要求

（1）焊接要求。端板母材 Q235，属于普通低碳钢，电焊条应满足《非合金钢及细晶粒钢焊条》（GB/T 5117）标准要求，熔敷金属化学成分、力学性能、外观检查必须合格，才能进行无损探伤，即上、下节端口错口不大于 2mm（外径小于 700mm），焊缝咬边深度不得大于 0.5mm，焊缝加强高度与宽度为 2mm。外观质量要求无气孔、无焊瘤、无裂缝。

（2）探伤表面的处理。首先用电动砂轮，把焊缝及其两侧探伤面上的飞溅物、焊瘤、焊渣等杂物清除掉，使表面平整光滑，使超声耦合良好。另还需针对不同表面粗糙度 Ra 状况进行耦合补偿，一般为 −6 ～ −4dB。

4. 波形分析及其结果分级

（1）缺陷波形分析。管桩焊缝主要缺陷波形分析如下：

未焊透：反射波出现于根部（深 10 ～ 12mm 处）。根部位置确定后，再改用小探头在两侧面扫查均有缺陷波，几乎是对称的，波幅也相近。

未熔合：反射波出现在根部附近则仅是单采出现陷波，与未焊透相比波高略弱；而出现在层间或法兰母材侧的为熔合，其缺陷方向可用变换探头角度探测。

气孔、夹渣：反射波比较弱，指示长度也短，通长为 5 ～ 10mm，当缺陷尺寸达到一定程度时，会出现稍高反射波，且正逆方向扫查均可出现。

对这些信号波分析，考虑到限于焊缝较浅，且使用直射波，因此管桩探伤时要善于区分杂波对正常信号的干扰。如需要变换探头折射角为 68°～70°，应注意区分表面波，判读方法：用手指蘸耦合剂在探头前在焊缝上轻轻敲打，信号波上

127

下跳跃，即产生了表面波。

（2）检测结果分级。管桩超声检测评定缺陷依照表5-7和表5-8执行。

表5-7　管桩全焊透焊缝中上部缺陷的评定

级别	允许的最大缺陷指示长度（mm）	级别	允许的最大缺陷指示长度（mm）
I	$0 < L_1 \leqslant 10$	III	$15 < L_1 \leqslant 20$
II	$10 < L_1 \leqslant 15$	IV	超过III级者

表5-8　管桩全焊透焊缝根部缺陷的评定

级别	允许的最大缺陷指示长度（mm）	
	波高为II区的缺陷	波高为III区的缺陷
I	≤10	≤5
II	≤10%周长	≤10
III	≤20%周长	≤15
IV	超过III级者	

5.3.4　磁粉探伤

磁粉探伤（图5-8）的基本原理是通过对被检工件施加磁场使其磁化（整体磁化或局部磁化），在工件的表面和近表面缺陷处将有磁力线溢出工件表面，形成漏磁场，有磁极的存在就能吸附施加在工件表面上的磁粉形成聚集磁痕，从而显示出缺陷的存在。磁粉检测有三个必要的步骤：被检测的部件必须得到磁化；必须在磁化的工件上施加合适的磁粉；对任何磁粉的堆积必须加以观察和解释。

图5-8　磁粉探伤

操作工艺如下：

（1）预处理：清除金属表面油污、涂料和铁锈等。

（2）磁化：根据构件的大小、形状及缺陷的可能类型选择磁化方法，按规程进行操作。

（3）施加磁粉：将磁粉或磁悬液施加在磁化的构件上。

（4）检查：如果使用非荧光磁粉，利用自然光观察磁粉的聚集状态，判定缺陷的部位和大小等。如果使用荧光磁粉，则在暗室内利用紫外线照射检查。

（5）后处理：检查后进行退磁、清除磁粉等。

磁粉探伤具有检测成本低、操作便利、反应快速等特点。其局限性在于仅能应用于磁性材料，且无法探知缺陷深度，工件本身的形状和尺寸也会不同程度地影响到检测结果。

5.3.5　渗透探伤

1. 渗透探伤原理

渗透探伤是一种以毛细管作用原理为基础的检查表面开口缺陷的无损探伤方法。

渗透探伤的原理是在被检工件表面涂覆某些渗透力较强的渗透液，在毛细作用下，渗透液渗入工件表面开口的缺陷中，然后去除工件表面上多余的渗透液，保留渗透到表面缺陷中的渗透液，再在工件表面涂上一层显像剂，缺陷中的渗透液在毛细作用下反过来被吸到工件的表面，从而形成缺陷的痕迹。然后根据在黑光（荧光渗透液）或白光（着色渗透液）下观察到的缺陷显示痕迹，做出缺陷的评定。

渗透探伤具有操作简单、缺陷显示直观、探伤灵敏度高的特点。可是渗透探伤只能查出工件表面开口形缺陷，当表面过于粗糙则无法探伤，也不能判断缺陷的深度和缺陷在工件内部的走向。虽说操作方法简单，但是操作者的熟练程度对探伤结果影响很大。

2. 渗透探伤剂及探伤装置分类

（1）渗透探伤剂。渗透探伤剂包括渗透剂、清洗剂和显像剂。不同的渗透剂和显像方法适合于不同的探伤对象和条件。

（2）渗透探伤装置。渗透探伤装置可分为便携式、固定式和专业式。

便携式渗透探伤装置由于其体积小、质量轻、便于携带，故适用于现场探伤。渗透探伤设备内装有压力喷罐，喷罐内装有被喷涂的材料（渗透剂或清洗剂、显像剂及能在常基下产生应力的气带胶或雾化剂）。探伤时按下喷罐上的喷嘴，喷涂液即呈雾状喷射出来。另外，观察缺陷的照明装置由日光灯（着色法探伤）或黑光灯（荧光法探伤）组成。黑光灯一般采用水银石英灯探伤，为延长其使用寿命，要尽量减少不必要的开关次数。

固定式渗透探伤装置包括预清洗装置渗透槽、乳化槽、水洗槽、干燥箱、显像槽及检查室。固定式渗透装置可固定在一起组成整体式装置。也可根据需要整合成分离型装置，以满足大型工件的探伤。

大批量生产时，需要进行连续批量渗透探伤，实现工序自动操作，缺陷自动辨认，可采用高效率的自动操作整体型装置探伤即专业式探伤，该类装置称专业式渗透探伤装置。

（3）对比试块。在渗透探伤中，用以评定探伤效果或探伤剂及装置性能的具有人造缺陷的试块，称为对比试块。每次渗透探伤前，对使用的材料和设备要进行校验，以保持探伤的灵敏度。校验时要按正常操作工艺对试片进行渗透探伤，观察试片上固有缺陷发现的情况。对比试块的制作应符合《无损检测 渗透试块通用规范》（JB/T 6064）的规定要求。

镀铬对比试块主要用于校验操作方法和工艺系统灵敏度。使用前，应将其拍摄成照片或用塑料制成复制品，以供探伤时对照使用。试验时先将该试块按正常工序进行处理，最后观察辐射状裂纹显示的情况。如果与照片或复制品一致，则可认为设备和材料正常。

铝合金对比试块中间有一道沟槽，并被分为两半，适用于两种不同的探伤剂在互不影响的情况下进行灵敏度对比试验，也适用于同种渗透剂在不同的工艺操作下进行灵敏度的对比试验。试块上提供了各种近似于自然缺陷的裂纹，适合于对探伤剂进行综合性能比较。

3. 渗透探伤法的基本步骤

在对焊缝进行渗透探伤时，无论是中间阶段未成型的焊缝，还是焊接完毕后的已成型焊缝，均可使用溶剂清洗型着色探伤法。焊缝被渗透探伤检查后，应进行清洗。多层焊道渗透探伤后的清洗更加重要，必须清洗干净。否则，渗透液及显像剂残留在焊缝，会使随后进行的焊接产生严重缺陷。其基本步骤如下：

（1）预处理包括表面清理和预清洗表面，清理的目的是彻底清除妨碍渗透剂渗入缺陷的铁锈、氧化皮、飞溅物、焊渣及涂料等表面附着物，预清洗是为了去除残存在缺陷内的油污和水分。表面附着物不允许采用喷砂、喷丸等可能堵塞缺陷开口的方法进行前处理。预清洗后，应注意让残留的溶剂清洗剂和水分充分干燥，特别应予指出的是大部分渗透剂与水是不相溶的，缺陷处和缺陷中残留有水分将严重阻碍渗透剂的渗入，降低渗透探伤的灵敏度。

（2）渗透是指在规定的时间内，用浸喷或刷涂方法将渗透剂覆盖在被检工件表面上，并使其全部润湿。从施加渗透剂到开始乳化或清洗操作之间的时间称为渗透时间。渗透时间取决于渗透剂的种类、被检物形态、预测的缺陷种类与大小、被检物和渗透剂的温度。渗透剂实际应用时可参考渗透剂生产厂家推荐的渗透时间。当使用后乳化型渗透剂时，应在渗透后清洗前用浸浴、刷涂或喷涂方法将乳化剂施加于受检表面。乳化剂的停留时间可根据受检表面的粗糙度及缺陷程度确定，一般为 1~5min，然后用清水洗净。

（3）清洗是从被检工件表面上去除掉所有的渗透剂，但又不能将已渗入缺陷的渗透剂清洗掉。水洗型渗透剂本身含有乳化剂，用喷水法清洗时，水流方向应尽可能与被检工件表面平行。如无特殊规定一般应控制其喷嘴水压不超过 0.34MPa，水温在 15~40℃ 之间，水洗时间越短越好。

后乳化型渗透剂乳化后清洗的喷嘴水压也不应超过 0.34MPa。溶剂去除型渗透剂用蘸有溶剂的布或皱纸擦除大部分多余的渗透剂，再用无绒布浸渍少许溶剂擦几遍，最后用干净的布将被检工件表面擦干净。

用干式或快干式显像剂显像前，溶剂去除后的被检工件表面可自然干燥或用布、纸擦干，水清洗被检工件表面应做温度不超过 52℃ 的干燥处理。用湿式显像剂显像时，可不经干燥处理，在水清洗或溶剂去除后的被检工件表面上直接覆盖显像剂，并使其迅速干燥，形成显像剂薄膜。

（4）显像是从缺陷中吸出渗透剂的过程。荧光渗透探伤一般采用干式显像。用快干式显像剂显像时，一般用压力喷罐或刷涂法在经干燥处理后的被检工件表面上覆盖显像剂。显像剂要喷涂得薄而均匀，以略能看出被检工件表面为宜。喷涂后可让显像剂自然干燥或用低温空气吹干。显像 3~5min 后，可用肉眼或借助于 3~5 倍的放大镜观察所显示的图像。为发现细微缺陷，可间隔5min 观察一次，重复观察 2~3 次。焊缝起弧和熄弧处易产生细微的活口裂纹，应特别注意。

施加显像剂后一般在 7~30min 内观察显示迹痕。观察荧光渗透剂的显示迹痕，被检工件表面上的标准荧光照度应大于 50lx。观察着色渗透剂的显示迹痕时，可见光照度应在 350lx 以上。

4. 验收等级

《焊缝无损检测　焊缝渗透检测　验收等级》（GB/T 26953—2011）规定：检测表面的宽度应包括焊缝金属和每侧各 10mm 距离的邻近母材金属。渗透检测产生的显示，通常与形成这个显示的缺欠尺寸和形状特征不同。对缺欠所规定的验收等级相当于评定等级，不应考虑低于该水平的显示。通常，可接收的显示不应做记录。

当表 5-9 所推荐的较高检测极限，因现有焊缝表面状况而达不到工作要求时，可通过局部打磨来改善全部或局部的检测表面等级。金属材料焊缝的验收等级见表 5-10。

表5-9　推荐的检测参数

验收等级	表面状况	渗透系统的类型
1	良好表面①	荧光渗透系统，GB/T 18851.2 中的普通或高灵敏度；着色渗透剂，GB/T 18851.2 中的高灵敏度
2	光滑表面②	任意
3	一般表面③	任意

① 焊缝盖面和母材表面光滑清洁，无咬边、焊波和焊接飞溅。此类表面通常是自动 TIG 焊、埋弧焊（全自动）及用铁粉电极的手工金属电弧焊。

② 焊缝盖面和母材表面较光滑，有轻微咬边、焊波和焊接飞溅。此类表面通常是手工金属电弧焊（平焊）、盖面焊道用氩气保护的 MAG 焊。

③ 焊缝盖面和母材表面为焊后自然状况。此类表面是手工金属电弧焊或 MAG 焊（任意焊接部位）。

表5-10　显示的验收等级

显示类型	验收等级①		
	1	2	3
线状显示 l = 显示长度	$l \leqslant 2$	$l \leqslant 4$	$l \leqslant 8$
非线状显示 d = 主轴长度	$d \leqslant 4$	$d \leqslant 6$	$d \leqslant 8$

① 验收等级 2 和 3 可规定用一个后缀"X"，表示所检测出的所有线状显示应按 1 级进行评定。但对小于原验收等级所表示的显示，其可探测性可能偏低。

　　显示尺寸的最终评定应在规定的最短显像时间过后和缺欠形成的显示消退之前即不再有增长趋势时进行。

　　相邻且间距小于其中较小显示主轴尺寸的显示，应作为单个的连续显示评定。群显示应按应用标准评定。

　　根据《建筑钢结构焊接技术规程》（JGJ 81）和《钢结构工程施工施工质量验收规范》（GB 50205），预应力混凝土管柱的焊缝质量应达到表 5-9 中Ⅲ级焊缝的要求，并建议检测 5% 的总焊缝接头数量。

5.4　管桩倾斜度检测

5.4.1　概述

　　随着预制桩尤其是预应力管桩的大量应用，基桩偏位、倾斜的工程事故屡见不鲜。预应力管桩在成桩过程中，打桩机导杆不直、施工场地不平或软弱地基承载力不足引起打桩机前倾后仰、桩身弯曲、端头板倾斜或桩锤、桩帽、桩身重型线不在同一直线上，造成偏心受力，遇到孤石或障碍物跑位倾斜、桩端沿倾斜面滑移、送桩器套筒太大或送桩器倾斜、接桩时不垂直等造成管桩倾斜的情况时有发生。尤其是在淤泥软土中打桩，边打桩边开挖基坑或者基坑开挖不当、坑边堆载等情况，最易造成管桩倾斜。

高桩码头成桩后没有及时采取夹桩措施，也会造成基桩在风浪、水流、土坡变化及自重倾斜作用下发生倾斜、偏位和折裂现象。

桩身倾斜过大的危害显而易见，基桩偏心受压，承载力减小，倾斜太大甚至会造成桩身折断。因此，国家标准《建筑地基基础工程施工质量验收标准》（GB 50202）中明确规定，基桩垂直度允许偏差不得超过 1% 。随着桩基检测技术手段的进步，对桩的实际垂直度进行检测成为可能。另一方面，对桩的实际垂直度进行检测可对桩身完整性判定、纠偏处理及纠偏效果评价等提供一定的帮助。

湖北省地方标准《预应力混凝土管桩基础技术规程》（DB 42/489）规定：开挖基坑中应对工程桩的外露桩头或在桩孔内进行桩身垂直度检测，抽检数量不应少于总桩数的 5% ，在基坑开挖中如发现土体位移或机械运行影响桩身垂直度，应加大检测数量。对倾斜率大于 3% 的桩不应使用；对倾斜率为 1% ~2% （含 2% ）及 2% ~3% 的桩宜分别进行各不少于 2 根的单桩竖向抗压静荷载试验，并将试验得出的单桩抗压承载力乘以折减系数，作为该批桩的使用依据。荷载试验最大加载量应为设计要求的单桩极限承载力，试验中可同时进行桩顶水平位移的测量。

5.4.2　测试方法

由于使用管桩的工程越来越多，在实行质量控制过程中对管桩桩身垂直度的测量，国家没有相应的检测标准，而此项技术指标直接影响到管桩的承载能力。为对管桩垂直度进行测量和评价，部分地区专门组织力量对管桩垂直度测量技术进行了研究，也初步起草了关于垂直度测量的标准。

1. 吊锤法

目前管桩工地上最常用的方法为吊锤法。采用 1m 长的线锤间接测量垂直度。对截桩已至设计标高的桩，放入线锤，测量偏离桩中心的距离，然后换算成垂直度偏差；对未截的桩将线锤放于桩外按同样方法测出距离，换算成垂直度偏差。根据垂直度偏差和水平偏移可大致估算出桩的断裂位置，初步确定影响程度。

2. 倾斜回波法

邓业灿等人提出了一种基桩倾斜无损检测方法，在桩头部施加一瞬时作用力后，使受力的质点产生振动，而振动的传播就形成各种弹性波，根据惠更斯-菲涅尔原理、费玛原理和波的叠加原理，对垂直桩和倾斜桩，由于桩侧界面对称性不同，因此在桩上部观测到的波动形态是不一样的，利用安装在桩头上的传感器检测振动信号，并传输至数据记录处理系统进行分析处理，得到时间域"时程曲线"、频率域"振幅谱"曲线和桩底反射系数，根据这些数据可以判断出基桩是否倾斜以及倾斜的方向和基桩的垂直度偏差，可以做到不对桩进行破坏而准确方便地检测出基桩的垂直度偏差。

3. 模拟法

邓业灿提出桩倾斜模拟直桩检测方法。基桩倾斜与否是相对检测面（水平面）而言的，故可以事先预制不同倾向、不同垂直度偏差的模块（或模具），将其逐一或一次性安装在桩头上，通过模块与桩头的组合，使组合后的某个模块的检测面与桩中心轴线垂直或平行，亦即通过多组不同垂直度偏差的模块与桩头组合后的模拟测试，寻找出一组与直桩特征相同的时程曲线及振幅谱图，其对应的桩顶面模块的反倾向方向及其垂直度偏差，即为该桩的倾斜方向及垂直度偏差。

4. 弹性波法

于秉坤等提出弹性波法。当桩顶受到冲击力时，产生弹性波。波沿桩身向下传播，传至桩端时发生反射、衍射、透射等物理现象。按惠更斯原理，可把桩端看成弹性波子波发射源，继续向四周扩散。因此，可沿桩径方向设置两个拾振器来测试弹性波到达拾振器位置的时间，利用两个时间来计算桩端在该纵切面上偏离中线的距离。然后，在垂直的桩径方向上设置拾振器并测试，同样算出该方向上桩端偏离中线的距离。最后，利用矢量叠加法，算出桩端偏离设计中线的方向和距离。

5. 三脚架法

赵平提出了一种预应力管桩桩身垂直度的检测方法，其主要检测设备有三脚架、测绳、游标卡尺、铅锤、环形圆球、桩中心定位尺等。现场操作中只需测量测线与管桩中心点的偏移量 e，管桩孔口中心到三脚架滑环的高度 H 以及环形圆球在管桩管内的深度 H_0，通过这三个参数就可以计算管桩的倾斜角和垂直度。

6. 三维直接测量法

三维直接测量法的基本原理是利用三轴传感器直接测量管桩的垂直度，如图 5-9 所示。

当传感器处于不同的姿态时，其角度满足如下公式：

$$\theta = \tan^{-1}\left[\frac{A_{X,\text{out}}}{\sqrt{A_{Y,\text{out}}^2 + A_{Z,\text{out}}^2}}\right] \tag{5-1}$$

$$\psi = \tan^{-1}\left[\frac{A_{X,\text{out}}}{\sqrt{A_{Y,\text{out}}^2 + A_{Z,\text{out}}^2}}\right] \tag{5-2}$$

$$\phi = \tan^{-1}\left[\frac{\sqrt{A_{X,\text{out}}^2 + A_{Y,\text{out}}^2}}{A_{Z,\text{out}}}\right] \tag{5-3}$$

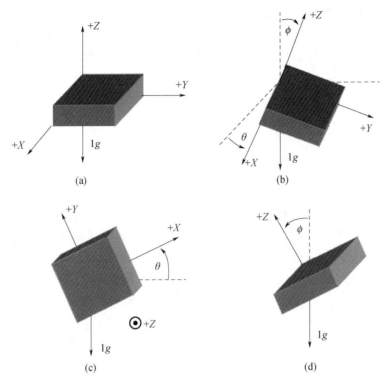

图 5-9　三轴传感器姿态示意图

因此，通过三轴传感器的输出测量就可以直接得出管桩的倾斜角和倾斜度。

同时可以外配三维电子罗盘，直接测量出管桩倾斜的方位，这一功能对码头斜桩的检测尤其重要。该仪器的典型代表是武汉中岩科技股份有限公司生产的管桩测斜仪，它具备以下功能：

（1）垂直倾斜角测量精度应达 0.01°或 0.01%；

（2）水平方位角测量精度应达 1°；

（3）实时显示测量结果（角度、倾斜率和方位），并能输出 Excel 报表，可生成不同格式的检测报告，报告格式可预先设定；

（4）倾斜程度超过设定警戒值时能自动报警。图 5-10 为管桩测斜仪。

7. 经纬仪投影法检测

经纬仪投影法可以对预应力混凝土管桩外露桩头的倾斜度进行检测，其主要是通过分别测出外露桩头在互相垂直的两个方向上的倾斜率分量，并根据倾斜率分量计算出总倾斜率及倾斜方向。为保证精度，在测量之前应将待测

图 5-10　管桩测斜仪

桩头外表面清洗干净。

采用经纬仪投影法检测时，可选择经纬仪或全站仪作为检测设备。仪器的标准状态、检定及保养应符合国家及行业相关规范的要求。观测精度应满足如下要求：

$$m_s \leqslant \Delta/(6\sqrt{2}) \tag{5-4}$$

式中　m_s——倾斜率的测定中误差；

　　　Δ——管桩倾斜率允许值。

倾斜分量的观测精度应满足

$$m_x \leqslant m_s/\sqrt{2} = \Delta/12 \tag{5-5}$$

式中　m_x——x方向倾斜率的测定中误差。

采用经纬仪投影法检测时，应选择互相垂直的两个方向上对桩身外轮廓相应的4个部位进行倾斜率测量。测站点应选在与待测倾斜方向垂直的桩身外圆切线上，测站点与待测桩中心位置宜在5~10m之间，如图5-11所示。

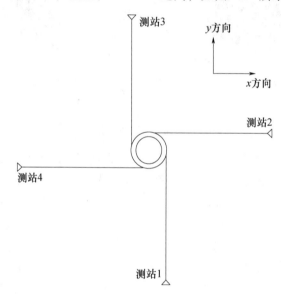

图 5-11　经纬仪投影法

投影时以桩身外轮廓边线为照准目标，也可根据现场情况在桩身上安装辅助标志作为照准目标。投影时上下照准点之间的垂直距离不小于300mm。不同方位测站相应照准点的高度应保持一致，选择照准点时应尽量避开有表面缺陷或形状不规则的部位。

测站仪器平整对中后测量测线边长。每个测站进行4次测量，记录上下照准点的垂直角及水平角，测站i测得的管桩外轮廓倾斜率按以下步骤计算。

（1）测站i上下照准点之间的高差应按以下公式计算：

$$h_i = D_i(\tan\alpha_{\text{上}i} - \tan\alpha_{\text{下}i}) \tag{5-6}$$

式中　h_i——测站 i 上下照准点之间的高差（m）；

　　　D_i——测站 i 测量边的水平距离（m）；

　　　$\alpha_{\text{上}i}$——测站 i 上照准点的垂直角；

　　　$\alpha_{\text{下}i}$——测站 i 下照准点的垂直角。

（2）测站 i 上下照准点之间在与视线垂直方向上的偏离值应按下列公式计算：

$$a_i = D_i \tan\beta_i \tag{5-7}$$

式中　a_i——测站 i 上下照准点在与视线垂直方向上的偏离值（m）；

　　　D_i——测站 i 测量边的水平距离（m）；

　　　β_i——测站 i 上下照准点之间的水平夹角。

（3）测站 i 测得的管桩外轮廓在与视线垂直方向上的倾斜率应按下列公式计算：

$$I_i = \frac{a_i}{h_i} \tag{5-8}$$

式中　I_i——测站 i 测得的在与视线垂直方向上的管桩外轮廓倾斜率。

管桩总体倾斜率用矢量相加的方法计算（图 5-12）：

$$I = \sqrt{\left(I_x'\right)^2 + \left(I_y'\right)^2} \tag{5-9}$$

式中　I——管桩外轮廓的总体倾斜率；

　　　I_x'——管桩在 x 方向的倾斜率，$I_x' = \dfrac{(I_2 + I_4)}{2}$；

　　　I_y'——管桩在 y 方向的倾斜率，$I_y' = \dfrac{(I_1 + I_3)}{2}$。

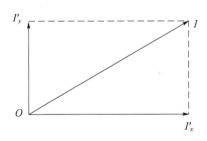

图 5-12　管桩总体倾斜率

每一站按该站 4 次测量得到的数据进行计算，取计算倾斜率的平均值作为相应方向的倾斜率。倾斜度检测报告应包括工程名称、检测日期、被测桩桩号、仪器型号、上下照准点高度、x 及 y 方向的实际方位、倾斜总量及倾斜方位等。图 5-13 为桩身对中校正示例。

图 5-13　桩身对中校正示例

8. 倾斜仪法检测

倾斜仪法可以对预应力混凝土管桩外露桩头的倾斜度进行检测。其主要是通过分别测出外露桩头在互相垂直两个方向上的倾斜率分量，并根据倾斜率分量计算出总倾斜率及倾斜方向。为保证测试精度，测量之前应将待测桩头外表面清洗干净。

测试设备可选择数字式测斜仪作为检测设备，测斜仪应有适用于圆柱面的定位槽，其长度不小于 200mm。仪器的标准状态、检定及保养应符合国家及行业相关规范的要求。仪器在每次使用前应进行校正。仪器的精度应能保证以下要求：

$$m_s \leqslant \Delta / (6\sqrt{2})\qquad(5\text{-}10)$$

式中　m_s——倾斜率的测定中误差；

　　　Δ——管桩倾斜率允许值。

倾斜分量的观测精度应满足

$$m_x \leqslant m_s / \sqrt{2} = \Delta / 12\qquad(5\text{-}11)$$

式中　m_x——x 方向倾斜率的测定中误差。

采用倾斜仪法检测时，应选择互相垂直的两个方向对桩身外轮廓相应的 4 个部位进行倾斜率测量（图 5-14）。

检测时以桩身外轮廓为测量面，将倾斜仪定位槽置于待测面上并与其紧密贴合。各测量点的标高应保持一致。选择测量点时应尽量避开有表面缺陷或形状不规则的部位。仪器完成定位且数据稳定之后进行读数，每个测点进行 3 次读数，记录倾斜仪的倾斜角度或倾斜率，将数据填入记录表格。

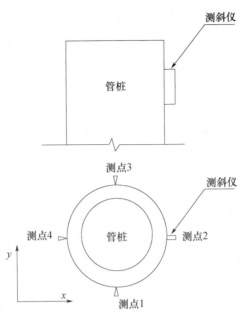

图 5-14　倾斜仪法检测

测点 i 测得的管桩外轮廓倾斜率应按下列公式计算：

$$I_i = \tan(\theta_i) \tag{5-12}$$

式中　I_i——测点 i 测得的相应方向上的管桩外轮廓倾斜率；

　　　θ_i——测点 i 处的外轮廓面与垂直面的夹角。

管桩总体倾斜率用矢量相加的方法进行计算。

倾斜度检测报告应包括工程名称、检测日期、仪器型号、被测桩桩号、测点上下标高、x 及 y 方向的实际方位、倾斜总量及倾斜方位。

理论上讲，该法的测量精度高，但是局限性显而易见，要求桩身出露一定的长度，对类似码头工程可能更适合。同时，所测数据仅反映桩身出露段一定范围内桩身的倾斜情况，对桩身整个深度范围内的整体倾斜情况不能把握。

5.5　管桩内部缺陷检测

管桩打入施工完成以后，需要对管桩的工程施工质量进行检测验收，目前是针对桩身完整性和承载力进行检测。其主要检测手段为低应变、高应变和静荷载试验。其具体方法与本书其他章节所述方法一致。部分管桩还可以通过孔内视频探头进行管桩内部缺陷检测。

5.5.1　概述

预应力管桩的质量包括产品质量和工程质量两大类，而工程质量又有勘察设计质量和施工质量之分；就施工质量而言，也包括打桩质量、吊装、运输、堆放及打桩后的开挖土方、修筑承台时的质量问题。衡量管桩产品质量最直观的尺度就是它的耐打性；评价管桩工程质量最主要的指标是桩的承载力，检查桩体的完整性、桩的偏位值和斜倾率就是为了保证桩的承载力。

产品质量问题包括：抗裂弯矩及极限弯矩不能满足设计要求；没有经过高压养护或养护时间不足；预应力钢棒直径偏细，预应力张拉不足；钢筋笼架箍筋偏细，间距过大；端板厚度偏薄、环宽偏小且端板内壁采用凹槽处理；端板装配缺陷；桩身中轴与端板的垂直度不满足设计要求等。检测单位要对进入施工场地的管桩进行随机见证抽样检测。

工程质量问题包括：桩顶偏位及桩身倾斜；桩头打碎、抱裂、压爆、局部磕损或缺损、环向或纵向裂缝甚至断裂、接头焊接不佳；设计标高不能到位；单桩承载力不满足设计要求等。

工程质量常见问题及其原因如下：

（1）管桩桩头损坏：打桩时选用了过重的桩锤，过高的落锤高度或过硬的垫层使锤击应力过大而导致桩头钢箍和桩顶混凝土分离、开裂；桩顶与替打接触面触面不平；桩身或打桩机倾斜，偏心锤击；局部硬夹层，锤击数过多，桩顶混凝土疲劳破坏等。

（2）桩身开裂或断裂：吊运时吊点设置错误；张拉力不足；接头焊接质量不佳；地层存在"上软下硬、软硬突变"，打桩时拉应力过大；地下障碍物等造成桩身倾斜，偏心锤击；打桩船移位；基坑开挖不当，基坑顶部为周围堆放重物；重型机械挤压或碰撞等。

（3）沉桩标高不能到位：勘探资料有误；持力层选择不当；遇到地下障碍物或硬夹层；桩锤太小或柴油锤锤击力不足，跳动不正常，密集沉桩施工顺序不当；间歇时间太长等。

（4）桩端破碎：当基桩交界面较大、桩端进入吃力层较深、峰值趋势值极大且多采用锤击工艺时，桩端反力过大并超过桩身结构抗力时，将产生桩端破碎。

现阶段应力波反射法使用最为普遍，但该方法对预应力管桩的检测有一定的局限性，可能带来检测的不准确。例如：有效检测长度有限，深部缺陷难以测到，特别是裂缝缺陷；不能检测平行于桩身轴线的垂直裂隙；若浅部存在严重缺陷，很难再发现其下部的第二个缺陷；多缺陷时，一般只能识别第一个缺陷，而且等间距缺陷的识别难度更大；应力波在管桩接头位置出现重复反射时的判断尺度很难掌握；不能明确缺陷的具体形式。同时，低应变检测给出的缺陷位置常有一定的误差，给管桩常用的填芯法补强带来很大的不确定性。事实上，中国建筑科学研究院陈凡等人的研究显示，对混凝土管桩来说，平面截面假定非严格成立。对管桩尤其是对桥梁、码头等工程常用的后张法预应力混凝土大管桩，其尺寸效应值得进一步探索。同时，后张法预应力混凝土大管桩由许多管节采用胶结材料拼接而成，多个拼接点相当于多个阻抗变化界面，造成信号分析与解释困难。再有，开口管桩底部的土塞或管内积水时的积水界面，可能会对桩身缺陷诊断带来一定的干扰。图 5-15 为管桩低应变检测示例，表 5-11 为低应变技术的适用性。

图 5-15　管桩低应变检测示例

表 5-11　低应变技术的适用性

序号	缺陷的具体类型	适用性
1	桩身明显倾斜	局部适用
2	桩身裂缝或破碎	局部纵向裂缝无法检出，其余局部适用
3	接桩处脱开、错位	局部适用
4	桩身结构轻度不足	不适用
5	桩身壁厚不足	不适用
6	桩长不足	仅在有桩底反射且桩长缺陷明显时适用
7	桩端破碎	不适用

由表 5-11 可知，低应变法对预应力管桩检测存在一定的局限性，且无法对管桩的承载力进行检测。目前一般采用静载和高应变这两种方法来检测管桩的承载力，静载和高应变各有优缺点，一般会采用动静对比试验进行比较。

静载试验法是确定工程桩承载力最直观、最准确可靠的方法，目前是承载力检测方法中无可代替的。但是其费用高、时间长，造成抽检的数量有限，缺乏代表性，加载条件受现场环境限制，最大加载量受设备限制。同时只要承载力能够满足要求，桩身存在某种缺陷也被认为可以正常使用，从而忽视了缺陷对承载力的长期效应。图5-16为管桩静荷载试验示例。

图5-16　管桩静荷载试验示例

　　高应变动力试桩是在对桩和土做出诸多假定的基础上，达到以"动"求"静"的目的，同时现场采集不可避免地带来一定的误差，结果存在多解性。目前，高应变法有被滥用、误用的趋势，试验者不注意适用条件，更不重视动静对比验证。图5-17为管桩高应变检测示例。

图5-17　管桩高应变检测示例

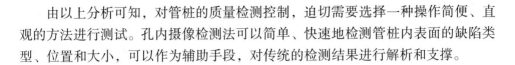

由以上分析可知，对管桩的质量检测控制，迫切需要选择一种操作简便、直观的方法进行测试。孔内摄像检测法可以简单、快速地检测管桩内表面的缺陷类型、位置和大小，可以作为辅助手段，对传统的检测结果进行解析和支撑。

5.5.2　孔内摄像检测技术

1. 基本原理

基桩孔内摄像检测技术是在具有桩身竖向孔的预应力管桩上，采用高精度、高清晰度和高分辨率的孔内摄像头对整根桩或者局部桩身进行拍摄，拍摄孔壁结构图像，观测桩身有无弯曲；有无裂缝、裂缝的形态、间距、宽度、长度；上段与下段有无错位；有无混凝土脱落、破碎区域形态、高度、宽度、深度；孔内有无地下水、渗漏源、水位高度、变动趋势等。摄像头通过带有刻度标识的防水电缆与监视器相连，孔壁结构的状态清晰显示、储存到地面的监视器中，可及时进行图像资料的分析、处理和存储。通过现场观察及后期视频回放观察，可识别桩身的缺陷位置、形式及大小，据此分析桩身的完整性并能准确定位缺陷位置。

2. 孔内摄像检测系统

孔内摄像检测系统主要包括如下器件：

（1）孔内探头。孔内探头是采集基桩钻孔内部成像的主要器件，包括摄像头、镜头、灯光、采集视窗、罗盘。探头要求防水视窗清晰，结实耐用。

（2）深度记录器。对探头下放时的深度进行相应的记录，精度要求达到 0.1mm。

（3）采集系统。对孔中的图像进行采集，并对采集的信号进行记录，辅助记录探头在孔中的深度、方位角等。

现阶段国内外做孔内摄像仪器的厂家比较多，以武汉中岩科技研发的 RSM-DCT（W）和 RSM-DCT（D）钻孔电视成像仪为例，该仪器具有良好的防水能力、实时可调的灯光亮度、清晰的成像效果以及无现场电源使用的能力，同时 RSM-DCT（W）具有无线采集功能。该型钻孔电视成像仪包括高清摄像模块、三维角度电子罗盘、可调光源、充电电池、编码器以及工控机。该探头系统采用前置 360°全景摄像头、侧向向 360°自动旋转调焦镜头、精度为 0.1°的三维电子罗盘，探头采用钢身结构，视窗采用钢化玻璃，它能更好地观测孔内的成像，更加详细地观察孔壁图像，在采集的过程中可以同时采集图像和视频。

5.5.3　孔内摄像法检测的特点

《建筑桩基检测技术规定》（JGJ 106）将孔内摄像法作为桩基完整性检测的方法之一。湖北省地方标准《预应力混凝土管桩基础技术规程》（DB 42/489）规定：所有工程桩应逐根对桩孔壁内进行灯光照射目测或孔内摄像检查，观察孔内是否进土、渗水，有无明显破损、错位、挠曲现象，并做出详细记录，注明发现缺陷的位置及进土、进水的深度。广东省地方标准《锤击式预应力混凝土管桩基础技术规程》（DBJ/T-15-22）规定：封口型管桩收锤后，应用低压灯泡吊放入管桩内腔或用孔内摄像机进行管壁质量检查。

1. 孔内摄像技术的优势

利用管桩特有的管状内腔，对管状整个桩身的完整性进行检测，不受地质条件、场地条件等因素的限制；使用孔内摄像技术，直观，可对缺陷做出定量的分析，对缺陷的位置做出准确的测量，对缺陷的形式进行准确的描述，给补强设计带来了很大的方便。使用孔内摄像技术可对多道裂纹的管桩进行判断及定位，对桩身有脱节的地方可清晰地查看，可检测管桩的竖向裂缝；检测不受管桩的长度限制，可对深部桩身缺陷和桩端破损进行检测，可对加筋灌芯之前管桩内壁泥浆的清理工作进行监视跟踪。

2. 孔内摄像技术的不足

孔内摄像技术验证桩身缺陷比较直观，适合工程桩反射波法低应变完整性复合性检测，特别适合于司法鉴定或仲裁，可以提供简单明了的依据。

该方法的局限性在于：只能勘察桩的内壁情况，无法看到焊缝的情况；要求管桩内部没有杂物；对斜桩，摄像探头容易受到桩身内壁障碍物的影响，造成摄像头移动困难和摄像的死角，不能取得完整的图像资料；受摄像探头的照明光源限制，对距离稍远或孔内水体浑浊的情况，较难采集到清晰的图像，以致造成检测数据的不准确。

5.5.4 孔内摄像法的应用范围及评定标准

孔内摄像技术由于对基桩孔内要求较高，很难作为普查手段。一般对偏位较大、低应变、没有明显缺陷反射的基桩或曲线较为复杂、不易或不能做判定的基桩，采用孔内摄像作为补充检测。

低应变反射波法因其方法的特点，无可替代成为管桩的普查手段，有疑问或发现问题时可结合孔内摄像看清问题的大小、位置和程度，并对有严重缺陷或怀疑的桩可进一步检验承载力是否达到要求。

使用孔内摄像法检验桩身完整性时，建议按表5-12或表5-13判定桩身完整性。

表5-12 桩身完整性判定建议标准（1）

类型	特征
Ⅰ类	桩身未发现可见缺陷
Ⅱ类	桩身有轻微缺陷，缺陷宽度较小或宽度中等但仅局部扫描截面存在
Ⅲ类	桩身有明显缺陷，缺陷宽度中等、全扫描截面存在
Ⅳ类	桩身存在严重缺陷，缺陷宽度较大，甚至出现错位

表 5-13 桩身完整性判定建议标准（2）

类别	特征
Ⅰ类	无缺陷，桩孔内壁无裂缝（混凝土收缩引起的龟裂不视为裂缝），无渗水或流挂现象，接桩处密贴且吻合程度较好
Ⅱ类	轻微缺陷，桩孔内壁有轻微裂纹（混凝土收缩引起的龟裂不视为裂缝）或轻微渗水、流挂现象，或接桩处稍欠密切，或接桩处吻合程度一般
Ⅲ类	明显缺陷，桩孔内壁有明显裂缝（多呈环状），或渗水、流挂现象明显可见，或接桩处局部脱开、吻合程度较差，或接桩处存在明显错位但不大于壁厚的 1/5
Ⅳ类	严重缺陷，桩孔内壁严重开裂（多呈破碎状），或渗水，流挂现象严重，或接桩处全部脱开，或接桩处存在严重错位且大于壁厚的 1/5

另外，有人建议，对预应力管桩，当桩身存在下列缺陷时，应判定为不合格：裂缝环状闭合且上段与下段已发生错位的断桩；环状裂缝已达周长的 1/2 及以上的裂缝；局部破损面大于 $50\mathrm{cm}^2$ 的桩；纵向裂缝最大宽度 ≥1.0mm，长度 ≥20cm。

任何一种检测方法都存在各自的局限性。实践证明，单桩完整性检测应采用多种检测方法相结合，多种方法相互印证和补充，综合分析后做出评价，建议采用表 5-14 来进行综合分析判断。

表 5-14 综合分析判断标准

桩身完整性类别	综合分析判断标准
Ⅰ类	多种检测方法显示，无任何不利缺陷，桩身结构完整
Ⅱ类	一种检测方法显示有轻度不利缺陷，其余方法显示为无任何不利缺陷 一种检测方法显示有轻度不利缺陷，其余方法显示有轻度不利缺陷，但该缺陷相互之间构成印证关系或该缺陷在运营时不会对另一种缺陷产生明显不利影响
Ⅲ类	一种检测方法显示有明显不利缺陷，其余方法显示无任何不利缺陷 一种检测方法显示有明显不利缺陷，其余方法显示有轻度不利缺陷，但该缺陷相互之间构成印证关系或该缺陷在运营时不会对另一缺陷产生明显不利影响 一种检测方法显示有明显不利缺陷，其余方法虽亦显示有明显不利缺陷，但该缺陷相互之间构成印证关系
Ⅳ类	有严重不利缺陷，或同时存在两个明显不利缺陷（荷载施加后，往往因为一个缺陷的存在导致另一个缺陷加剧）且该缺陷相互之间不构成印证关系

5.5.5 工程实例

武汉某高校建筑工地采用管桩基础，其中某根管桩总桩长 17m，由 2 根 10m

预应力混凝土管桩装接,7m 处进行接桩。通过孔内摄像检测技术检测内部情况,能够清晰地看见管桩内部纹路,在 6.7m 处有管桩焊缝,9m 处开始孔壁有渗水的状况,桩身在 15.5m 处进入水下,如图 5-18 ~ 图 5-20 所示。

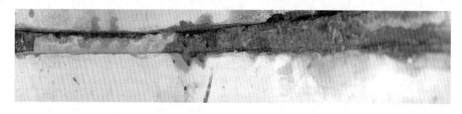

图 5-18　接桩焊缝横向图

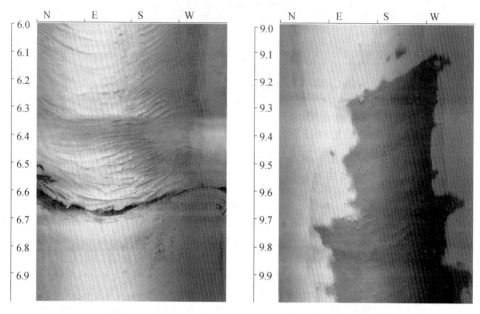

图 5-19　管桩焊缝图　　　　　　　图 5-20　管桩入水图

5.6　管桩的其他检测

桩基工程是隐蔽工程,具有很强的复杂性和隐蔽性,发现质量问题难,事故处理更难,目前,主要是通过成桩后的验收检测来保证工程质量,检测评定过程"马后炮",检测结果不利于指导施工和设计,也不利于工程质量控制。《建筑地基基础工程施工质量验收规范》(GB 50202)及《建筑基桩检测技术规程》(JGJ 106)等规范明文指出应进行桩基施工过程监控。近年来桩基施工质量实时检测、监控技术得到大力发展。管桩施工过程中除了进行焊缝检测还可以进行打桩监控、振动监测、噪声监测、挤土效应监测等。

5.6.1　打桩监控

管桩的施工方法有锤击法、静压法、引孔打（压）法、钻孔植桩法、中掘法（直径 ≥500mm），锤击法和静压法最为常见。锤击法施工灵活、进退场容易，施工速度快，操作方便，地层穿透性好；但噪声、油烟造成环境污染，操作不当容易造成桩头打烂和裂缝，施工质量受施工人员的技术水平的影响较大。

选锤、正确适宜地打桩收锤标准是打桩施工的要点，对打入桩，可以利用打桩波动方程模拟计算在特定地质条件下打桩的全过程，得到桩身动应力变化承载力情况及锤击数等丰富信息，可以帮助设计人员确定桩基类型承载力及其打桩系统。

当前主导的打桩波动方程为 GRLWEAP，可以模拟冲击或振动打桩机在打入过程中桩的运动及受力情况。对给定的桩锤系统，可依据实测的锤击数计算打桩阻力、桩身动力应力变化及预估承载力；可用贯入度替代锤击数进行振动打入桩分析；对已知的打桩过程、土质情况及承载力要求，可帮助选择合适的锤和打桩系统；可打性分析可确定打桩过程中桩身应力是否超限或桩锤不能打入预期的深度；另外，还可估计总打入时间。

对打入桩，可以采用打桩分析仪进行打桩监控试验，得到桩身锤击动应力变化、打桩锤转换能量及初打承载力等信息。打桩监控试验使用两个应力传感器和两个加速度传感器对称固定在桩顶附近（或钢铸替打上），随连续锤击沉桩过程记录每一锤作用下力 F 和速度 V 与阻抗 Z 乘积的变化，然后利用波动理论计算方法，获取大量的重要信息和分析结果。武汉中岩科技股份有限公司 RSM-PDT 高应变仪可进行打桩监控，结果直观，信号采集节奏快，可以完成 60 锤/min 信号采集工作，实时进行打桩监控测试；现场即现 CASE 法分析结果，F-ZV 曲线，上下行波曲线，并能在检测现场通过蓝牙、Wi-Fi 实时无线上传测试数据。

图 5-21 为打桩监控现场，图 5-22 为打桩监控界面。

图 5-21　打桩监控现场

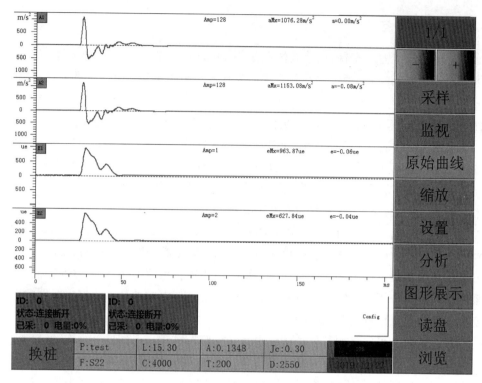

图 5-22　打桩监控界面

概括起来可以得到以下三个方面的结果：基桩的可打性分析，即通过桩身锤击应力监测和锤击能量监测，评判打桩机能否适应场地工程地质条件将桩有效地打入设计深度；结构完整性；基桩竖向极限承载力。

5.6.2　振动监测

打桩时会引起桩体周围土体振动，且波及周边环境。由于地基土特别是饱和松散的砂土（包括一些粉土）受到振动时，体积减小的趋势将使孔隙水压力不断增高，使土体颗粒间摩擦力减小，土的抗剪强度降低，甚至造成土体液化，从而使桩体四周地基土承载力下降，其结果导致附近建筑物和地下管线位移、变形，甚至产生裂缝，给人们的正常生活带来严重后果。同时，振动往往引起附近某些灵敏设备不能正常工作。振动的振幅越大，频率越高，危害越大，距振源越近，影响越大。

沉桩振动危害影响程度不仅与桩锤锤击能量、桩锤锤击频率、离沉桩区的距离有关，而且取决于沉桩的地形、地基土的成层状态和土质、邻近建筑物的结构形式及其规模大小、质量和陈旧程度、建筑物的设备运转对振动影响的限制要求等。

施工中由振动对环境的影响，一般采用质点速度监测系统或加速度监测系统进行监测，也可以采用地震仪进行检测。图 5-23 所示为武汉中岩科技股份有限公司的 RSM-VM1004 系列振动监测仪。该设备一只速度传感器可同时测量垂直、切向和径向三个分量的振动速度的变化，测试完成后现场仪器实时显示三个方向的速度、峰值，仪器轻便、重复性好、精度高。

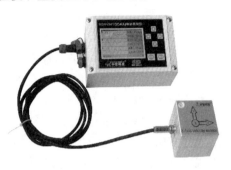

图 5-23　RSM-VM1004 系列振动监测仪

评价范围确定后，必须再确定评价的标准和等级。主要的环境振动评价标准为《城市区域环境振动标准》（GB 10070）、《建筑工程容许振动标准》（GB 50868）、《城市区域环境振动测量方法》（GB/T 10071）。如果评价还需考虑对古建筑、文物、敏感仪器设备的影响问题，就应参考相应的限制标准和测量方法标准。

沉桩施工振动环境评价工作等级的划分主要依据评价范围内敏感区和敏感点的状况，这并没有绝对的界限，故应根据实际情况确定工作等级，在考虑时可包括以下几个方面：沉桩规模（大、中、小型）、振源的种类及数量敏感区的大小与数量、敏感点的数量、人口的分布情况。

所谓敏感区，是指住宅小区而不是零散的住户。敏感点是指重要的住宅建筑物，如病房楼或重要行政办公设施等。对一些特殊的振动问题，如对古建筑、文物、敏感仪器影响问题，可作为特殊问题研究。当对振动环境要求很高时，其评价范围可适当加大。

为了使检测结果能客观地反映打桩振动的影响，首先应了解相应场地的工程地质情况及周围建筑的分布概况，特别应注意一些厚度大、深度浅的硬夹层，它们往往是对场地振动影响起控制作用的震源位置，同时测试时应在场地平面内沿周围需要监测的建筑结构的场址方向布设测线，并沿测线不同距离处设置控制点，一般每个控制点应同时检测三个分向（径向、切向和垂直向）的振动情况，并注意钻机在各个不同深度上对不同测线和不同测点中振动幅值的影响程度。测点的布设可考虑以下几个方面：

（1）根据沉桩施工振动的特点，确定典型区段和位置。对振源有特殊变化的位置或有要求的环保目标可视为一个典型位置。布点时可据此在每个典型区段或位置设置测点网络。

（2）当需要确定振动衰减规律时，可适当多设点，测量时应采用同步测量的方法，保证数据可靠性。

（3）测点的位置应尽量避开工地施工现场、工厂等强振源的干扰，尤其是应远离连续做沉桩施工的强振源。

例如，某城际铁路桥梁预应力管桩试桩。对两根打入桩进行布点监测，在距打桩机7.5m、15m、30m、60m、120m或200m（有条件）处地面布置测点。

通过两个场地对2根管桩打桩时地面的振动测试，得出以下结果：

（1）地面剪切波波速平均为261.44～265.9m/s。

（2）打桩时引起的地面振动速度以纵向最大，竖向和横向相当。

（3）依据《建筑工程容许振动标准》（GB 50868）中建筑施工振动对建筑结构影响的限值，对工业或公共建筑，打桩时建筑结构振动的影响距离为60～80m；对居民建筑，打桩时建筑结构振动的影响距离为120～160m。

相关曲线见图5-24～图5-27。

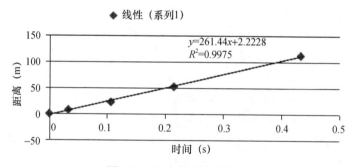

图 5-24　竖向振动波速曲线

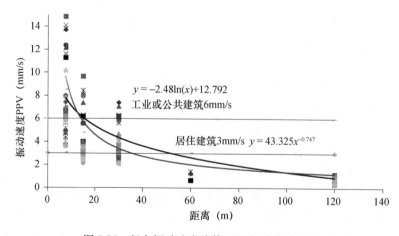

图 5-25　竖向振动速度峰值 PPV 振动衰减曲线

150

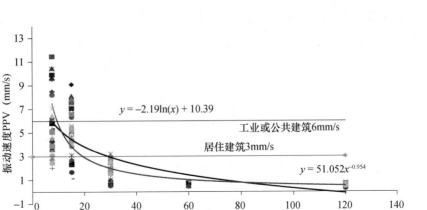

图 5-26 横向振动速度峰值 PPV 振动衰减曲线

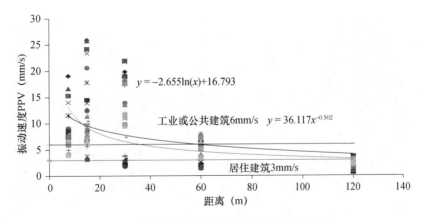

图 5-27 纵向振动速度峰值 PPV 振动衰减曲线

5.6.3 噪声监测

对打入桩，在沉桩过程中会产生一定的噪声，噪声在空气中以平面正弦波传播，并按声源距离对数值呈线性衰减。

噪声会损伤听力、干扰人们的睡眠和工作、诱发疾病、干扰语言交流，强噪声还会影响设备正常运转。一般的噪声对建筑物几乎没有什么影响，但是噪声级超过 140dB 时，对轻型建筑开始有破坏作用。在轰声的作用下，建筑物会受到不同程度的破坏，如出现门窗损伤、玻璃破碎、墙壁开裂、抹灰振落、烟囱倒塌等现象。由于轰声衰减较慢，因此传播较远，影响范围较广。

噪声计的工作原理：由传声器将声音转换成电信号，再由前置放大器变换阻抗，使传声器与衰减器匹配。放大器将输出信号加到计权网络，对信号进行频率计权（或外接滤波器），然后衰减器及放大器将信号放大到一定的幅值，送到有

151

效值检波器（或外接电平记录仪），在指示表头上给出噪声声级的数值。

根据打桩声源位置及周围噪声敏感建筑物的布局，距离打桩机 200m，按 10m 一个测点均匀布设。测点高度在 1.2m 以上，距任一反射面不小于 1m 的位置。

（1）建筑施工过程中场界环境噪声不得超过表 5-15 规定的排放限值。

表 5-15　建筑施工场界环境噪声排放限值

昼间（dB）	夜间（dB）
70	55

（2）夜间噪声最大声级超过限值的幅度不得高于 15dB（A）。

（3）当场界距噪声敏感建筑物较近，其室外不满足测量条件时，可在噪声敏感建筑物室内测量，并将表 5-15 中相应的限值减 10dB（A）作为评价依据。

图 5-28 为噪声监测示例。

图 5-28　噪声监测示例

例如，某高速公路桥梁预制管桩施工工地，周边有居民生活区，需要对施工产生的噪声进行监测。监测结果如下：该场地检测结果各测点的最大噪声值都超过昼间限值 70dB。检测结果：噪声平均值在 10～140m 处超过了昼间限值 70dB。工地噪声监测数据表见表 5-16。噪声检测现场采集值与限值对比折线图见图 5-29。

表 5-16　工地噪声监测数据表

测试时间：2018.06.21										
距离 （m）	Leq，T （dB）	SEL （dB）	Lmax （dB）	Lmin （dB）	L5 （dB）	L10 （dB）	L50 （dB）	L90 （dB）	L95 （dB）	SD	LA （dB）
5	75.5	93.3	96.2	38	80.8	74.4	55	40.8	40.2	12.5	70
10	86.8	104.6	104.9	44	95	85.8	55	46	45.2	14.8	70
20	83.2	101	105.3	46.5	82.2	74.8	60	53	50.4	9.4	70

距离 （m）	Leq，T （dB）	SEL （dB）	Lmax （dB）	Lmin （dB）	L5 （dB）	L10 （dB）	L50 （dB）	L90 （dB）	L95 （dB）	SD	LA （dB）
30	67.7	85.5	88.6	42.3	74.2	67.6	53.6	44.8	43.8	8.5	70
40	65.7	83.5	87.1	42.5	68.8	62.2	47.8	44.4	43.8	7.9	70
50	69.4	87.2	90.1	40.9	72	64.2	50.4	43.4	42.4	9.1	70
60	82.6	100.4	102.3	30.8	89.2	87	66.4	47.8	42	14.8	70
70	64.1	81.9	77.7	54.9	69.4	66.8	62	58.6	57.4	3.3	70
80	71.8	89.6	93	46.7	74.2	65.8	52	47.8	47.4	8.3	70
90	66.1	83.9	87.6	53.5	70.8	68.2	60.4	56.2	55.4	4.8	70
100	66.6	84.4	79.6	52.7	73.4	71	61.2	57.2	56.4	5.2	70
110	62.3	80.1	72.9	51.8	68.8	67	58	54.6	53.8	4.5	70
120	61.1	78.9	77.2	44.2	67.8	64.8	55	48.8	47.4	5.9	70
130	59.3	77.1	78.4	42.9	66	57.8	50.6	45.2	45	6.1	70
140	64.8	82.6	82.5	46.5	70.8	68.4	53.6	50.2	49.6	7.2	70
150	70.7	88.5	85.1	49.3	78.2	74.6	56.8	50.4	50.2	9.5	70
160	62.4	80.2	80.1	50.5	68.2	65.6	57.2	53	52.2	4.9	70
170	59.8	77.6	74.5	49.3	65.6	63.4	56.2	52.2	51.2	4.3	70
180	67.4	85.2	81.8	54.1	73.4	70.6	63	55.6	55	5.9	70
190	70.4	88.2	81.8	54.4	76.2	74.4	67	58.6	56.4	5.8	70
200	67.4	85.2	86.9	53.3	73	70.6	62	54.6	54.4	6.4	70

注：Leq—等效连续声级；SEL—声暴露级；Lmax—最大声级；Lmin—最小声级；L5、L10、L90、L95—统计声级；SD—标准偏差；LA—计权声压级。

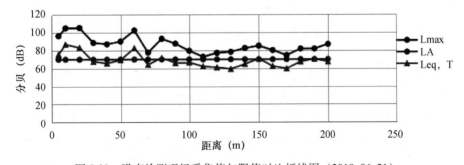

图 5-29　噪声检测现场采集值与限值对比折线图 （2018.06.21）

5.6.4　挤土效应监测

预应力管桩施工中会遇到一种被称为挤土效应的现象，这是由于沉桩时使桩四周的土体结构受到扰动，改变了土体的应力状态而产生的。挤土效应一般表现为浅层土体的隆起和深层土体的横向挤出，挤土效应对周围路面和建筑物引起破坏，使周围开挖基坑坍塌或推移增大，对已经施打的桩的影响表现为桩身倾斜及浅桩（≤20m）上浮。如果压桩施工方法与施工顺序不当，每天成桩数量太多、压桩速率太快就会加剧挤土效应。

挤土类桩的挤土效应所造成的影响主要表现在以下几个方面：①沉桩时，由于桩周土层被压密并挤开，土体产生垂直方向的隆起和水平方向的位移，可能造成近邻已压入的桩产生上浮，桩端被"悬空"，使桩的承载力达不到设计要求；也会造成桩位偏移和桩身翘曲、折断等质量事故；并可使相邻建筑物和市政设施发生不均匀变形以致损坏。②压桩过程中孔隙水压力升高，造成土体破坏，未破坏的土体也会因孔隙水压力的不断传播和消散而蠕变，也会导致土体的垂直隆起和水平方向的位移。③近场土体密度变化引起区部壳体变形对建筑物等有不利因素，但同时可以利用这一特点对有应力结构发生变化的自然物体进行结构复原。

在施工前没对周边建筑物进行安全跟踪监测，要想在桩基础施工后精确评估其影响范围在目前的研究水平上不太现实。一旦发生矛盾、纠纷或者索赔，事情的处理往往变得比较困难。因此，施工前应对建设场地周边的原有建筑物进行查看，对结构可靠性及主要的裂缝性质进行评价，并在原有建筑物的周边布置位移和孔压监测点，监测深层土体水平位移和孔压变化，了解建筑物下的基桩内力与变形受挤土的影响，对其安全性做出评价。还要调查建设场地周边市政管线的埋设情况、周边道路及河道堤岸情况，在适当位置设置观测点。应加强施工期间的巡视监测，以便及时发现问题，采取针对性的措施。

例如：湖北省地方标准《预应力混凝土管桩基础技术规程》（DB 42/489—2008）规定，当场地周边的建筑物及管线有可能受沉桩影响时，应对建筑物、管线及周边地面进行沉降观测，必要时宜进行水平位移及孔隙水压的监测。沉桩过程中应密切观察周边建筑物及管线的工作状态是否受到影响。

5.6.5 贯入度测量

现场记录实测贯入度对比即将根据打桩公式计算的贯入度及设计要求的贯入度进行对比分析，已达到要求的桩长和贯入度进行双控。施工中应密切观察贯入度，当已达设计桩长，但贯入度还比设计值大很多时，可考虑适当增加桩长，并根据打桩公式，重新调整贯入度，适当放大贯入度限值。当打桩过程中难以达到设计桩长而贯入度已经很小、锤击数太大时，应该按经验公式用现场的贯入度值，估算单桩承载力特征值，以相应减小桩长。

第6章　基桩超声波 CT 检测技术

6.1　概述

近年来，随着我国工程建设的迅速发展，桩基础的应用越来越广泛，已成为我国工程建设中最重要的一种基础形式。在各种类型的桩基中，以混凝土灌注桩的使用最为普通，特别是大直径桩基大多采用混凝土灌注桩。桩基通常位于地下或水下，属隐蔽工程，施工程序多、技术要求高、施工难度大。对混凝土灌注桩，由于地质条件、成桩工艺、机械设备等因素的影响，易出现各种各样的质量问题，如断裂、空洞、缩径、离析、沉渣过厚、混凝土强度偏低等。桩基础的质量直接关系到整个建（构）筑物的安全，也关系到人民的生命、财产安全。因此，桩基础工程的试验和质量检验尤为重要，设计前、施工中和施工后都要进行必要的试验和检验。能否检测到基桩的缺陷、如何测定缺陷的位置并准确地对其进行评价，已成为基桩质量检测的一个核心问题。

目前对混凝土灌注桩的检测有两个主要控制指标，一是桩的承载力，二是桩身完整性。

在勘察设计无误的前提下，如果桩身完整性达到要求，桩的承载力都能达到要求；而承载力合格的桩，其完整性不一定能满足要求。因此，对混凝土灌注桩来说，完整性检测显得尤为重要。

在混凝土灌注桩声波透射法检测中，通过对平测法和对斜测法检测剖面的声学参数的统计分析，根据声学参数异常来判断缺陷的位置和范围。由于测试分析方法本身的局限性，测试结果对缺陷的定位具有一定的精度，而对缺陷的大小、分布范围及形状难以给出定量的结果。

为此，近几年发展起来了超声波层析成像（CT）技术，该技术是检测灌注桩桩身缺陷在桩内的空间分布状况的一种新方法，具有检测结果直观、准确、全面等特点。

超声波 CT 检测技术的理论基础是医学 CT 成像技术，即通过物体外部检测到的超声波数据重建物体内部（横截面）信息的技术。它是把被检测对象离散分割成微小的单元，分别给出每一单元上的物体图像，然后把这一系列图像叠加起来，就得到物体内部的图像。它是一种由数据到图像的重建技术，可以通过伪彩色图像反映被测材料或制件内部质量，对缺陷进行定性、定量分析，从而提高检测的可靠性。

6.1.1 国外超声波无层析成像技术理论研究现状

近年来国外有许多专家学者对超声波层析成像技术做了大量工作。挪威阿派斯公司的 Iversen 等人采用计算单个角度上的时间偏移速度场的方法，提出了一种新的三维射线追踪方法。与传统的基于三个方向的时间偏移速度场的射线追踪方法相比，该方法在几乎不损失精度的情况下能极大地提高计算速度，为三维层析成像技术的实际应用提供了很好的理论基础。波兰科学院的 Debski 等人提出了一种新的精确两点射线追踪方法——光谱射线追踪法。实践证明，这种方法能够有效地降低误差。奥地利的 Arvanitis M. S. 提出了一种基于芬斯拉几何学的射线追踪观测系统，与传统的层析成像方法相比，这种方法对向异性介质的适应性更好。剑桥大学的 Ecoublet 提出了一种用超声波在介质中传播的旅行时来代替射线追踪的全新的层析成像方法。在实际应用方面，也可见很多相关文献报道。意大利卡利亚里大学的 Deidda 等人在混凝土质量无损检测中采用基于 SIRT 法的超声波层析成像无损检测技术，取得了良好的效果。他们在两个相互垂直的方向上进行透射法声波检测，每 599 个侧面测得 774 个数据，反演模型采用 $1m \times 1m$ 网格进行剖分，反演所得结果与实际情况达到了很好的吻合。美国科罗拉多矿业学院的 Jali-noos 等人也对超声波层析成像技术在结构混凝土质量无损检测中的应用做了大量研究，他们采用基于 SIRT 法及最小二乘共轭梯度法的透射超声波层析成像技术对高层建筑、水坝、桥梁以及核设施等混凝土设施进行了大量无损检测实验工作，并与 X 射线、电磁波法等其他无损检测方法进行了比较研究。实践证明，超声波层析成像无损检测技术具有速度快、成本低、检测结果直观准确的优点。德国 Bauhaus-University Wei-mar 大学的 Schickert、韩国首尔大学的 Kwon、Junghyun 等人都对该方法进行了大量实验研究。

6.1.2 国内超声波 CT 层析成像技术理论研究现状

近年来随着混凝土质量无损检测需求的增加，以及声波层析成像技术研究的深入，国内很多学者对声波层析成像技术做了深入的研究，并进行了很多有意义的模型实验和实验性应用，积累了丰富的经验，取得了良好的效果。浙江大学建筑工程学院的王振宇、刘国华对已知缺陷的混凝土构件的层析成像进行了试验研究。他们设计了强度等级为 C25 的混凝土构件。采用概率统计意义上设置置信区间的方法提出了一种缺陷识别的定量算法。实验证明，该算法与混凝土构件的实际情况吻合良好。

中国地质大学的师学明、张云姝等对石膏构件的内部缺陷进行了声波层析成像无损检测实验研究，用内部带有 L 形缺陷的方形石膏块进行超声波层析成像实验。采用 Moser 曲线射线追踪法和高斯牛顿法进行反演计算。实践证明，该方法简单高效、直观便捷，能够较好地反映石膏构件的内部缺陷。

在水利工程方面，长江科学院周黎明等人采用联合迭代重建（SIRT）的声波层析成像技术，在三峡工程混凝土质量检测中取得了良好的效果。长江水利委员会长江工程地球物理勘测研究院文志祥和刘方文对三峡工程泄洪坝段泄 20 号深孔挑流鼻坎进行了声波 CT 检测，在成果图件中可以清楚地看出被检测体剖面存在混凝土密实性问题的大小程度及位置，以及各剖面混凝土密实性问题的关系，进而可以对被检测体做出质量评价。

在基桩超声波 CT 检测方面，国内主要的仪器厂家武汉中岩科技股份有限公司的刘明贵、张杰、杨永波、邹宇等人，自 2015 年开始在研究基桩 CT 层析成像检测技术的同时更是研发出了针对基桩 CT 层析成像检测技术的新型检测仪器，获得了多项发明专利，其提出的改进型基桩 CT 检测技术，使基桩 CT 检测真正投入了使用。《建筑基桩检测技术规范》（JGJ 106）已将 CT 层析成像检测技术写入规范之中。

6.2 相关测试原理

6.2.1 声波透射法

声波及超声波测试技术是近年来发展非常迅速的一项新技术。它的基本原理是用人工方法在混凝土介质中激发一定频率的弹性波，该弹性波在介质中传播时，遇到混凝土介质缺陷会发生反射、透射、绕射，由接收换能器接收的波形，对波的到时、波幅、频率及波形特征进行分析，就能判断混凝土桩的完整性及缺陷的性质、位置、范围及缺陷程度。

声波透射法的基本方法：基桩成孔后，灌注混凝土之前，在桩内预埋若干根声测管作为声波发射和接收换能器的通道，在桩身混凝土灌注若干天后开始检测，用声波检测仪沿桩的纵轴方向以一定的间距逐点检测声波穿过桩身各横截面的声学参数，然后对这些检测数据进行处理、分析和判断，确定桩身混凝土缺陷的位置、范围、程度，从而推断桩身混凝土的连续性、完整性和均匀性状况，评定桩身完整性等级。

声波透射法以其鲜明的技术特点成为目前混凝土灌注桩（尤其是大直径灌注

桩）完整性检测的重要手段，在工业与民用建筑、水利电力、铁路、公路和港口等工程建设的多个领域得到了广泛应用。

按照声波换能器通道在桩体中不同的布置方式，声波透射法检测混凝土灌注桩可分为三种方式：桩内跨孔透射法、桩内单孔透射法和桩外孔透射法。

1. 桩内跨孔透射法

在桩内预埋两根或两根以上的声测管，把发射、接收换能器分别置于两管道中［图6-1（a）］。检测时声波由发射换能器出发穿透两管间的混凝土后被接收换能器接收，实际有效检测范围为声波脉冲从发射换能器到接收换能器所扫过的面积。根据两换能器高程的变化又可分为平测、斜测、扇形扫测等方式。

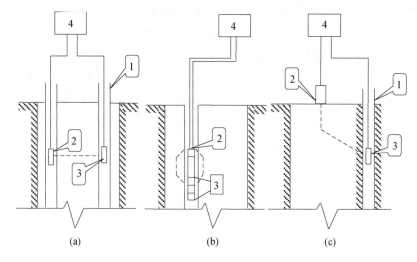

图6-1　灌注桩声波透射法检测方式示意图

（a）桩内跨孔透射法；（b）桩内单孔透射法；（c）桩外孔透射法

1—声测管；2—发射换能器；3—接收换能器；4—声波检测仪

当采用钻芯法检测大直径灌注桩桩身完整性时，可能有两个以上的钻芯孔。如果我们需要进一步了解两钻孔之间的桩身混凝土质量，也可以将钻芯孔作为发、收换能器通道进行跨孔透射法检测。

2. 桩内单孔透射法

在某些特殊情况下只有一个孔道可供检测使用，例如钻孔取芯后，我们需进一步了解芯样周围混凝土质量，作为钻芯检测的补充手段，这时可采用单孔检测法［图6-1（b）］。此时，换能器放置于一个孔中，换能器间用隔声材料隔离（或采用专用的一发双收换能器）。声波从发射换能器出发经耦合水进入孔壁混凝土表层，并沿混凝土表层滑行一段距离后，经耦合水分别到达两个接收换能器上，从而测出声波沿孔壁混凝土传播时的各项声学参数。

单孔透射法检测时，由于声传播路径较跨孔法复杂得多，须采用信号分析技

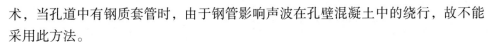

术，当孔道中有钢质套管时，由于钢管影响声波在孔壁混凝土中的绕行，故不能采用此方法。

单孔检测时，有效检测范围一般认为是一个波长左右（8~10cm）。

3. 桩外孔透射法

当桩的上部结构已施工或桩内没有换能器通道时，可在桩外紧贴桩边的土层中钻一个孔作为检测通道，由于声波在土中衰减很快，因此桩外孔应尽量靠近桩身。检测时在桩顶面放置一发射功率较大的平面换能器。接收换能器从桩外孔中自上而下慢慢放下，声波沿桩身混凝土向下传播，并穿过桩与孔之间的土层，通过孔中耦合水进入接收换能器，逐点测出透射声波的声学参数。当遇到断桩或夹层时，该处以下各点声时明显增大，波幅急剧下降，以此为判断依据，如图 6-1 (c) 所示。这种方法受仪器发射功率的限制，可测桩长十分有限，且只能判断夹层、断桩、缩径等缺陷，另外灌注桩桩身剖面几何形状往往不规则，给测试和分析带来困难。

上述三种方法中，桩内跨孔透射法是一种较成熟可靠的方法，是声波透射法检测灌注桩混凝土质量最主要的方法，另外两种方法在检测过程的实施、数据的分析和判断上均存在不少困难，检测方法的实用性、检测结果的可靠性均较低。

基于上述原因，《建筑基桩检测技术规范》（JGJ 106）中关于声波透射法的适用范围为已预埋声测管的混凝土灌注桩桩身完整性检测，即适用于桩内声波跨孔透射法检测桩身完整性。

6.2.2　超声波 CT 法

CT（Computerized Tomography）技术是利用在物体外部观测到通过物体内部的物理场量，进行特殊的数字处理技术，重现物体内部物性或状态参数的分布图像，从而在不损伤所研究物体对象的前提下解决有关的工程技术问题。它是数字计算机、计算机图像技术快速发展的产物。CT 技术最先应用于医学领域，利用该技术可以获取人体内部高清晰度、高分辨率的三维图像，从而为医学诊断带来了极大的便利，近年来已经拓展到了科学和工程等诸多领域，尤其是在地球物理学和土木工程质量无损检测等方面得到了广泛的尝试和应用，并取得了良好的效果。

超声波层析成像的理论基础是医学 CT 成像技术，即通过物体外部检测到的超声波数据重建物体内部（横截面）信息的技术。它是把被检测对象离散分割成小的单元，分别给出每一单元上的物体图像，然后把这一系列图像叠加起来，就得到物体内部的图像。它是一种由数据到图像的重建技术，可以通过伪彩色图像反映被测材料或制件内部质量，对缺陷进行定性、定量分析，从而提高检测的可靠性。

$$\nabla^2 u(r(t), \omega(t)) = \frac{1}{v^2(r(t))} \frac{\partial^2 u(r(t), \omega(t))}{\partial^2 t} \tag{6-1}$$

式中　u——质点位移；

　　　r——波源到波阵面的距离，可表示成时间 t 的函数；

　　　ω——圆频率，为时间 t 的函数。

假定离波源距离的单位距离的波阵面上质点振幅是 A_j，则距离为 r 的波阵面上质点振幅为 $A_j(r)$。

若速度 $v(r)$ 为常数，则式（6-1）的解为

$$u = A\mathrm{e}^{i\omega t} \tag{6-2}$$

若速度 $v(r)$ 为变化的连续函数，则可近似认为不同频率 ω 的谐波虽振幅 $A_j(r)$ 不同，但有与振幅无关的相位。此时式（6-1）的解为

$$u(r, \omega) = \omega^\beta \mathrm{e}^{i\omega t} \sum_{j=0}^{\infty} \frac{A_j(r)}{(i\omega)^j} \tag{6-3}$$

式中　t——声时；

　　　β——待定常数。

将式（6-3）代入式（6-2），并令 $\omega \to 0$（高频近似），则得

$$(\Delta t)^2 \approx \frac{1}{v^2(r(t))} \tag{6-4}$$

式（6-4）称为程函方程，它描述了波前面与速度分布的空间关系，并反映走时与速度分布的数量关系。因为波前的法线族定义为射线，因而程函方程定义了射线。将声时 t 看成慢度函数 $f(r)$（速度的倒数）沿射线的积分，由此可得

$$t = \int_R \frac{1}{v(r)}\mathrm{d}r = \int_R f(r)\mathrm{d}r \tag{6-5}$$

式中　R——积分路径。

当介质发生变化时，射线方向也随之改变。因此，R 为曲线。

将式（6-5）离散化，得

$$t_i = \sum_{j=0}^{m} f_j l_{ij} \quad (i = 1, 2, 3, \cdots, n) \tag{6-6}$$

式中　f_j——第 j 个离散单元内的平均慢度；

　　　l_{ij}——第 i 条射线在第 j 个单元内的射线长度；

　　　m——离散单元的个数；

　　　n——射线条数。

若 $i = 1, 2, \cdots, n$；$j = 1, 2, \cdots, m$，则可将式（6-6）变换成如下线性方程组的形式：

$$\begin{cases} t_1 = l_{11}f_1 + l_{12}f_2 + \cdots + l_{1m}f_m \\ t_2 = l_{21}f_1 + l_{22}f_2 + \cdots + l_{2m}f_m \\ \quad \cdots \quad\quad \cdots \quad\quad \cdots \quad\quad \cdots \\ t_n = l_{n1}f_1 + l_{n2}f_2 + \cdots + l_{nm}f_m \end{cases} \tag{6-7}$$

将式（6-7）写成矩阵方程形式：

$$T = LF \tag{6-8}$$

式中，$T = [t_1, t_2, t_3, \cdots, t_n]$，称为 n 维测量矢量；$F = [f_1, f_2, f_3, \cdots, f_m]$，称为 m 维图像矢量；L 为 $n \times m$ 维矩阵，亦称为投影矩阵，即

$$L = \begin{bmatrix} l_{11} & l_{12} & \cdots & l_{1m} \\ l_{21} & l_{22} & \cdots & l_{2m} \\ \cdots & \cdots & \cdots & \cdots \\ l_{n1} & l_{n2} & \cdots & l_{nm} \end{bmatrix} \tag{6-9}$$

一般离散单元数目 m 及射线数目 n 都极大，直接求逆矩阵 L^{-1}，运算量很大，而且在很多情况下，投影数据的个数 n 小于未知像素数 m，即矩阵 L 不满秩，于是有无穷多个解。另外在实际情况下，测量误差不可避免，噪声的影响不可忽视，这时必须考虑到差，并估计一组解，使它在某一最优准则下达到最佳。因此，应对式（6-7）加以修正：

$$T = LF + e \tag{6-10}$$

式中 e——误差矢量，它是 n 维列向量，第 i 个分量为 e_i，是式（6-6）中左端与右端之差。

现在，可将从投影重建图像问题归结为：根据测量矢量 T，利用式（6-6）估计图像矢量 F。

目前，无法用线性方程组的常规解法求解式（6-10），而只能运用数值近似解法。目前在进行数值近似解时，大多采用迭代的方法。

6.2.3 常用算法

数据处理是层析成像技术的核心。数据处理包括以下步骤：模型建立及参数化、正演计算、反演及图像重建、反演结果评价。这些步骤中又以正演计算和反演图像重建最为关键，这也是当前研究的热点与重点。

1. 正演模拟

根据弹性波传播理论和层析方程的不同，超声波层析可分为两种：一种是射线理论层析成像，它忽略地震波动力学特征，是在射线路径上将旅行时反投影；另一种是波动方程层析，它是在波动方程上把微分波场反投影。基于运动学特征的走时层析成像方法计算效率较高，但精度较低；基于动力学特征的波

动方程层析成像方法精度较高，但计算时间较长。在实际应用中常见的方法主要有打靶法、弯曲法和近似弯曲法。国内很多学者对弹性波理论正演模拟做了卓有成效的探索，取得了诸多进展。胜利油田分公司物探研究院左建军采用改进了弯曲射线公式的 Wave tracing 层析成像方法，通过引入可以调节的惩罚项系数以保证射线路经落在第一菲涅耳带内，有效地避免了盲区现象，计算的路径更接近于实际信号的传播路径。清华大学工程力学系杨慧珠等人提出了一种精度更高的反射波射线追踪法作为层析成像的正演算法，小生境遗传算法的引入较好避免了复杂介质反演成像中容易陷入局部极值的问题。数值模拟结果表明，该反射波层析成像方法可反映地下介质的层速度和界面形状，且精度较高、收敛性较好。该方法也可应用于不规则界面的探测。中国科学院地球物理研究所许琨等人在基于图形理论的 Moser 法基础上，改进其网格节点的划分、追踪时路径的选取，并增加直射线追踪以消除在速度变化不大时射线受节点布置影响出现不合理的折曲现象，提出了改进的 Moser 法射线追踪法。段心标提出了一种方法对弯曲法进行修改。其起始猜测路径采用由 SPR 得到的曲折射线，这样既可以获得全局最小走时，又避免了 SPR 方法的射线路径不够光滑，相当于对 SPR 所得射线路径做平滑处理。射线追踪路径实例和井间地震层析成像模型反演表明，这种混合方法效果很好。

2. 反演及图像重建

层析成像反演方法是层析成像技术的关键，直接决定成像准确度和分辨率，按照反演方式的不同可分为线性方法和非线性方法两种，其中非线性方法主要有蒙特卡洛、模拟退火、遗传算法等。目前实际应用中主要采用共轭梯度法、最小二乘法和阻尼最小二乘法等线性方法，以及上述线形方法的变种。实践证明：代数重建法（ART）及同时迭代法（SIRT）用于大型线性方程组问题是有效的，而且计算速度比较快。奇异分解法（SVD）可得出更精确的解，但要花费较多的计算时间。正交化法（ORTH）等可得出同样精确的解答，且计算速度较 SVD 快。以上方法的一个通病是对大型稀疏病态矩阵不能给出很好的解，与之相对的最小二乘共轭梯度法（LSCG）就特别适用于解大型稀疏矩阵，具有收敛快及稳定性强的特点，而且易于用阻尼因子控制其反演结果质量。实际的重建算法中以最小二乘共轭梯度法（LSCG）和基于 QR 投影分解的最小二乘 QR 分解法（LSQR）最受人们青睐，而后者对病态方程组比前者能给出更好的解。

在层析成像反演算法研究中，对不唯一性的解确定其置信度以及解决解的稳定性问题始终是人们关注的热点。ART 法由于是按行运算的，在大规模的数值计算中不存在计算机内存不足的问题，因此在地震层析成像反演算法中得到广泛的应用。但是 ART 法通常需要较多的迭代次数，否则解的误差将非常大。SVD 法在地震层析成像反演算法中得到广泛的应用，SVD 法的最大优点是数值稳定。与 SVD 和 ART 相比，LSQR 算法既节省内存又节约计算量，且数值稳定，更适合处理不适定问题。在多数情况下 SVD 和 LSQR 算法有良好的稳定性。当问题的稳定性为良态时，ART 方法的部分解分量与 SVD 和 LSQR 方法有同样的准确程度，但必须注意的是，ART 方法还可能得出一些相对误差非常大的解分量。SVD 和 LSQR 方法对全部解分量有极高的稳定性。

　　基于走时和振幅的层析成像反演涉及大型稀疏矩阵方程的求解，当矩阵严重病态时，目前流行的正交分解型迭代算法难以取得良好的成像效果。而改进的 LSQR 算法，即带阻尼的 LSQR 迭代算法，通过引入阻尼因子，并用阻尼系数作为正则化因子调节解估计的分辨率和方差。该算法曾应用于北京机场高速公路桥墩施工质量检测中，取得了良好的效果。湖南大学土木工程学院黄靓等在反演中引入了物理意义明确的自然权矩阵。通过数值模拟表明，基于自然权的加权阻尼最小二乘算法（WLM）迭代收敛，数值稳定，抗噪能力强，比最小二乘法（LS）和阻尼最小二乘法（LM）更适用于混凝土超声波的速度反演。

　　（1）ART 算法

　　ART（Algebraic Reconstruction Technique）——代数重建算法是迭代重建算法的一种形式。它的特点：先假设一个初始图像 $f(0)$，然后根据 $f(0)$ 求一次近似图像 $f(1)$，再根据 $f(1)$ 求二次近似图像 $f(2)$，如此继续，直至满足预定条件为止。在根据 $f(k)$（k 为迭代次数）求 $f(k+1)$ 时需加一个修正值 $\Delta f(k)$。$\Delta f(k)$ 只考虑一条射线（例如 i 号射线）的投影影响，所修正的像素也仅限于 i 号射线。总之，每次修正仅考虑一条射线的射线和，并修正该射线所经过的像素，即上述过程是每根射线逐次进行修正的，故又称为逐线修正（Ray-by-ray Correction）。

　　（2）SIRT 算法

　　SIRT（Simultaneous Iterative Reconstruction Technique）算法的提出旨在使重建图像对测量误差不敏感。众所周知，ART 算法每次迭代只用到一条射线的射线和（或射线投影）。如果这一条射线包含误差，则所得的解跟着也引入误差。为了有效减小误差的影响，需要使 SIRT 算法对应某一最优准则。SIRT 算法中，每一像素的校正值是通过该像素的所有射线和的误差值之累加，而不是只与一条射线有关，这是与 ART 算法的根本区别。因此，在修正时，利用通过一个像素内的所有射线的修正值来确定对这一像素的平均修正值，这样一些随机误差也被平均掉了。SIRT 算法的校正过程被称为逐点校正（Point by Point Correction）。

6.3　测试方法分析

6.3.1　传统基桩声波透射测试方法分析

传统基桩声波透射测试方法如图6-2所示。从图中可以看出，每两个声测管可以构成一个剖面。传统基桩声波透射测试方法是在每个声测管内只有一个声波换能器，另一个声测管内也只有一个声波换能器。一个声波换能器发射声波，另一个声波换能器接收声波。

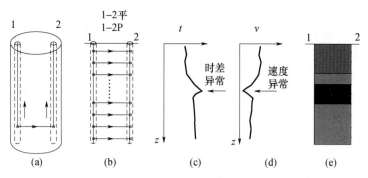

图6-2　传统基桩声波透射测试方法示意图

一般来说，野外测试时将两个声测管的声波换能器高度调成一致，然后将两个声波换能器平行向上提升，采集声波数据。

这种采集方法的优点是便捷快速。射线路径如图6-2（b）所示，可以看出，射线路径是水平的。提取两个径向换能器之间透射声波的初至时间即时差，即可画出一条声波时差随深度变化的曲线，如图6-2（c）所示。声波时差偏大的地方就是时差异常。由于两个声测管之间的距离基本一样（两个声测管都是平行的情况），所以，两个换能器间的声波速度也可以画出一条速度随深度变化的曲线，如图6-2（d）所示，较低的速度位置一般对应的是缺陷的位置。如果将速度画成色阶图，如图6-2（e）所示，则可以较直观地分析出缺陷的深度范围。

同样，也可以画出波幅随深度变化曲线，根据波幅曲线，也可以辅助分析缺陷的水平位置。

由于这种测试方法不需要复杂的数学运算，不需要反演，因此测试速度快，可实时成像。这种基桩声波测试方法的优点是对缺陷的深度位置较准确。

这种测试方法的缺点是不能给出缺陷的水平分布。

为了探测缺陷的水平分布情况，需要对传统方法进行改进，增加倾斜测试，采用反演方法对缺陷进行成像定位。

6.3.2　传统声波 CT 方法分析

为了对基桩内的缺陷位置进行准确定位，可以采用传统声波 CT 探测方法，如图 6-3 所示。野外声波 CT 采集数据的方式：首先保持一个声波换能器不动，例如保持发射换能器不动，然后向上提拉接收换能器的电缆，射线路径如图 6-3（a）所示。接着，将发射换能器向上移动一个位置，又将接收电缆从基桩底部向上提拉直到基桩顶部，射线路径如图 6-3（b）所示，如此反复。发射换能器从基桩底部一直提拉到基桩顶部为止。得到的完整射线路径如图 6-3（c）所示。将所有射线的时差进行反演成像（一般采用 ART/SIRT 或其他方法），可以得到声波速度的分布图如图 6-3（d）所示。从图中可以直观地看出缺陷的深度分布和水平分布情况。

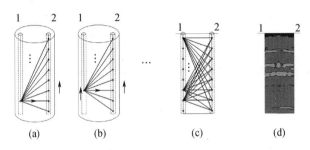

图 6-3　传统声波 CT 探测方法示意图

这种传统的声波 CT 方法的优点是射线数量多，成像精度较高。

这种方法的缺点也比较明显。突出的缺点是野外采集速度慢，一个 CT 剖面需要反复提拉不同声测管的声波换能器，野外采集很长时间。对一个基桩内如果有多个声测管、多个 CT 剖面，需要采集更长时间。另外，这种采集方法数据量大，室内资料处理需要大内存计算机，成像速度也慢，对计算机的性能要求较高。另外，当发射声波换能器与接收声波换能器距离较远时，透射声波能量损失较大，采集的声波数据信噪比降低，给时差提取等信号分析带来了较大难度。

6.3.3　改进基桩声波 CT 探测方法

传统基桩声波透射测试方法速度快，但是只能给出缺陷的深度分布，无法给出缺陷的水平分布。传统的声波 CT 方法能准确给出缺陷的深度分布和水平分布，但野外探测速度慢，数据量大，处理费时。为了克服上述两种方法的缺点，综合其优点，可以采用改进基桩声波 CT 探测方法。

改进基桩声波 CT 探测方法如图 6-4 所示。改进基桩声波 CT 探测方法是每个声测管的电缆上有两个声波换能器，这两个声波换能器既可以作为发射换能器也可以作为接收换能器。每个深度位置的射线路径有 4 条，既有平测射线又有斜测射线，可以对 CT 剖面进行反演成像，给出缺陷的深度方向分布位置和水平方向分布，同时，其野外采集方法与传统声波测试方法一样，首先将声波换能器放到基桩底部，然后同时提拉电缆，一次性采集完所有数据，野外测试速度快。

图 6-4（a）是两条电缆都在基桩底部时射线路径图，图 6-4（b）是同时提拉两条电缆到下一个位置时的射线路径图。野外采集时，保持提拉电缆的速度较慢且匀速时，基桩声波仪器自动进行扫描叠加，以增强声波信号的信噪比。一个声波 CT 剖面的射线路径图如图 6-4（c）所示，其成像效果图如图 6-4（d）所示。由于 4 个换能器的相对高差较小，透射声波的波幅衰减较小，采集的声波数据质量高。

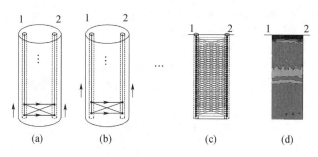

图 6-4　改进基桩声波 CT 探测方法示意图

这种方法的优点是野外采集速度快，数据量也不大，成像速度也较快，可以在野外实时成像。

对一个 CT 剖面的射线路径进行分析，可以发现其可以分解为三种射线子集，如图 6-5 所示。

图 6-5（a）是总的射线路径图，图 6-5（b）是分解的水平射线路径图，即 1-2P 射线路径，图 6-5（c）是分解的倾斜射线路径图，即 1-2X 射线路径，表示 1 高 2 低，即 1 号换能器高，2 号换能器低，图 6-5（d）是分解的另外一种倾斜射线路径图，即 2-1X 射线路径，表示 2 高 1 低，即 1 号换能器低、2 号换能器高。

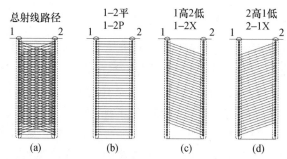

图 6-5　改进基桩声波 CT 探测方法射线路径分解示意图

由于在每个电缆上有两个声波换能器，这种改进基桩声波 CT 探测方法的测试数据中，可以直接提取出传统声波测试方法的数据，可以根据 1-2P 数据集的时差图实时给出缺陷的深度分布。同时，综合 1-2X 和 2-1X 倾斜射线路径集的数据，准确地给出缺陷的水平位置分布情况。

6.4　基桩超声波 CT 测试方法的实现

本章节所实现的基桩声波 CT 测试方法即为之前所介绍的改进型基桩 CT 测试方法，此方法现场操作简单，测试速度快，现场能给出三维结果，是目前唯一真正投入工程现场使用的基桩超声波 CT 测试方法。

6.4.1　基桩超声波多通道循测的方法实现

超声波多通道循测方法是基桩超声波 CT 测试方法的基础技术，多通道技术的基本思想是使用多个收发一体换能器，加上高性能硬件和其他外部设备，实现一次性自动检测完所有的剖面。

多通道技术示意图如图 6-6 所示。

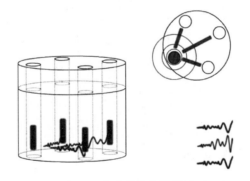

图 6-6　多通道技术示意图

其实现过程如下：

（1）所有的超声波换能器到达一个可测的高度。

（2）换能器 Ⅰ 处于发射状态，换能器 Ⅱ、Ⅲ、Ⅳ 均处于接收状态。换能器 Ⅰ 发射超声波，换能器 Ⅱ、Ⅲ、Ⅳ 接收超声波信号后送入采集板进行处理，如图 6-7 所示。

（3）经过一定的采集延时，换能器 Ⅱ 切换到发射状态，换能器 Ⅰ 切换到接收状态。换能器 Ⅱ 发射超声波，其余换能器接收超声波，如图 6-8 所示。

（4）经过第二次采集延时，换能器 Ⅲ 切换到发射状态，换能器 Ⅱ 切换到接收状态。换能器 Ⅲ 发射超声波，其余换能器接收超声波，如图 6-9 所示。

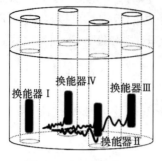

图 6-7　多通道状态Ⅰ

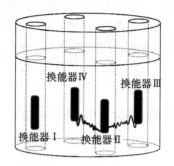

图 6-8　多通道状态Ⅱ

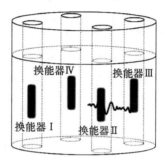

图 6-9　多通道状态Ⅲ

（5）经过一次层间延时，系统判断是否到达下一个采样高度，如果到达则进行下一次采样，如果没有到达，则继续等待。

整个过程中，在高速硬件电路和高度自动判读的支持下，系统一次性自动检测多个剖面，一方面避免了重复劳动所带来的时间浪费，另一方面保证了缺陷高度的一致性，提高了检测的精度。

6.4.2　基桩循测 CT 测试的方法实现

以四个声测管的基桩检测为例，声测管编号 1、2、3、4，4 个声波传感器组 S(1)、S(2)、S(3)、S(4)，每个传感器组包含 3 个声波换能器，如图 6-10 所示。

其中各标识的定义如下：

0：基桩。

1、2、3、4：声测管。

Sd(1)：声波传感器组 S(1) 的发射接收双工传感器。Sr(11)：声波传感器组 S(1) 的第 1 个接收传感器。Sr(12)：声波传感器组 S(1) 的第 2 个接收传感器。Sr(13)：声波传感器组 S(1) 的第 3 个接收传感器。

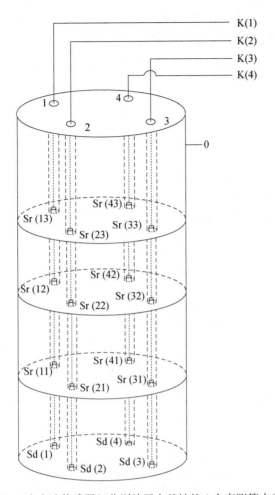

图 6-10　4 个声波传感器组分别放置在基桩的 4 个声测管内示意图

Sd（2）：声波传感器组 S（2）的发射接收双工传感器。Sr(21)：声波传感器组 S（2）的第 1 个接收传感器。Sr(22)：声波传感器组 S（2）的第 2 个接收传感器。Sr(23)：声波传感器组 S（2）的第 3 个接收传感器。

Sd（3）：声波传感器组 S（3）的发射接收双工传感器。Sr(31)：声波传感器组 S（3）的第 1 个接收传感器。Sr(32)：声波传感器组 S（3）的第 2 个接收传感器。Sr(33)：声波传感器组 S（3）的第 3 个接收传感器。

Sd（4）：声波传感器组 S（4）的发射接收双工传感器。Sr(41)：声波传感器组 S（4）的第 1 个接收传感器。Sr(42)：声波传感器组 S（4）的第 2 个接收传感器。Sr(43)：声波传感器组 S（4）的第 3 个接收传感器。

K（1）：声波仪 I 的第 1 个检测模块。K（2）：声波仪 I 的第 2 个检测模块。K（3）：声波仪 I 的第 3 个检测模块。K（4）：声波仪 I 的第 4 个检测模块。

将4个声波传感器组 S(i) 分别放置在基桩的4个声测管管底。4个声波传感器组 S(i) 分别与声波仪 I 的4个检测模块 K(i) 连接，4个声波传感器组 S(i) 的电缆线在同步提升过程中可带动高度位置编码器滚动以记录深度信息。

（1）第一次控制的传感器状态如表6-1所示。

表6-1　第一次控制的传感器状态

Sr(13)	—1—	Sr(23)	接收	Sr(33)	接收	Sr(43)	接收
Sr(12)	—1—	Sr(22)	接收	Sr(32)	接收	Sr(42)	接收
Sr(11)	—1—	Sr(21)	接收	Sr(31)	接收	Sr(41)	接收
Sd(1)	发射	Sd(2)	接收	Sd(3)	接收	Sd(4)	接收

（2）接收所有通道的数据后，进行第二次切换，切换后的传感器状态如表6-2所示。

表6-2　第二次控制的传感器状态

Sr(13)	接收	Sr(23)	—1—	Sr(33)	接收	Sr(43)	接收
Sr(12)	接收	Sr(22)	—1—	Sr(32)	接收	Sr(42)	接收
Sr(11)	接收	Sr(21)	—1—	Sr(31)	接收	Sr(41)	接收
Sd(1)	—2—	Sd(2)	发射	Sd(3)	接收	Sd(4)	接收

（3）接收通道接收完成后，切换传感器状态如表6-3所示。

表6-3　第三次控制的传感器状态

Sr(13)	接收	Sr(23)	接收	Sr(33)	—1—	Sr(43)	接收
Sr(12)	接收	Sr(22)	接收	Sr(32)	—1—	Sr(42)	接收
Sr(11)	接收	Sr(21)	接收	Sr(31)	—1—	Sr(41)	接收
Sd(1)	—2—	Sd(2)	—2—	Sd(3)	发射	Sd(4)	接收

（4）进行第四次切换后的传感器状态如表6-4所示。

表6-4　第四次控制的传感器状态

Sr(13)	接收	Sr(23)	接收	Sr(33)	接收	Sr(43)	—1—
Sr(12)	接收	Sr(22)	接收	Sr(32)	接收	Sr(42)	—1—
Sr(11)	接收	Sr(21)	接收	Sr(31)	接收	Sr(41)	—1—
Sd(1)	—2—	Sd(2)	—2—	Sd(3)	—2—	Sd(4)	发射

通过以上切换，完成整桩的测试。

6.4.3　基桩循测 CT 测试仪器

基桩循测 CT 测试仪器成熟产品为武汉中岩科技股份有限公司所开发的 RSM-SY8 基桩超声波 CT 成像测试仪，如图 6-11 所示。其主要特点如下：

（1）现场可实时数据采集及结果显示的 CT 成像测试仪，提升速度达到 1.5m/min。

（2）传感器为可自由组合的传感器组，可适应现场的不同精度要求。

（3）最大一次提升采集 4 管 30 个剖面，整桩缺陷大小、范围及具体位置判断实时显示。

（4）配备专业桩基三维 CT 成像软件，可对测试结果生成各类三维动态图，缺陷定位准确，可对取芯等后续补充验证提供重要依据。

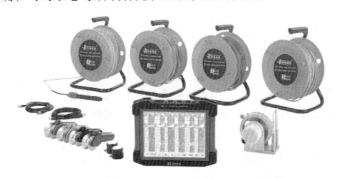

图 6-11　RSM-SY8 基桩超声波 CT 成像测试仪

6.5　数据采集分析与判定

超声波层析成像检测技术主要包括数据采集、数据处理、成果解释三个阶段，其中数据采集和数据处理是层析成像技术的核心。整个过程如下：

6.5.1　观测系统布置

常用的测试系统由 RSM-SY8 基桩超声波 CT 成像测试仪、串式超声波换能器、提升计数器组成。

本次进行超声波质量检测的基桩，事先在桩施工的同时在桩内埋设用于超声波检测的测试管，测试管在桩内沿周边均匀布置，测管的数量为 4。本桩桩径为 1800mm，持力层为粉质黏土夹碎石，人工挖孔，C30 混凝土浇灌，共检测 AB、AC、AD、BC、BD、CD 六个剖面，声测管布置及管间距离见图 6-12。

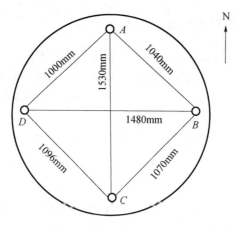

图 6-12　声测管布置示意图

6.5.2　基桩超声波 CT 改进方法现场测试步骤

（1）清理现场，打开声测管封口，将换能器置于声测管管底。

（2）开启 RSM-SY8 基桩超声波 CT 成像测试仪，设置各种参数。

（3）将串式超声波换能器分别置于 4 个声测管中，从管底开始向上按照 100mm 的步距进行逐点测试。

（4）当串式超声波换能器提出桩顶面后，则测试完成。

6.5.3　数据分析及判定

如图 6-13、图 6-14 所示，对平测法数据分析，AB 剖面高程 2.5 ~ 2.8m 处轻微缺陷，5.4 ~ 5.9m 处较严重缺陷，12.0 ~ 13.0m 处严重缺陷。AC 剖面高程 5.3 ~ 6.0m 较严重缺陷，12.1 ~ 13.0m 处严重缺陷。AD 剖面高程 9.8 ~ 10.2m 处轻微缺陷，12.0 ~ 13.0m 处严重缺陷。BC 剖面高程为 5.4 ~ 5.8m 处较严重缺陷，12.1 ~ 13.0m 处严重缺陷。BD 剖面高程 5.4 ~ 5.9m 处较严重缺陷，12.1 ~ 13.0m 处严重缺陷，CD 剖面高程 12.1 ~ 13.0m 处严重缺陷。由《建筑基桩检测技术规范》（JGJ 106）可判定该桩桩身完整性为Ⅳ类。

经对 CT 法整桩数据分析进行速度反演，并进行二维显示，每个 CT 检测剖面可获得 3 张图，如图 6-15 所示，分别是误差下降曲线图、时差拟合曲线图和反演速度剖面图。从曲线的拟合情况可以判断反演成功。计算的时差曲线与实测时差曲线基本重合，说明反演的可靠程度高。

误差下降曲线则可定量分析反演过程，误差下降曲线是计算时差与实测时差的相对误差。相对误差小于 5% 时，认为反演的可靠程度高。以 BD 剖面为例，从图 6-15（c）中可以明显看到缺陷的深度分布和水平分布情况。

工程名称：Sinorock		规范：JGJ 106—2014	
检测单位：Sinorock		仪器：RSM-SY7	
桩号：1号		检测日期：2016-7-14	
桩长：13.00m		桩径：1800mm	

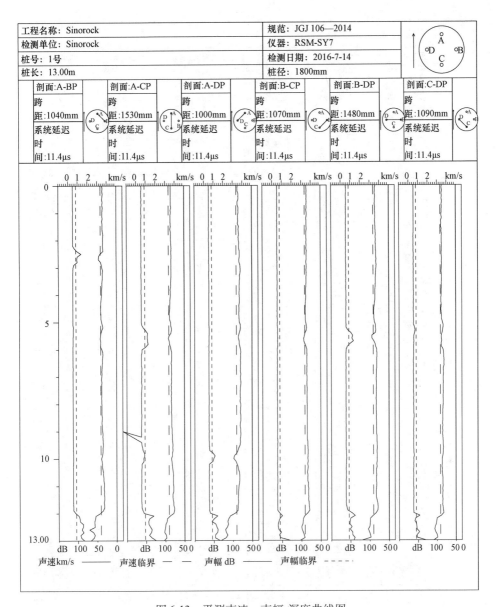

图 6-13　平测声速、声幅-深度曲线图

利用层析成像软件进行三维建模，如图 6-16 所示，可将整桩桩身缺陷及其分布情况清晰显示，且缺陷位置和横向分布情况与平测结果一致。对缺陷进行三维管状切片显示，如图 6-17 所示，当对高程为 10.0m 附近进行切片时，可清晰发现该处缺陷主要分布在 AD 剖面，缺陷高程与平测法一致。

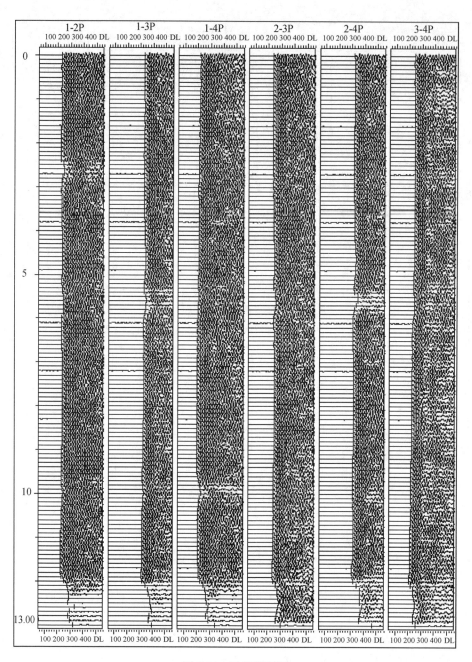

图 6-14　平测波列图

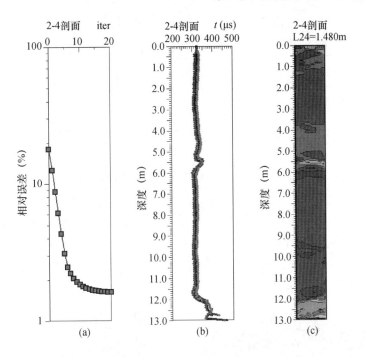

图 6-15　剖面声波 CT 反演综合图

（a）反演的误差下降曲线图；（b）时差拟合曲线图；（c）反演速度剖面图

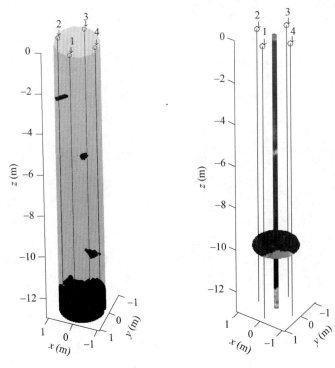

图 6-16　整桩三维层析成像图　　图 6-17　三维管状切片图

6.6　工程实例

6.6.1　典型缺陷桩实例

某钻孔灌注桩，C30 混凝土浇灌，桩长 12m，桩径 1200mm，预埋三根声测管。

经对平测数据进行分析，如图 6-18 所示，AB 剖面高程 4.0～5.5m 处严重缺陷，8.2～8.4m 处较严重缺陷。AC 剖面高程 4.0～5.5m 处严重缺陷，8.2～8.4m 处较严重缺陷。BC 剖面高程 4.0～5.5m 处严重缺陷。利用 RSM-JCT 层析成像软件进行三维建模，如图 6-19 所示，整桩桩身缺陷及其分布情况采用三维显示，且缺陷位置和横向分布情况与平测结果一致。根据现行《建筑基桩检测技术规范》（JGJ 106），可判定该桩桩身完整性为Ⅳ类。

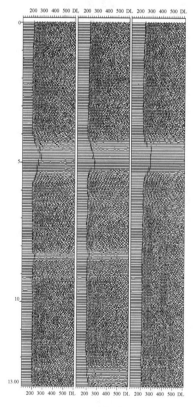

图 6-18　平测波列图

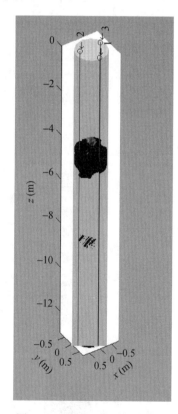

图 6-19　整桩三维层析成像图

为进一步对桩身的缺陷进行验证，采用钻孔取芯法对完整性进行检测确认。取芯结果如图 6-20、图 6-21 所示。图 6-20 为 5m 段芯样，缺陷严重；图 6-21 为

8.2m 附近芯样，轻微缺陷。由取芯结果可验证，采用超声波 CT 检测的结果准确。

图 6-20　5m 附近芯样照片

图 6-21　8.2m 附近芯样照片

6.6.2　非典型缺陷桩实例

某钻孔灌注桩，C30 混凝土浇灌，桩长 32m，桩径 2000mm，预埋 4 根声测管。

经对平测数据进行分析，如图 6-22 所示，除桩底存在轻微缺陷外，在桩身 22.2~22.8m 处，多个剖面在此存在严重缺陷。但奇怪之处在于同是桩身贯通面，2—4 面存在缺陷而 1—3 剖面无缺陷，致使该桩完整性评价存疑。利用 CT 层析成像软件进行计算，如图 6-23 所示，在桩身 22.2~22.8m 处，桩身贯通声测线 1—3 上并无缺陷，怀疑此桩存在包管情况，经多种方法验证，该桩在桩身 22.2~22.8m 处，2 号管和 4 号管存在双包管情况，如图 6-24 所示，证明此桩在此处无严重缺陷。

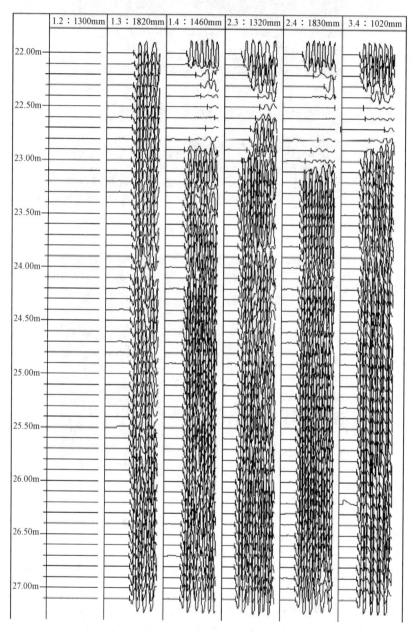

图 6-22　平测波列图

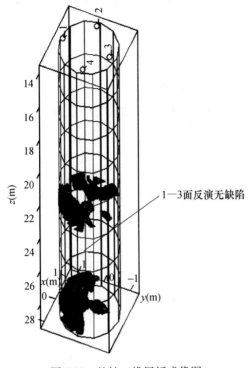

图 6-23 整桩三维层析成像图

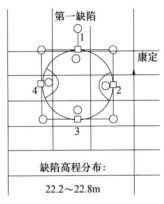

图 6-24 包管示意图

6.7 CT 测试的相关问题

传统的超声波 CT 方法测试数据多，成像精度高。但由于野外采集速度慢，一个 CT 剖面需要反复提拉不同声测管的换能器，对一个基桩内如果有多个声测管、多个 CT 剖面，需要采集时间更长。另外，这种采集方法数据量大，室内资料处理需要大内存计算机，成像速度也慢。受这些因素的制约，传统超声波 CT 检测方法，一直未能真正实际应用到桩身完整性检测中。

另外，普通的层析成像方法是将被检测物体离散分割成二维薄片，利用多个二维剖面来近似反映被检测物体的三维结构以及缺陷的空间分布，这种方式不如三维结构直观，是一种近似的反映。

由上述工程实例可以看出，在工程实际运用中，常规双通道或多通道超声波检测仪可对基桩缺陷进行判定，但不能对缺陷的横向分布情况进行描述，而采用本章所述的超声波 CT 检测方法，配合 RSM-SY8 基桩超声波 CT 成像测试仪，则可对桩身各部位快速进行二维及三维成像，整个检测时间与普通多通道声波透射法检测并无区别，对缺陷位置和缺陷范围的判定起到至关重要的作用，为检测单位对整桩缺陷程度的判定提供重要依据，使超声波 CT 检测这种方法运用到实际工作中成为可能。

当然，由于本章所述方法的射线数量较少，在一些复杂条件下，检测结果中关于缺陷的横向分布范围及形状并不完全精确。相信随着我国基桩检测设备的不断革新与改良，仪器性能的提升和计算机技术的飞速发展，适当增加仪器通道数量及串式超声波换能器中独立传感器的个数，使射线数量满足超声波 CT 演算的精度要求，这种直观方便的技术必将成为将来大直径灌注桩桩身完整性检测的主流。

第7章　桩身应力测试技术

7.1　概述

随着大型、超高层建筑物及大型桥梁主塔桩基础等承载需要，桩基也在往直径越来越大、桩长越来越长的方向发展。通过静载试验，对桩身应力测试也越来越被广泛地应用。通过桩身应力测试，得到桩侧、桩端及桩身的应力变化，为工程优化设计及施工提供参数，是非常有必要的。

传统的桩基设计方法是将荷载、承载力（抗力）等设计参数视为定值，又称为定值设计法。但是建筑工程中的桩基础，从勘察到施工，都是在大量不确定的情况下进行的，对不同的地质条件、不同桩型、不同施工工艺，在取相同安全系数的条件下，其实际的可靠度是不同的。

通过桩身应力测试，对竖向抗压静载试验桩，可得到桩侧各土层的分层抗压摩擦力和桩端支承力；对竖向抗拔静载试验桩，可得到桩侧土的分层抗拔摩擦力；对水平静载试验桩，可求得桩身弯矩分布、最大弯矩位置等；对打入式预制混凝土桩和钢桩，可得到打桩过程中桩身各部位的锤击压应力、锤击拉应力。

桩身应力测试适用于混凝土预制桩、钢桩、组合型桩，也可应用于桩身断面尺寸基本恒定或已知的混凝土灌注桩。灌注桩桩身轴力换算准确与否与桩身横截面尺寸有关，某一成孔工艺对不同地层条件的适应性不同，因此对成孔质量无把握或预计桩身将出现较大变径时，应进行灌注前的成孔质量检测。

通过桩身应力测试，对基桩的设计进行验证，也是优化基桩设计、验证施工工艺的一种重要的测试方法。

7.2　基本原理

7.2.1　桩的承载机理

基桩是埋入土中的柱状、管状、筒状或板状的受力构件，其作用是将上部结

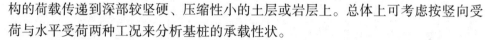

构的荷载传递到深部较坚硬、压缩性小的土层或岩层上。总体上可考虑按竖向受荷与水平受荷两种工况来分析基桩的承载性状。

1. 竖向受压荷载作用下的单桩

单桩竖向抗压极限承载力是指桩在竖向荷载作用下到达破坏状态前或出现不适于继续承载的变形所对应的最大荷载，由以下两个因素决定：一是桩本身的材料强度，即桩在轴向受压、偏心受压或在桩身压曲的情况下，结构强度的破坏；二是地基土强度，即地基土对桩的极限支承能力。通常情况下，第二个因素是决定单桩极限抗压承载力的主要因素，也是我们主要讨论的问题。

在竖向受压荷载作用下，桩顶荷载由桩侧阻力和桩端阻力承担，桩侧阻力的发挥与相对于桩侧土的桩身位移有关，桩端阻力的发挥与桩端沉降有关。桩侧阻力随深度自上而下逐步发挥，桩端阻力滞后于桩侧阻力最后发挥，即桩侧阻力先发挥，先达极限，端阻后发挥，后达极限。二者的发挥过程反映了桩土体系荷载的传递过程：在初始受荷阶段，桩顶位移小，荷载由桩上部侧表面的土阻力承担，以剪应力形式传递给桩周土体，桩身应力和应变随深度递减；随着桩顶荷载的增大，桩顶位移加大，桩侧阻力由上至下逐步被发挥出来，同时桩端阻力也开始发挥，在桩侧阻力达到极限值后，继续增加的荷载则全部由桩端阻力承担。随着桩端持力层的压缩和塑性挤出，桩顶位移增长速度加大，在桩端阻力达到极限值后，位移迅速增大而破坏，此时桩所承受的荷载就是桩的极限承载力。由此可以看出，桩的承载力大小主要由桩侧土和桩端土的物理力学性质决定，而桩的几何特征如长径比、比表面积大小以及成桩效应也会影响承载力的发挥。

桩土体系的荷载传递特性为桩基设计提供了依据，设计部门可根据土层的分布与特性，合理选择桩径、桩长、施工工艺和持力层，这对有效发挥桩的承载能力、节省工程造价具有十分重要的作用。

（1）侧阻影响分析

从桩的承载机理来看，桩土间的相对位移是桩侧阻力发挥的必要条件，但不同类型的土，发挥其最大侧阻力所需位移是不一样的，如黏性土为 5～10mm，砂类土为 10～20mm，而且对加工软化型土如密实砂土，侧阻力达到最大值后会随位移的增大而降低，对加工硬化型土如松散砂土、粉土等，侧阻力达到最大值所需位移会很大。大量实验结果表明，发挥侧阻所需相对位移并非定值，桩径大小、桩长、施工工艺和土层的分布状况都是影响位移量的主要因素。

成桩效应也会影响桩侧阻力，因为不同的施工工艺都会改变桩周土体内应力应变场的原始分布，如挤土桩对桩周土的挤密和重塑作用，非挤土桩因孔壁侧向应力解除出现的应力松弛；这些都会不同程度地提高或降低侧阻力的大小，而这种改变又与土的性质、类别，特别是土的灵敏度、密实度、饱和度密切相关。一般来说，饱和土中的成桩效应大于非饱和土的，群桩的大于单桩的。

桩材和桩的几何外形也是影响侧阻力大小的因素之一。同样的土，桩土界面的摩擦角 δ 会因桩材表面的粗糙程度不同而差别较大，如预制桩和钢桩，侧表面光滑，δ 一般为 $\left(\dfrac{1}{3} \sim \dfrac{1}{2}\right)\phi$（$\phi$ 为土的内摩擦角），而对不带套管的钻孔灌注桩、木桩，侧表面非常粗糙，δ 可取 $\left(\dfrac{2}{3} \sim 1\right)\phi$。由于桩的总侧阻力与桩的表面积成正比，因此采用较大比表面积（桩的表面积与桩身体积之比）的桩身几何外形可提高桩的承载力。

随桩入土深度的增加，作用在桩身的水平有效应力成比例增大。按照土力学理论，桩的侧阻力也应逐渐增大；但实验表明，在均质土中，当桩的入土超过一定深度后，桩侧阻力不再随深度的增加而变大，而趋于定值，该深度被称为侧阻力的临界深度。

对于在饱和黏性土中施工的挤土桩，要考虑时间效应对土阻力的影响。桩在施工过程中对土的扰动会产生超孔隙水压力，它会使桩侧向有效应力降低，导致在桩形成的初期侧阻力偏小；随时间的延长，超孔隙水压力逐渐沿径向消散，扰动区土的强度慢慢得到恢复，桩侧阻力得到提高。因此，沉桩后进行静载试验，通常需要一定的休止期。

（2）端阻影响分析

与桩侧阻力一样，桩端阻力的发挥也需要一定的位移量。一般的工程桩在桩容许沉降范围里就可发挥桩的极限侧阻力，但桩端土需更大的位移才能发挥其全部土阻力，所以说二者的安全度是不一样的。

持力层的选择对提高承载力、减少沉降量至关重要，即便是摩擦桩，持力层的好坏对桩的后期沉降也有较大的影响；同时要考虑成桩效应对持力层的影响，如非挤土桩成桩时对桩端土的扰动，使桩端土应力释放，加之桩端也常常存在虚土或沉渣，导致桩端阻力降低；挤土桩成桩过程中，桩端土受到挤密而变得密实，导致端阻力提高；但也不是所有类型的土均有明显挤密效果，如密实砂土、饱和黏性土，桩端阻力的成桩效应就不明显。

桩端进入持力层的深度也是桩基设计时主要考虑的问题，一般认为，桩端进入持力层越深，端阻力越大；但大量实验表明，超过一定深度后，端阻力基本恒定。

关于端阻的尺寸效应问题，一般认为随桩端径向尺寸的增大、桩端压缩层厚度的增加，桩端阻力的极限值变小。

端阻力的破坏模式分为三种，即整体剪切破坏、局部剪切破坏和冲入剪切破坏，主要由桩端土层和桩端上覆土层性质确定。当桩端土层密实度好、上覆土层较松软，桩又不太长时，端阻一般呈现为整体剪切破坏，而当上覆土层密实度好时，则会呈现局部剪切破坏；但当桩端密实度差或处在中高压缩性状态，或者桩端存在软弱下卧层时，就可能发生冲剪破坏。

实际上，桩在外部荷载作用下，侧阻和端阻的发挥和分布是较复杂的，二者是相互作用、相互制约的，如因端阻降低的影响，靠近桩端附近的侧阻会有所降低。

常见的单桩荷载-位移（Q-s）曲线见图7-1，其反映了上述几种破坏模式。

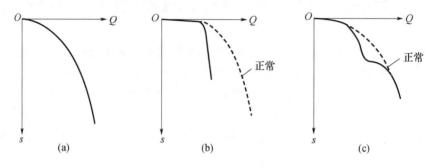

图 7-1　桩的破坏模式

（a）缓变型；（b）陡降型；（c）台阶型

桩端持力层为密实度和强度均较高的土层（如密实砂层、卵石层等），而桩侧土层为相对软弱土层，此时端阻所占比率大，Q-s 曲线呈缓变型，极限荷载下桩端呈整体剪切破坏或局部剪切破坏，如图7-1（a）所示。这种情况常以某一位移限值对应的荷载作为极限荷载。

桩端与桩身处于同类型的一般土层，端阻力不大，Q-s 曲线呈陡降型，桩端呈刺入（冲剪）破坏，如软弱土层中的摩擦桩（超长桩除外），或桩端承载力虽高，但持力层过薄且其下为软弱下卧层；另外，因桩身材料强度或截面尺寸不足引起的桩身结构破坏，Q-s 曲线也呈陡降型；上述情况破坏特征明显，极限荷载明确，如图7-1（b）所示。

桩端有虚土或沉渣，初始强度低，压缩性强，当桩顶荷载达到一定值后，桩底部虚土或沉渣被压密，强度提高，导致 Q-s 曲线呈台阶状；或者桩身有裂缝（如接头开裂的打入式预制桩和有水平裂缝的灌注桩），在试验荷载作用下闭合，Q-s 曲线也呈台阶状，如图7-1（c）所示。

对缓变型的 Q-s 曲线，极限荷载也可辅以其他曲线进行判定，如取 s-$\lg t$ 曲线尾部明显弯曲的前一级荷载为极限荷载，取 $\lg s$-$\lg Q$ 第二直线交会点荷载为极限荷载，取 Δs-Q 曲线的第二拐点为极限荷载。

2. 竖向拉拔荷载作用下的单桩

承受竖向拉拔荷载作用的单桩，其承载机理与竖向受压桩有所不同。首先，抗拔桩常见的破坏形式是桩-土界面间的剪切破坏，桩被拔出或者是复合剪切面破坏，即桩的下部沿桩-土界面破坏，而上部靠近地面附近出现锥形剪切破坏，且锥形土体会同下面土体脱离，与桩身一起上移。当桩身材料抗拉强度不足（或配筋不足）时，也可能出现桩身被拉断现象。其次，当桩在承受竖向拉拔荷载时，桩-土界面的法向应力比受压条件下的法向应力数值小，这就导致了土的抗剪强度和侧阻力降低（如桩材的泊松效应影响），而对复合剪切破坏可能产生的锥形剪切体，因其土体内的水平应力降低，也会使桩上部的侧阻力有所折减。

桩的抗拔承载力由桩侧阻力和桩身重力组成，而对上拔时形成的桩端真空吸引力，因其所占比率小，可靠性低，对桩的长期抗拔承载力影响不大，一般不予考虑。桩周阻力的大小与竖向抗压桩一样，受桩土界面的几何特征、土层的物理力学特性等较多因素的影响；但不同的是，黏性土中的抗拔桩在长期荷载作用下，随上拔量的增大，会出现应变软化的现象，即抗拔荷载达到峰值后会下降，而最终趋于定值。因而在设计抗拔桩时，应充分考虑抗拔荷载的长期效应和短期效应的差别。如送电线路塔基础由风荷载产生的拉拔荷载只有短期效应，此时就可以不考虑长期荷载作用的影响，而对承受巨大浮托力作用的船闸、船坞、地下油罐基础以及地下车库的抗拔桩基，因长时间承受拉拔荷载作用，必须考虑长期荷载的影响。

为提高抗拔桩的竖向抗拔力，可以考虑改变桩身截面形式，如可采用人工扩底或机械扩底等施工方法，在桩端形成扩大头，以发挥桩底部的扩头阻力。

另外，桩身材料强度（包括桩在承台中的嵌固强度）也是影响桩抗拔承载力的因素之一，在设计抗拔桩时，应对此项内容进行验算。

3. 水平荷载作用下的单桩

桩所受的水平荷载部分由桩本身承担，大部分是通过桩传给桩侧土体，其工作性能主要体现在桩与土的相互作用上，即当桩产生水平变位时，促使桩周土也产生相应的变形，土抗力会阻止桩变形的进一步发展。在桩受荷初期，由靠近地面的土提供土抗力，土的变形处在弹性阶段；随着荷载增大，桩变形量增加，表层土出现塑性屈服，土抗力逐渐由深部土层提供；随着变形量的进一步加大，土体塑性区自上而下逐渐开展扩大，最大弯矩断面下移，当桩本身的截面抗拒无法承担外部荷载产生的弯矩或桩侧土强度遭到破坏，使土失去稳定时，桩土体系便处于破坏状态。

按桩土相对刚度（桩的刚性特征与土的刚性特征之间的相对关系）的不同，桩土体系的破坏机理及工作状态分为两类：一是刚性短桩，此类桩的桩径大，桩入土深度小，桩的抗弯刚度比地基土刚度大很多，在水平力作用下，桩身像刚体一样绕桩上某点转动或平移而破坏，此类桩的水平承载力由桩周土的强度控制；二是弹性长桩，此类桩的桩径小，桩入土深度大，桩的抗弯刚度与土刚度相比较具柔性，在水平力作用下，桩身发生挠曲变形，桩下段嵌固于土中不能转动，此类桩的水平承载力由桩身材料的抗弯强度和桩周土的抗力控制。

对钢筋混凝土弹性长桩，因其抗拉强度低于轴心抗压强度，所以在水平荷载作用下，桩身的挠曲变形将导致桩身截面受拉侧开裂，然后渐趋破坏；当设计采用这种桩作为水平承载桩时，除考虑上部结构对位移限值的要求外，还应根据结构构件的裂缝控制等级，考虑桩身截面开裂的问题；但对抗弯性能好的钢筋混凝土预制桩和钢桩，因其可忍受较大的挠曲变形而不至于截面受拉开裂，设计时主要考虑上部结构水平位移允许值的问题。

影响桩水平承载力的因素很多，包括桩的截面刚度、材料强度、桩侧土质条件、桩的入土深度和桩顶约束条件等；工程中通过静载试验直接获得水平承载力的方法凶试验桩与工程桩边界条件的差别，结果很难完全反映工程桩实际工作情况；此时可通过静载试验测得桩周土的地基反力特性，即地基土水平抗力系数（它反映了桩在不同深度处桩侧土抗力和水平位移的关系，可视为土的固有特性），为设计部门确定土抗力大小进而计算单桩水平承载力提供依据。

7.2.2 桩的极限状态

传统的桩基设计方法是将荷载、承载力（抗力）等设计参数视为定值，又称为定值设计法。但是建筑工程中的桩基础，从勘察到施工，都是在大量的不确定的情况下进行的，对不同的地质条件、不同桩型、不同施工工艺，在取相同的安全系数的条件下，其实际的可靠度是不同的。

桩的极限状态分为承载能力极限状态和正常使用极限状态两类。承载能力极限状态对应于桩基达到最大承载能力或整体失稳或发生不适于继续承载的变形；正常使用极限状态对应于桩基达到建筑物正常使用所规定的变形限值或达到耐久性要求的某项限值。

1. 桩基承载能力极限状态

为了保证建（构）筑物的安全，建筑工程对桩基础的基本要求有三方面：一是在建筑物正常使用期间，承载力满足上部结构荷载的要求，要求桩身本身的结构强度是足够的，有足够的桩侧和桩端阻力；二是变形（沉降及不均匀沉降）不超过建筑物的允许变形值，保证建筑物不会因地基产生过大的变形或差异沉降而影响建筑物的安全与正常使用；三是整体稳定性，在建筑物正常使用期间保证不发生整体强度破坏，不会导致发生开裂、滑动和塌陷等有害现象，要求桩与地基土相互之间的作用是稳定的。

以竖向受压桩基为例，建筑工程对桩基础的这三方面要求表现为下面三种桩基承载能力极限状态：

（1）桩基达到最大承载力，超出该最大承载力即发生破坏。就竖向受荷单桩而言，其荷载-沉降曲线大体表现为陡降型（A）和缓变型（B）两类（图 7-2）。

Q-s 曲线是破坏模式与破坏特征的宏观反映，陡降型属于"急进破坏"，缓变型属于"渐进破坏"。前者破坏特征点明显，一旦荷载超过极限承载力（图 7-2 中 Q_u 对应的前一级荷载），沉降便急剧增大，即发生破坏，只有减小荷载，沉降才能稳定。后者破坏特征点不明显，常常是通过多种分析方法判定其极限承载力，且判定的极限承载力并非真正的最大承载力，因此继续增加荷载，沉降仍能趋于稳定，不过是塑性区开展范围扩大、塑性沉降量增加而已。对大直径桩、群桩基础尤其是低承台群桩，其荷载-沉降曲线变化更为平缓，渐进破坏特征更明显。由此可见，对两类破坏模式的桩基，其承载力失效后果是不同的。

（2）桩基出现不适于继续承载的变形。如前所述，对大部分大直径单桩基础、低承台群桩基础，其荷载-沉降呈缓变型，属渐进破坏，判定其极限承载力比较困难，带有任意性，且物理意义不甚明确。因此，为充分发挥其承载潜力，宜按建（构）筑物所能承受的桩顶的最大变形 s_u 确定其极限承载力，如图 7-2 所示，取对应于 s_u 的荷载为极限承载力 Q_u。该承载能力极限状态由不适于继续承载的变形所制约。

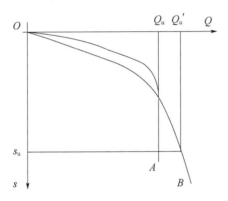

图 7-2　单桩竖向抗压静载试验荷载-沉降曲线

（3）桩基发生整体失稳。位于岸边、斜坡的桩基、浅埋桩基、存在软弱下卧层的桩基，在竖向荷载作用下，有发生整体失稳的可能。因此，其承载力极限状态除由上述两种状态之一制约外，尚应验算桩基的整体稳定性。

对承受水平荷载、上拔荷载的桩基，其承载能力极限状态同样由上述三种状态之一所制约。对桩身和承台，其承载能力极限状态的具体含义包括受压、受拉、受弯、受剪、受冲切极限承载力。

2. 桩基正常使用极限状态

桩基正常使用极限状态系指桩基达到建筑物正常使用所规定的变形限值或达到耐久性要求的某项限值，具体指：

（1）桩基的变形。竖向荷载引起的沉降或水平荷载引起的水平变位，可能导致建筑物标高过大变化，差异沉降或水平位移使建筑物倾斜过大、开裂、装修受损、设备不能正常运转、人们心理不能承受等，从而影响建筑物的正常使用功能。

（2）桩身和承台的耐久性。对处于腐蚀性环境中的桩身和承台，要进行混凝土的抗裂验算和钢桩的耐腐蚀处理；对使用上需限制混凝土裂缝宽度的桩基可按《混凝土结构设计规范》（GB 50010）的规定，验算桩身和承台的裂缝宽度。这些验算的目的是满足桩基的耐久性，保证建筑物的正常使用。

7.2.3　桩身应力测试方法和原理

桩身应力测试的试桩项目越来越多，但是介绍桩身应力测试的文献不多见，本节主要根据规范以及文献内容，归纳总结桩身应力的测试方法和原理。

1. 桩身摩擦的测试

（1）K 值法

普通意义上的桩是由混凝土及其中的"加强体"钢筋组成的"复合杆件"，任取桩身一截面单元（图7-3），在桩顶荷载 p 作用下，该单元的平衡方程式可表示为

$$p = p_1 + p_2 + p_3 - p_4 \tag{7-1}$$

式中　p_1——钢筋承受的荷载；

p_2——混凝土承受的荷载；

p_3——该单元以上的摩擦力；

p_4——计算单元以上的桩重。

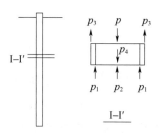

图7-3　桩体单元受力分析图

式（7-1）可分别表示如下：

$$p_1 = n \cdot \sigma_g \cdot A_g \tag{7-2}$$

$$p_2 = \sigma_c \cdot (S - n \cdot A_g) \tag{7-3}$$

$$p_3 = q_s \cdot h \cdot d \cdot \pi \tag{7-4}$$

$$p_4 = 0.25 \cdot \gamma \cdot h \cdot d^2 \cdot \pi \tag{7-5}$$

式中　n——钢筋数量；

σ_g——钢筋应力；

σ_c——混凝土应力；

A_g——钢筋截面面积；

S——桩身截面面积；

q_s——单位摩擦力；

d——桩身直径；

h——单元体高度；

γ——桩体重度。

在钢筋和混凝土等同变形条件下，设一个参数为应力比：

$$v = \frac{\sigma_g}{\sigma_c} = E_g/E_c \tag{7-6}$$

式中　v——应力比；

E_g——钢筋弹性模量；

E_c——混凝土弹性模量。

则式（7-1）可简化为

$$p = \sigma_g \cdot \left[n \cdot A_g + \frac{1}{v} \cdot (S - n \cdot A_g) \right] + p_3 - p_4 = \sigma_g \cdot K + p_3 - p_4 \tag{7-7}$$

式中　　　　　　　　　$K = n \cdot A_g + 1/v \cdot (S - n \cdot A_g) \tag{7-8}$

由于 p、σ_g、p_4 为已知数，因此式（7-7）中的未知数有两个，即 K 和 p_3，p_3 为桩身应力观测要求的目的参数，因此需要通过某种途径求取 K。当桩径不大（$d < 1m$）时 p_4 可以忽略，忽略 p_4 后式（7-7）变得更加简洁。理论上讲，忽略 p_4 会使计算的摩擦力偏于保守，但误差很小。

在桩顶荷载 p 一定的情况下，式（7-7）中 $\sigma_g \cdot K$ 的减小量和 p_3 的增加量是一致的，$\sigma_g \cdot K$ 即（$p_1 + p_2$）代表了桩身内力（或轴力）的变化，p_3 代表了桩侧摩擦力的变化。桩身侧摩擦和桩身内力变化方向相反，量值相等。因此，通过内力（$p_1 + p_2$）变化求摩擦力和直接求 p_3 计算摩擦力是等效的。

通过钢筋应力 σ_g 求 K 的方法因 K 的量纲为 m^2，故取名为"标定面积法"。通常求 K 最简洁的办法是在桩顶部位设置标定断面（一般为避开桩顶应力的不均匀区，应该在桩顶下 1 倍桩径附近安装标定用传感器），在标定断面处，桩身摩擦力可以忽略，即 $p_3 \approx 0$，则可根据式（7-7）获得 K 值随钢筋应力 σ_g 的变化曲线，拟合曲线代表的公式为 $K = 10^{-6}\sigma_g + 0.1393$，这样桩身其他部位的 p_3 就可依据标定后的 K 值公式进行计算求取了：

$$p_3 = p - \sigma_g \cdot K \tag{7-9}$$

同理，如果采用的是钢筋应变计，钢筋应力与钢筋应变的关系为

$$\sigma_g = E_g \cdot \varepsilon \tag{7-10}$$

则式（7-8）可换算为

$$K = E_c \cdot S + A_g \cdot n \cdot (E_g - E_c) \tag{7-11}$$

可推算出：

$$p_1 = n \cdot E_g \cdot \varepsilon \cdot A_g \tag{7-12}$$

$$p_2 = E_g \cdot \varepsilon / v \cdot (S - n \cdot A_g) \tag{7-13}$$

$$p = \varepsilon \cdot K + p_3 - p_4 \tag{7-14}$$

式中　ε——钢筋应变。

在标定断面处，可根据式（7-14）获得 K 值随钢筋应变 ε 的变化曲线，同样可以求取桩身各部位的 p_3，进而计算桩身单位摩擦力：

$$q_s = \frac{p_{3i} - p_{3i+1}}{u \cdot h_i} \tag{7-15}$$

式中　q_s——单位摩擦力；

　　　u——桩身周长；

　　　h_i——i 单元体高度；

　　　p_{3i}——i 单元体以上的摩擦力。

这种方法中 K 的单位变成了 Pa，因此，该方法又称"标定等效弹性模量法"，与检测规范中介绍的方法相当。

桩中如果没有钢筋就是所谓的素混凝土桩，此时的桩身应力观测相对简单。因 $p_1 = 0$，则：

$$p_2 = \sigma_c \cdot S \tag{7-16}$$

$$p = \sigma_c \cdot S + p_3 \tag{7-17}$$

即实测荷载作用下的混凝土应力就可以获得桩身轴力分布并推算摩擦力分布。但通常的做法是直接观测混凝土应变 ε，然后在标定断面根据下列公式建立 E_c 和 ε 的关系 $f(E_c, \varepsilon)$，从而换算其他断面的桩身内力：

$$p = \varepsilon \cdot E_c \cdot S \tag{7-18}$$

$$p_2 = \varepsilon \cdot f(E_c, \varepsilon) \cdot S \tag{7-19}$$

$$p_3 = p - p_2 \tag{7-20}$$

K 值还可以同时在标定断面安装钢筋应力计（或者钢筋应变计）和混凝土应变计直接求取应力比获得，这样可以避免选取钢筋弹性模量不当所造成的人为误差。

（2）弹性模量法

该方法是通过直接测定钢筋应力 σ_g，然后按式（7-10）换算钢筋应变，或者直接测钢筋应变 ε。在钢筋和混凝土等同变形条件下，混凝土的应力为

$$\sigma_c = E_c \cdot \varepsilon \tag{7-21}$$

这样可按式（7-16）换算出 p_2。显然这种方法采用的是由钢筋和混凝土的弹性模量来推算 p_3，由于钢筋的弹性模量一般是已知的，那么只需要标定 E_c 就可

以推算桩身各部位的 p_3 了。具体过程如下：

$$p = p_1 + p_2 + p_3 \tag{7-22}$$

$$p_1 = n \cdot \sigma_g \cdot A_g = \sigma_g / E_g \tag{7-23}$$

$$p_2 = E_c \cdot (S - n \cdot A_g) \cdot \sigma_g / E_g \tag{7-24}$$

在桩顶时，式（7-4）中，$p_3 = 0$，则 $p = p_3 + p_2$，p_1 是直接测定 σ_g 获得的，因此可通过 $p_2 = p - p_1$ 获得在分级荷载作用下 E_c 随 σ_g 的变化规律。

应用时可通过 Excel 电子表格的趋势线，回归出计算公式，据此计算桩身其他部位的 p_2，进而推算 p_3。

同样如果直接测定钢筋的应变 ε，也可通过类似的方法标定 E_c 来推算 $p_1 + p_2$，同样可得到 p_3，这种方法的资料整理过程与直接测钢筋应力类似，故不再赘述。

显然测定桩身应力和摩擦的方法并不是唯一的，但有一点必须注意，那就是桩身参数（如直径、钢筋数量）必须已知（可通过桩孔形的测试确定桩身各部位的实际桩径），否则会带来很大的推算误差，甚至造成试验结果难以解释。

（3）两种计算方法的优缺点

用 K 值法进行摩擦计算时，无须给定钢筋弹性模量，因此较采用弹性模量法更能避免给定弹性模量带来的计算误差，摩擦计算准确性更高。K 值法的缺点是无法直接显示桩身混凝土弹性模量的变化，仅能通过等效弹性模量对桩身质量做出间接判断。

弹性模量法需要给定钢筋的弹性模量，因此钢筋弹性模量的准确与否将决定推算过程和结果的准确度。但弹性模量法能够直接显示混凝土弹性模量的变化特征，对桩身质量可以给出比较明确的判断。

因此计算过程中，如果能够将两种方法进行综合，无疑会给桩身应力观测资料的整理带来好处。

2. 桩端阻力的测试

桩端阻力的分布形态与桩径、荷载大小有关系。荷载较小时接近马鞍形（边缘大、中心小），荷载较大时为水滴形（中心大、边缘小）。

事实上，如果仅需要了解桩端阻力的大小，则无须专门做桩底的阻力观测，可通过桩侧摩擦力间接推算桩端阻力：桩端阻力 Q_P（桩端阻力）= Q（总阻力）- Q_s（桩侧总阻力）。另外，由于桩端阻力并不均布且形态多样，在布置有限数量的传感器时，桩端总阻力通常难以直接精确测得，曾有报道采用与桩截面同样尺寸的平面式应力感应装置进行桩底阻力观测，可以得到相对准确的端阻力试验结果。

因此采用普通的压力盒直接观测桩底应力时，需要针对试验目的对可能的应力分布形态进行预测，以便合理布置传感器位置，对桩底的应力形态和大小进行定量观测。如根据某工程桩端阻力的实际观测资料，桩底埋设双膜土压力盒，埋设土压力盒时考虑了可能的应力分布形态（该桩长度 50m，桩径 1m，达最终加载量时桩身侧摩擦力尚未充分发挥），分别在桩底截面的中心、边缘和其他位置埋设了土压力盒。数据计算时，将各个传感器所代表的应力进行叠加得到近似的总桩端阻力，即 $F = F_{中心} + F_{边缘} + F_{其他} = \sigma_{中心} \times S_{中心} + \sigma_{边缘} \times S_{边缘} + \sigma_{其他} \times S_{其他}$。实际观测表明桩底边缘测得的力最大，中心最小，近似呈马鞍状，最大加载量（约 10MN）时，实际总端阻仅为总荷载的 1.8%。

在桩身应力测试过程中，无论观测钢筋应力、钢筋应变，还是观测混凝土应变，都需要标定 K 值或者混凝土弹性模量，然后用标定的函数关系计算桩身其他部位的桩身内力，计算期间还要用到桩的截面面积、钢筋数量，显然这些参数的准确与否直接决定了应力观测的精度。因此，做应力观测的桩，应尽可能对成桩过程严格控制，例如：成桩前做桩孔形观测，加工钢筋笼时尽可能保持观测截面和标定断面的一致；灌注的混凝土应尽可能均匀，避免和标定断面产生明显不同。

焊接应力或者应变传感器时应避免对传感器产生不良影响，例如高温、扭弯等。另外，传感器传输线缆也必须保证其绝缘性和导通性不产生大的变化，这就要求在施工过程中派专人负责照管传感器及其线缆，在施工过程中适时检测传感器的工作状态，必要时能及时进行补救，防止传感器失效。

由于应力分析过程中假定了各个观测截面的应力平衡状态，所以在恒载状态下获得的应力观测数据才能依据应力平衡方程获得应力解析，在荷载的非稳定阶段，一般难以得到正确的除观测应力外的其他解释。

3. 水平静载试验桩身弯矩测试

桩身弯矩并不能直接测得，只能通过桩身应变值进行推算，故试验得到的弯矩实质上是推算弯矩。

传感器的埋设，当对灌注桩或预制桩测量桩身应力或应变时，各测试断面的测量传感器应沿受力方向对称布置在远离中性轴的受拉和受压主筋上，埋设传感器的纵剖面与受力方向之间的夹角不得大于 10°，以保证各测试断面的应力最大值及相应弯矩的量测精度。对承受水平荷载的桩，桩的破坏是由于桩身弯矩引起的结构破坏；对中长桩，浅层土对预制桩的变形起到重要作用，而弯矩在此范围里变化也最大，为找出最大弯矩及位置，应加密测试断面。《建筑基桩检测技术规范》（JGJ 106）规定，在地面下 10 倍桩径（桩宽）的主要受力部分，应加密测试断面，但断面间距不宜超过 1 倍桩径，超过此深度，测试断面间距可适当加大。

4. 由实测钢筋应力推算桩身弯矩

（1）整桩率定法：通过试桩入土前的整桩率定，建立测试断面的仪器测定值和弯矩之间的关系，直接根据试验得到的仪器测定值求得精度较高的弯矩值。

（2）标定断面法：在试桩时利用接近泥面的测试断面建立该断面的实测弯曲应变和理论弯矩的关系，对事先无法进行整根率定的桩（如灌注桩），可近似把标定断面的关系看作其他所有测试断面的率定曲线，以确定试桩时泥面下桩身各截面的弯矩。对已进行整根率定的试桩，可用此关系来检验整根桩率定成果。该法要求试桩要有一定的自由长度（力作用点离标定断面之间的距离一般不小于2 倍桩径）。

（3）理论计算法：该法必须事先确定混凝土的极限强度、弹性模量、预压应力等，但是很难精确确定，计算所得弯矩误差较大。试验前应尽量创造条件通过率定来确定桩身弯矩。

在实测试桩钢筋拉压应力值后，可按混凝土未开裂及已开裂两个阶段计算桩身弯矩。

① 试桩开裂前，钢筋实测拉、压应力不等，即中性轴位置不通过桩截面重心，故需先以不等的拉、压钢筋应力确定中性轴位置，然后求桩截面对中性轴的惯性矩，从而计算实测弯矩（图 7-4）。桩身混凝土未出现开裂时，桩身弯矩可按式（7-25）进行计算：

$$M = \frac{EI\Delta\varepsilon}{b_0} \tag{7-25}$$

式中 b_0——拉压应变测点的间距；

　　E——桩身的复合模量；

　　I——桩界面对中性轴的惯性矩；

　　$\Delta\varepsilon$——桩界面上两个钢筋应力计测量点之间的轴向应变差。

弯曲变形的平面假设：梁的横截面在弯曲变形后仍然保持平面，且与变形后的轴线垂直，只是绕截面的某一轴线转过了一个角度。

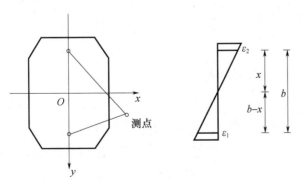

图 7-4　混凝土开裂前桩身弯矩计算图式

取一微段 dx 梁长分析，设中性层的曲率半径为 ρ，微梁左右两藏面的相对转角为 dθ，距中性层 y 处的纤维，变形前为 ρdθ，变形后为 $(\rho + y)$dθ，伸长量为 ydθ，因此距中性层为 y 处的线应变 ε 为

$$\varepsilon = \frac{\Delta l}{l} = \frac{y\mathrm{d}\theta}{\rho\mathrm{d}\theta} = \frac{y}{\rho} \tag{7-26}$$

消除桩身轴向应变的影响，故有：

$$\varepsilon_1 - \varepsilon_2 = \frac{b_0}{\rho} \tag{7-27}$$

式中　ε_1、ε_2——受拉侧与受压侧应变；

　　　　b_0　　拉压测点之间的距离。

因为 $\dfrac{1}{\rho} = \dfrac{M}{EI}$，故

$$M = \frac{(\varepsilon_1 - \varepsilon_2)EI}{b_0} = \frac{\Delta\varepsilon EI}{b_0} \tag{7-28}$$

② 混凝土开裂后桩身弯矩的计算。

当试桩断面发生开裂但未破坏时，受拉区混凝土并未完全退出工作，计算桩身弯矩时应包括一部分受拉区混凝土工作在内。受拉区可分为三部分：一部分混凝土超过极限拉应力产生开裂而退出工作；中性轴附近一部分混凝土应力按三角形分布；另一部分达到极限拉应力 σ_f，产生塑性变形，故其应力按矩形分布。对非预应力混凝土桩，σ_f 即为其极限拉应力；对预应力混凝土桩，σ_f 应为混凝土极限拉应力与预加应力之和。塑性区高度 h 可根据该断面受压力和受拉区拉力的平衡条件求得，该断面弯矩即为受压区压力和受拉区拉力对中性轴的弯矩之和。

为计算方便，当混凝土开裂后，可假定受拉区混凝土全部退出工作，即略去截面全部受拉区算得惯性矩，最后求得实测计算弯矩。

7.3　现场测试与数据分析

7.3.1　常见桩身应力测试传感器

基桩内力测试可采用电阻应变式传感器（简称应变计）、滑动测微计、光纤应变计测量应变，振弦式传感器等测量力，位移杆测量位移。根据测试目的和要求，配备不同的传感器，编写相应的测试方案。测试方案选择是否合适，在一定程度上取决于检测技术人员对试验要求、施工工艺及其细节的了解，以及对振弦、光纤和电阻应变式传感器的测量原理及其各自的计数、环境性能的掌握。常见的桩身应力应变测试传感器见表 7-1。

表 7-1　传感器技术、环境特性一览表

特性	类型			
	振弦式传感器	电阻应变式传感器	滑动测微计	光纤应变计
传感器体积	大	较小	大	小
蠕变	较小，适宜于长期观测	较大，需提高制作技术、工艺解决	无蠕变问题	较小，适宜于长期观测
测量灵敏度	较低	较高	较高	较高
温度变化的影响	温度变化范围较大时需要修正	可以实现温度变化的自补偿	温度变化范围较大时应修正	可以实现温度变化的自补偿
长导线影响	不影响测试结果	除非采用六线制，否则需进行长导线电阻影响的修正	不存在导线影响问题	不影响测试结果
自身补偿能力	补偿能力弱	对自身的弯曲、扭曲可以自补偿	可通过标定解决零漂和温度影响	可以自补偿
对绝缘的要求	要求不高	要求高	无要求	要求不高
动态响应	—	好	—	较好
埋设工作量	大	大	大	较大

下面介绍几种传感器。

1. 电阻应变式传感器

1）电阻应变片和电阻应变计

电阻应变式传感器主要有电阻应变片（图 7-5）和电阻应变计（图 7-6）。电阻应变片主要用来测量桩身的应变，它的工作部分是粘贴在极薄的绝缘材料上的金属丝，在轴向荷载作用下，桩身发生变形，粘贴在桩上应变片的电阻也随之发生变化，通过测量应变片电阻的变化就可得到桩身的应变，进而得到桩身应力的变化情况。

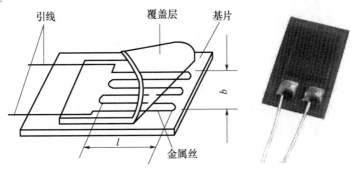

图 7-5　电阻应变片原理及实物图

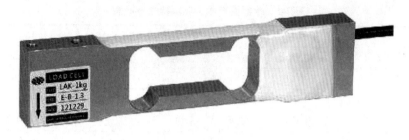

图 7-6　电阻应变计

应变式传感器可按全桥或半桥方式制作，宜优先采用全桥方式。传感器的测量片和补偿片应选用同一规格同一批号的产品，按轴向、横向准确地粘贴在钢筋同一断面上。测点的连接应采用屏蔽电缆，导线的对地绝缘电阻值应在 $500M\Omega$ 以上；使用前应将整卷电缆除两端外全部浸入水中 1h，测量芯线与水的绝缘性；电缆屏蔽线应与钢筋绝缘；测量和补偿所用连接电缆的长度和线径应相同。

电阻应变片及其连接电缆均应有可靠的防潮绝缘防护措施；正式试验前电阻应变片及电缆的系统绝缘电阻不应低于 $200M\Omega$。

不同材质的电阻应变片粘贴时应使用不同的胶粘剂。在选用电阻应变片、胶粘剂和导线时，应充分考虑试验桩在制作、养护和施工过程中的环境条件。对采用蒸汽养护或高压养护的混凝土预制桩，应选用耐高温的电阻应变计、胶粘剂和导线。

电阻应变测量所用的电阻应变仪宜具有多点自动测量功能，仪器的分辨力应优于或等于 $1\mu\varepsilon$。

2）应变盒

传感器的埋设成活率较低是一直困扰着基桩检测人员在进行桩身内力测试时的问题，有学者制作了一种应变盒，该应变盒在埋设后，传感器成活率、灵敏度高，使用经济、方便，制作简便。

（1）应变盒的制作原理

传感器在受压或受拉时将产生应变，通过电缆连接的地面应变测量仪器测量基桩在受压或受拉时的应变变化，从而计算出桩侧各土层抗压摩擦和桩端支承力。应变盒的制作方法就是将传感器按一定的方法固定在一个盒子里，保证传感器不受外界温度、潮湿、碰撞等外部因素的影响，并预留需要长度的优质电缆，在基桩施工时，将应变盒放到需要的桩身位置，即完成应变盒的埋设。

（2）制作方法

① 传感器的选用

基桩内力测试一般采用应变式传感器或钢拉式传感器。根据其特性，在做应变盒时选用应变传感器（应变计）。应变计选用标距为 5~6mm 的 300Ω 胶基箔式应变计为宜。

② 应变盒架的制作

a. 切割两块 150mm × 150mm，10mm 厚的钢板，并将钢板的侧面除锈、磨平。

b. 切割四条 100mm 长的 30mm × 30mm 角铁，并将角铁外侧除锈、磨平。

c. 将四条角铁和两块钢板按图 7-7 所示的方式焊接好。

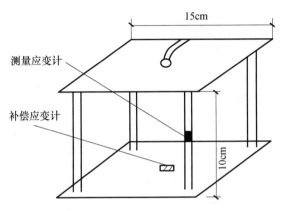

图 7-7　应变盒架示意图

③ 电缆的选取

选择优质有线电话通信用 8 对信电缆，这种电缆具有绝缘度高、导线电阻值低、屏蔽性好、耐磨等特点。使用前应将整卷电缆除两端外全部浸入水中 1h，测量芯线与水的绝缘，芯线与屏蔽线的绝缘，阻值大于 500MΩ 时可以使用。根据应变盒要求埋设的深度，截取相应长度的电缆（比要求埋设的长度长出 2m）。

④ 应变片的粘贴

应变片粘贴前，将贴片区表面用有机溶剂去污清洗，待干燥后，在应变盒架的四条角铁上各贴一个应变计，作为测量用应变计，在盒架的两钢板上各贴一片应变计，作为补偿用应变计，胶粘剂选用 502 胶。将截好的电缆焊接到应变计上（在钢板上打一孔，电缆从孔中穿过，焊接接头处用套管保护），在电缆头做好标记，用玻璃胶将应变计封固。

⑤ 应变盒的封固

将石膏粉调成糯糊状，灌入应变盒内，待凝固后，将表面磨平。

⑥ 应变盒的测试

测试各组应变计的阻值，测试电缆芯对盒架的电阻值，剔除有问题的应变计，对完好的应变计做好标记。

（3）应用

① 在应变盒埋设前标定。从做好的一批应变盒中选取一个，上压力机测试标定。标定测试所用的电阻应变测量仪，要具有多点自动测量功能，仪器的分辨率应优于 $1\mu\varepsilon$，并有存储功能。按全桥方式测量。

② 应变盒的埋设。在试桩灌注混凝土的过程中埋设应变盒（可将应变盒固定在钢筋笼上）。直变盒的埋设位置应放在两种不同性质土层的界面上，以测量桩在不同土层中的分层摩擦力。在桩表面设置一个测量断面，作为传感器标定断面。应变盒埋设断面距桩顶和桩底的距离不宜小于 1 倍桩径，对于大于 600mm 桩径的桩，断面应埋设 2～3 个应变盒，埋设时保护好电缆及电缆接头。

③ 测试使用的电阻应变测试仪是上海自动化仪表股份有限公司生产的 YJ-35 型静态应变测试仪。现场测试前，首先测出成活的应变计，按全桥方式接入应变测试仪，在静荷载试验每级荷载作用下，沉降相对稳定后，记录各应变计的应变值。

2. 滑动测微计

桩身摩擦力监测中，以往一般是沿轴向安装多个钢筋应力计、混凝土应力计或压力盒。由于监测探头与介质无法达到理想匹配，以及固定埋设的电测元件或多或少存在零点漂移，实测结果在很大程度上只能是定性的。以钢筋应力计为例，它是以实测钢筋上某一点处的应变来代替该断面上桩身的平均应变。然后乘以桩身混凝土弹性模量，求出该断面轴向应力。这样做存在一系列问题：首先，测点处的应变由于探头或电阻片（包括防潮层、导线）的介入，局部受力状态发生变化，实测应变不等于真实应变；其次，桩身混凝土弹性模量只是标定断面处应力与应变的比值，实际上它沿轴向变化很大，特别是现场灌注桩，而且弹性模量值还与加载量级和速率有关；最后，测点有限，间距一般为 3～5m，甚至更大，相邻点之间的测值用直线连接，依据不足。

20 世纪 80 年代初，瑞士联邦苏黎世工学院 K. Kovari 教授等提出了线法监测技术。钢筋应力计、压力盒等属点法监测，点法监测充其量只能获得测点处的信息，测点之间如有某种不连续面或孔洞（E 值降低），则无法分辨出来。

线法监测原理是连续地测定一条线（直线或曲线）上相邻两点间的相对位移，这样，不仅可合理地计算轴力、摩擦力，还可揭露桩身的所有缺陷。滑动测微计（图 7-8、图 7-9）主体为一标长 1m，两端带有球状测头的位移传感器，内装一个线性电感位移计（LVDT）和一个 NTC 温度计。为了测定测线上的应变及温度分布，测线上每隔 1m 安置一个具有特殊定位功能的环形标，其间用硬塑料连接，滑动测微计可依次测量两个环形之间的相对位移，可用于多条测线，是一种便携式高精度应变计。

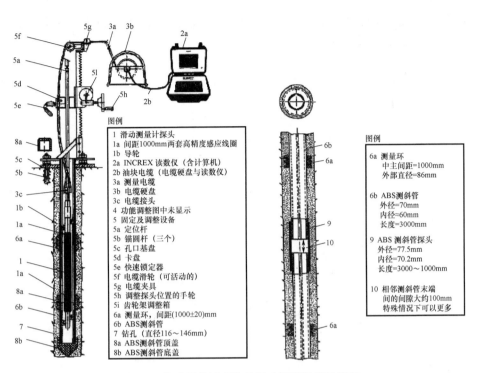

图例

1　滑动测量计探头
1a　间距1000mm两套高精度感应线圈
1b　导轮
2a　INCREX 读数仪（含计算机）
2b　油块电缆（电缆硬盘与读数仪）
3a　测量电缆
3b　电缆硬盘
3c　电缆接头
4　功能调整图中未显示
5　固定及调整设备
5a　定位杆
5b　锚圆杆（三个）
5c　孔口基盘
5d　卡盘
5e　快速锁定器
5f　电缆滑轮（可活动的）
5g　电缆夹轮
5h　调整探头位置的手轮
5i　齿轮架调整箱
6a　测量环，间距(1000±20)mm
6b　ABS测斜管
7　钻孔（直径116～146mm）
8a　ABS测斜管顶盖
8b　ABS测斜管底盖

图例

6a　测量环
　　中主间距=1000mm
　　外部直径=86mm

6b　ABS测斜管
　　外径=70mm
　　内径=60mm
　　长度=3000mm

9　ABS测斜管探头
　　外径=77.5mm
　　内径=70.2mm
　　长度=3000～1000mm

10　相邻测斜管末端
　　间的间隙大约100mm
　　特殊情况下可以更多

图 7-8　滑动测微计系统及滑动测微计管示意图

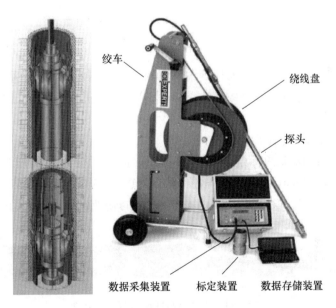

图 7-9　滑动测微计系统图

（1）滑动测微计线法监测原理

图 7-10（a）、图 7-10（b）所示为一条直线或弯曲的测线，在平面问题的前

提下，当测定了所有测段的变形 ΔL_i、转角 α_i 及转角 $\Delta\alpha_i$ 变化以后，任意段的位移 u_n、v_n 和转角 α_n 即可计算出。

$$u_n = \sum_{i=1}^{n} \Delta L_i + A \qquad (7\text{-}29)$$

$$\alpha_n = \sum_{i=1}^{n} \Delta\alpha_i + B \qquad (7\text{-}30)$$

$$v_n = L \sum_{i=1}^{n} \Delta\alpha_i + C$$

$$k_i = \frac{\Delta\alpha_i}{L} = \frac{1}{L}(\alpha_{i+1} - \alpha_i) \qquad (7\text{-}31)$$

式中　k_i——曲率。

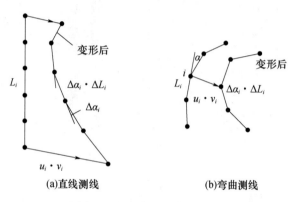

(a)直线测线　　　　　　　　(b)弯曲测线

图 7-10　滑动测微计原理图

对桩、地下连续墙以及大坝等细长型构件，当测定了 a、b 两条测线上轴向应变分布后，即可算出整个构件的变形轴，其横向变形测量精度比通用的钻孔测斜仪高一个量级。

（2）滑动测微计探头的标定

滑动测微计探头的标定装置（图 7-11）提供了分别由长度为 997.5mm 和 1002.5mm（$\Delta e = 5$mm）的铟钢结构控制的高稳定性的两个标定位置 e_1 和 e_2。测量标志是高硬度的不锈钢。铟钢在 $0 \sim 30$℃时的温度膨胀系数接近 1×10^{-6}m/℃。

图 7-11　滑动测微计探头铟钢标定筒

探头的标定应在每一次连续的野外测量的前后定期进行。两次标定测量的平均值在数据整理分析时使用。计算公式为

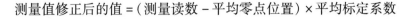

测量值修正后的值 =（测量读数 − 平均零点位置）× 平均标定系数

（3）数据的处理

① 数据修正

实际钻孔灌注桩由于施工工艺的原因，其横截面面积往往变化较大，为了消除桩身横截面面积变化对桩-土体系荷载传递特性的影响，将实测试验桩孔径的变化归一化到桩身平均截面，即采用实测孔径与平均孔径之比的平方作为应变修正系数，将此系数乘以相应测得的实测值，其结果即为经过断面修正的应变。

② 平均静弹模 E_s 的计算

已有的试验研究表明：混凝土的应力-应变关系在超过一定的应力水平后呈现出非线性特性，其弹性模量将随应变或轴力的增加而降低。为了得到符合实际的桩身轴力，应对桩身弹性模量进行校正。在以往的工程项目中，这一问题一直未引起关注，往往简单地按混凝土强度等级采用同一弹性模量，或虽然考虑了弹性模量的校正问题，但利用取有限的几组（E_i、ε_i）数据得到的平均弹性模量进行计算。改进的方法是根据各级回归应变曲线，桩顶应变可计算不同应变量级下桩身平均弹性模量，由线性回归，得到 $E_i = f(\varepsilon_i)$ 的线性方程，从应变计算轴向及摩擦力时采用不同应变量级下的 E 值。通过这种校正方法，可有效地解决桩身材料的应力应变非线性问题。

平均静弹模 E_s 可由下式给出：

$$E_s = \frac{P}{A\varepsilon_0} \tag{7-32}$$

式中　E_s——桩身平均静弹模（GPa）；

　　　A——桩体平均截面面积（m^2）；

　　　ε_0——桩顶应变（10^{-6}）；

　　　P——桩顶垂直荷载（kN）。

③ 桩身轴向应变分布

桩身轴向应变分布是配合单桩竖向静载实验进行的，对单桩的每一级加载，在每级变形基本稳定后，量测一次桩身应变，将每根桩的两根测管平均后得实测桩身轴向应变曲线。由于桩身应变受桩身质量（混凝土弹模和桩身截面面积）、测管埋设质量及仪器误差的影响，会产生一定的测试误差，不能直接用于摩擦力分析，所以要对实测曲线进行修正平滑处理，可以使用最小二乘法进行回归处理，得到实测应变曲线的拟合曲线，作为分析的依据。实测应变曲线是判断桩身质量及孔径是否均匀的依据，理想情况下桩身轴向应变自上而下是递减的。

④ 轴向力 Q 和单位摩擦力 f 沿桩轴分布

在第 i 级荷载下，桩身第 j 级测点处的轴向力 Q_{ij} 由下式得出：

$$Q_{ij} = AE_{si}\varepsilon_{ij} = \pi D^2 E_{si}\varepsilon_{ij}/4 \tag{7-33}$$

式中　Q_{ij}——第 i 级荷载下第 j 级测点处的轴向力（kN）；

　　D——桩平均直径（m）；

　　E_{si}——第 i 级荷载下桩体平均静弹模（GPa）；

　　ε_{ij}——第 i 级荷载下第 j 测点处的应变（10^{-6}）。

第 i 级荷载下桩身 j 测段处的单位摩擦力 f_{ij} 由下式给出：

$$f_{ij} = \frac{Q_{i,j} - Q_{i,j+1}}{\pi DL} = \frac{R}{2LE_{si}(\varepsilon_{i,j} - \varepsilon_{i,j+1})} \tag{7-34}$$

式中　　　f_{ij}——单位摩擦力（kPa）；

　　　　　R——桩平均半径（m）；

　　　　　L——测段长，取 1m；

$\varepsilon_{i,j}$，$\varepsilon_{i,j+1}$——第 i 测段上、下测点处的应变（10^{-6}）。

与传统方法相比，线法监测具有如下优点：

（1）线法监测连续地测定标距 1m 的桩身平均应变，桩身任何部位微小变形都反映在测值中；而传统方法只能测定几个点的应变，两点之间只能推断，而且测点处的应变由于探头的介入而产生局部应力畸变，其测值将偏离真实值。

（2）传统方法是将被测元件预埋在桩身内部，不仅测点有限，而且易于损坏，更主要的是零点漂移无法避免，无法修正；线法监测只在桩内埋设套管和测环，用一个探头测量，简单可靠，不易损坏，而且探头可随时在铟钢标定筒内进行标定，可有效地修正零点漂移，特别适用于长期观测。

（3）滑动测微计法所用的探头具有温度自补偿功能，温度系数小于 2×10^{-6}m/℃，并且附有一个分辨率为 0.1℃ 的温度计，可随时监测测段温度，特别适用于有温度变化的长期检测，如负摩擦力检测、岩土工程检测等，与传统方法相比，滑动测微计法可以区分温度应变及应力导致的应变。

（4）滑动测微计法在每根桩中预埋两根测线，可以测定垂直加载时桩身平均应变及水平加载时的应变差，利用应变差，可计算挠度曲线。

3. 钢筋计

要测量钢筋混凝土内的钢筋应力，可根据被测钢筋的直径选配与之相应的钢筋应力计。将不同规格的钢筋应力计两端对接，焊在其端头直径相同的拟测钢筋中，直接埋入混凝土中，不管钢筋混凝土内是否有裂缝，均可测得钢筋一段长度的平均应变，从而确定钢筋受到的应力。钢筋应力计有差动电阻式和振弦式。

（1）差动电阻式钢筋应力计

仪器由连接杆、钢套差动电阻式感应组件及引出电缆组成。感应组件端部的引出电缆从钢套的出线孔引出钢套两端，各焊接一根连接杆，连接杆的直径大小形成钢筋应力计的尺寸系列。

钢筋应力计与受力钢筋对焊后连成整体，当钢筋受到轴向拉力时，钢套便产生拉伸变形，与钢筋紧固在一起的感应组件跟着拉伸，使电阻比产生变化，由此可求得轴向的应力变化。由于差动电阻式仪器的特性，还可兼测测点的温度。

电阻应变式钢筋应力计的工作原理：利用钢筋受力后产生的变形，粘结在钢筋上的电阻片产生变形，从而测出应变值，得出钢筋所受作用力的大小。

（2）振弦式钢筋应力计

在桩身应力测试中，常用的为振弦式钢筋应力计（图 7-12）。在桩受外部荷载作用下，埋设于桩身中的振弦式钢筋应力计会产生微量变形，从而改变钢弦的原有应力状态和自振频率，根据预先标定的钢筋应力与自振频率的关系曲线，就可得到桩身钢筋所承受的轴向力。

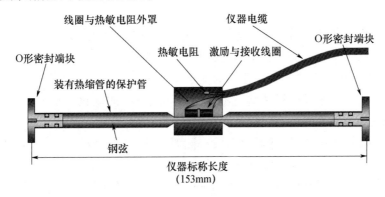

图 7-12　振弦式钢筋计示意图

振弦式钢筋应力计由应变体、钢弦、磁芯、钢套和引出电缆等组成。由于应变体和钢弦是同类材料，因此温度漂移极小，适合在大体积混凝土中使用。用线圈电阻或加装测温元件，即可测得温度。

振弦式钢筋应力计的工作原理：当钢筋应力计受轴力时，引起弹性钢弦的张拉变化，改变钢弦的振动频率，通过频率仪测得钢弦的频率变化，即可测出钢筋所受作用力的大小，换算而得混凝土结构所受的力。

振弦式传感器自 20 世纪 30 年代发明以来，由于其独特的优异特性如结构简单、精度高、抗干扰能力强以及对电缆要求低等而一直受到工程界的注目。然而，由于历史的原因，振弦式传感器的长期稳定性一直是争议的话题。直到 20 世纪 70 年代，随着现代电子读数仪技术、材料及生产工艺的发展，振弦式传感器技术才得以完善并真正能满足工程应用的要求。

振弦式传感器利用钢弦的振动频率将物理量变为电量，再通过二次测量仪表（频率计）将频率的变化反映出来。当钢弦在外力作用下产生变形时，其振动频率即发生变化。在传感器内有一块电磁铁，当激振发生器向线圈内通入脉冲电流时钢弦振动。钢弦的振动又在电磁线圈内产生交变电动势。利用频率计就可测得此交变电动势即钢弦的振动频率。根据预先率定的频率-应力曲线或频率-应变曲线即可换算出所需测定的压力值或变形值。振弦式传感器还具有稳定性、耐久性好的特点，在目前工程实践中得到了广泛应用。

① 振弦式传感器的工作原理是通过测量张紧钢弦的频率变化来测量钢弦的张力等物理量。钢弦的振动频率与弦的张力之间的关系为

$$F = \frac{1}{2L}\sqrt{\frac{T}{M}} \qquad (7-35)$$

式中　F——钢弦的自振频率；

　　　L——钢弦的长度；

　　　M——单位长度钢弦的质量；

　　　T——钢弦的张力。

可见，振弦式传感器所承受的轴向应变与钢弦频率变化的平方成正比。振弦式传感器初始频率不能为零，钢弦一定要有初始张力。

② 振弦式传感器较一般传感器的优点就在于，传感器的输出是频率而不是电压。频率可以通过长电缆传输，不会因为导线电阻的变化、浸水、温度波动、接触电阻或绝缘改变等而引起信号的明显衰减。

③ 目前国产振弦式传感器大多没有测温功能，要测温，技术上有难度，还要增加成本，一般没有考虑温度补偿。

振弦式传感器可制作成用于测定不同监测参数的传感器，如应变计钢筋应力计轴力计、孔隙水压力计和土压力盒等。

④ 频率仪是用来测读振弦式传感器钢弦振动频率值的二次接收仪表。目前现场常用的是采用单片计算机技术，测量范围在 500 ～ 5000Hz，分辨率为 0.1Hz 的数显频率仪。

4. 光纤光栅传感器

传统应变计运用于基桩静载试验存在下列问题：传感器存活率低（粗放式施工、周围打桩影响等）；数据稳定性差，有较大的温度及零点漂移；抗腐蚀能力差，传感器需做防水处理；数据引线错综复杂；安装工艺复杂；抗电磁干扰能力差。

20 世纪 70 年代，光纤监测技术伴随着光导纤维及光纤通信技术的发展而迅速发展起来。与传统的检测技术相比，光纤监测技术有一系列独特的优点：

① 光纤传感器的光信号作为载体，光纤为媒质，光纤的纤芯材料为二氧化硅，因此，该传感器具有耐腐蚀、抗电磁干扰、防雷击等特点。

② 传感器无须做防水处理，能在水中长期服役；光纤本身轻细纤柔，光纤传感器的结构简单、体积小、质量轻、数据引线少，不仅便于布设安装，而且对埋设部位的材料性能和力学参数影响甚小，能实现无损埋设。

③ 量程大（光纤光应变传感器的量程达 ±10000με）；精度高（光纤光栅应

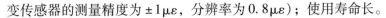

变传感器的测量精度为 $\pm 1\mu\varepsilon$，分辨率为 $0.8\mu\varepsilon$）；使用寿命长。

（1）准分布式光纤传感器

准分布式光纤传感器（Fiber Bragg Grating，FBG）是由多个布置在空间预知位置上的分立的光纤传感器采用串联或其他网络结构形式连接起来，利用时分复用、频分复用、波分复用等技术共用一个或多个信息传输通道所构成的分布式的网络系统。

准分布式光纤光栅传感技术的工作原理图（图 7-13），光纤是用于光传输的；正常的光纤可以畅通地传输各种波长的光束；当在光纤上刻有光栅时，就会有某种波长的光被反射回来；反射光的波长取决于光栅的间距；传感器粘贴在构件上，构件变形就会改变光栅的间距；反射的光波长就会改变，进而测出构件的应变。

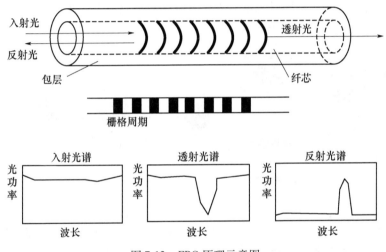

图 7-13　FBG 原理示意图

用于结构监测时，FBG 传感器的最大优势是它可以实现应力与温度的准分布式测量，也就是将具有不同栅距的布拉格光栅间隔地制作在同一根光纤上，就可以用同一根光纤复用多个 FBG 传感器，实现对待测结构定点的分布式的测量。由于该复用系统中每个 FBG 传感器的位置与 λ_B 都是确定的，分别对它们的波长 $\Delta\lambda_B$ 移动量进行检测，就可以准确地对各 FBG 传感器所在处的扰动信息进行监测。综合所有 FBG 传感器采集的信息，还可以得到沿光纤轴向的应变场或温度场的分布状态。

光纤传感器技术的工作原理：

① 光纤是用于光传输的；

② 正常的光纤可以畅通地传输各种波长的光束；

③ 当在光纤上刻有光栅时，就会有某种波长的光被反射回来；

④ 反射光的波长取决于光栅的间距；

⑤ 传感器粘贴在构件上，构件变形就会改变光栅的间距；

⑥ 反射的光波长就会改变，进而测出构件的应变。

FBG 传感器比其他原理的传感器具有许多不可替代的突出优越性：潜在的低成本，复用能力强，便于构成各种形式的光纤光栅传感网络，可进行大面积的多点测量；传感头结构简单、尺寸小、质量轻，使它具有可掩埋性；可同时测量多项参数；抗电磁干扰、抗腐蚀，能在恶劣的化学环境下工作；测量结果具有良好的重复性；耐温性好（工作温度上限可达 400~600℃）；传输距离远（传感器到解调端可达几千米）。

准分布式光纤监测系统（图 7-14）通过将多个相同类型或不同类型的传感器在一条光纤上串接复用，减少了传输线路，方便了施工，大大简化了线路的布设，并且可以实现多点同时测量，避免了以往逐点测量不同步的弊端。但是，准分布式光纤监测系统存在如下不足。

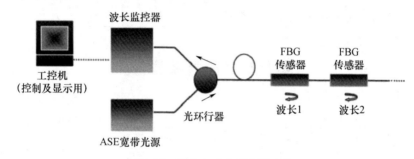

图 7-14　准分布式光纤监测系统

① 由于准分布式光纤监测系统是通过光纤将若干个光纤传感器串接而成，系统的光功率损耗较大，因此，一条光纤只能接入有限的光纤传感器，如准分布式光纤光栅监测系统一般能接入 8~12 个光纤传感器。

② 准分布式光纤监测系统实质上是多个单测点光纤传感的串接复用系统。一且系统埋设安装后，测点无法增加。

数据整理与常规方法并无不同。最后数据处理时把每级荷载下所测的变形数据减去初始值就是桩身的应变值。

通过现场试验，在桩身中同时埋设电阻式钢筋应变计和光栅传感器，对桩进行静载试验，同时对传感器进行测试，结果发现测试的数据比较接近，特别是在应变比较大时误差更小，但光栅传感器的数据更为准确，且更加稳定，零漂移较小。

（2）光纤光栅分布式应变式传感器

分布式光纤传感技术是光纤传感技术中最具发展前途的技术之一，是适应大型工程安全监测而发展起来的一项传感技术。它应用光纤几何上的一维特性进行测量，把被测参量作为光纤位置长度的函数，可以在整个光纤长度上对沿光纤几何路径分布的外部物理参量变化进行连续的测量，同时获取被测物理参量的空间分布状态和随时间变化的信息。

分布式光纤传感器不但具有光纤传感器所固有的抗电磁干扰、耐腐蚀、耐久性好、体积小、质量轻等优点，而且具有如下基本特征：

① 光纤集传感和传输于一身，光纤上任意段既是敏感单元，又是其他敏感单元的信息传输通道，可进行空间上的连续检测。

② 一次测量就可以获取整个光纤区域内被测量的一维分布图，如果将光纤布设成网状，就可以得到被测量的二维和三维分布情况。

分布式传感型光纤监测系统的特点是，利用光纤本身的特性把光纤作为敏感元件，光纤总线不仅起传光作用，还起传感作用，所以分布式传感型光纤监测系统又称本征分布式光纤监测系统、道分布式光纤监测系统，简称分布式光纤检测系统。

分布式传感型光纤监测系统有下列优点：

① 信息量大。分布式传感型光纤监测系统能在整个连续光纤的长度上，以距离的连续函数的形式传感出被测参数随光纤长度方向的变化，即光纤任一点都是"传感器"，可以准确地测出光纤沿线任一点的监测量，它的信息量可以说是海量的，成果直观。

② 结构简单，可靠性高。由于分布式传感型光纤监测系统的光纤总线不仅起传光作用，而且起传感作用，既作为传感器，又作为传输介质，因此结构异常简单，不仅方便施工，潜在故障大大低于传统技术，可维护性强，可靠性高，而且性能价格比好。

③ 使用方便。光纤埋设后，测点可以按需要设定，可以取 2m 距离为一个测点，也可以取 1m 距离为一个测点等，按需要可以改变设定。因此，在病害定位监测时极其方便。

④ 性价比好。目前，光纤价格不高，一条光纤的测点又可达成百上千个，因此，每一个测点的价格就远远低于传统单测点的价格，性价比相当好。

分布式光纤监测系统相对于以电信号为基础的传感监测系统和点式光纤监测系统而言，无论是从监测技术的难度、监测量的内容及指标，还是从监测的场合和范围，都提高到了一个新的阶段。

光时域反射计（Brillouin Optical Time Domain Reflectometer，BOTDR）的测量原理：布里渊光时域反射计是通过检测光纤中反向散射的自发布里渊散射光来实施监测的。BOTDR 的测量原理与 OTDR（Optical Time Domain Reflectometer）技术很相似，脉冲光以一定的频率自光纤的一端入射，入射的脉冲光与光纤中的声学声子发生相互作用后产生布里渊散射，其中的背向布里渊散射光沿光纤原路返回脉冲光的入射端，进入 BOTDR 的受光部和信号处理单元，经过一系列复杂的信号处理可以得到光纤沿线的布里渊背散光的功率分布。发生散射的位置至脉冲光的入射端，即至 BOTDR 的距离可以通过计算得到。之后按照上述的方法按一定间隔改变入射光的频率反复测量，就可以获得光纤上每个采样点的布里渊散射光的频谱图，理论上布里渊背散光谱为洛伦兹形，其峰值功率所对应的频率即是布里渊频移 v_B。如果光纤受到轴向拉伸，拉伸段光纤的布里渊频移就要发生改变，通过频移的变化量与光纤的应变之间的线性关系就可以得到应变量。

BOTDR 原理示意图见图 7-15。

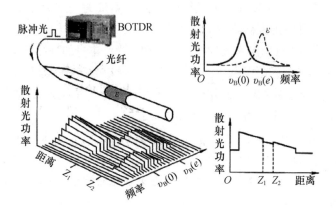

图 7-15　BOTDR 原理示意图

在钻孔灌注桩检测中，传感光纤既是传感器元件又是传输媒介，它的铺设好坏直接影响钻孔灌注桩的检测结果。铺设时以钢筋笼的主筋为载体，把两根传感光纤固定在对称分布的主筋上，并呈 U 字形。这样的铺设方法不仅能确保桩身变形的监测，同时能检测桩身混凝土的浇筑质量。

BOTOR 对钻孔灌注桩的检测过程是与桩的静荷载试验同步进行的。在检测之前先对桩身进行初值测试，之后每加一级荷载，稳定后检测传感器光纤应变值，直至最大荷载。卸载时，每隔 1h 在卸载下一级荷载之前读取上一级荷载的数据，直到试验结束后 3h 读取最后一次数据，最后数据处理时把每级荷载下所测的变形数据减去初始值就是桩身的应变值。处理流程如图 7-16 所示。

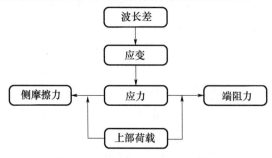

图 7-16　光纤光栅传感器数据处理流程

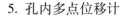

5. 孔内多点位移计

在桩基工程质量检测时，经常采用静荷载试验方法对桩基础中的基桩进行竖向承载力的检测。在传统的基桩竖向桩身内力及断面位移测试中，一般采用制桩时埋设应变传感器及连接导线。套管的方法易出现以下问题：

（1）一方面埋设应变式或振弦式传感器、位移杆的工作量很大，同时极其烦琐，另一方面传感器焊接时的高温、混凝土的浇筑与振捣、混凝土养护时产生的水化热等诸多复杂因素都会对传感器、连接导线造成严重损伤，进而导致试验时无法采集到完整的数据甚至完全无法进行。

（2）一方面传感器的介入使埋设点处的应变产生应力畸变，传感器所测得的应变值偏离真实值，另一方面传感器所测得的应变值只代表埋设点的应变，两点之间的应变分布只能推断。假定在某两个传感器之间桩身某处存在明显缺陷，传感器应变值对此将毫无反应。

（3）一旦施工固定，埋设位置无法调整，传感器无法更换，即使发现埋设位置出错，甚至传感器、连接电缆损坏，也很难采取补救措施。

（4）位移杆内外管之间的晃动、摩擦容易造成数据误差。同时，桩顶横截面尺寸在扣除千斤顶所占区域后，位移杆的埋设数量受到严格限制。

（5）传感器连接电缆及位移杆等无法回收，不能重复使用，经济性不佳。

孔内多点位移计方法原理：

首先，在桩身按纵向预埋套管或直接在桩身纵向钻孔，在套管或钻孔内安装测量系统。该测量系统由锚头、多点位移计接长杆及压力管组成。多点位移计一端直接连接在锚头上，另一端与接长杆端相连，该接长杆另一端与另一锚头直接连接。通过压力管加压使锚头膨胀，进而固定在套管或钻孔内。当锚头被固定以后，多点位移计通过接长杆测量相邻两个锚头位置之间的竖向变形。根据实测相邻两个锚头之间的位移变形，计算该分段桩身平均轴向应变，推算锚头埋设断面的轴向应变，然后利用混凝土弹性模量标定结果计算锚头埋设断面的桩身轴力。如果在桩端位置埋有锚头，该埋设断面轴力就是桩端阻力。两相邻锚头埋设断面之间的轴力求出以后，再根据相邻两锚头之间桩的长度、桩横截面周长，推算两锚头之间土层的侧摩擦力。根据桩顶竖向位移观测结果和所有相邻两个锚头位置之间的竖向变形，推算锚头埋设断面的竖向位移，以及相邻锚头之间桩段的竖向位移，建立起桩土相对位移与桩侧摩擦力的关系，从而实现对桩身内力及断面竖向位移的测量。

7.3.2　桩身应力测试的一般规定

1. 桩身应力测试的适用桩型

桩身应力测试适用于混凝土预制桩、钢桩、组合型桩，也可适用于桩身断面尺寸基本恒定或已知的混凝土灌注桩。

预应力混凝土管桩的桩身应力测试在国内外目前比较少见，原因是管桩的生产工艺不利于钢筋应力计的埋设和"成活"。曾有过将钢筋应力计埋于管壁中，但随着管桩的蒸养而应力计全部失效的先例。目前一般采取在管桩的内腔中埋设钢筋应力计并浇筑混凝土方式。

2. 传感器埋设位置及数量

传感器宜放在两种不同性质土层的界面处，以测量桩在不同土层中的分层摩擦力。传感器埋设断面距桩顶和桩底的距离不宜小于1倍桩径。

在同一断面处可对称设置2~4个传感器，当桩径较大或试验要求较高时取高值。建议：为保证钢筋应力计的成活率，同一断面布置钢筋应力计的数量不宜少于3个。

3. 混凝土弹性模量的确定

混凝土是非理想弹性材料，应力与应变的关系非直线，弹性模量不能简单视为常量。荷载越大，弹性模量越小。如果是锤击预制桩，反复锤击可使混凝土的非线性部分或大部分消除；但对灌注桩，混凝土的非线性是不能忽略的。应在地面处（或以上）设置一个测量断面作为传感器标定断面。当桩身断面、配筋一致时，宜按标定断面处的应力与应变的比值确定。桩身在浇筑成型以后，桩身的自重已经存在，一般桩身混凝土弹性模量实测值比实验室实测结果高。

4. 振弦式钢筋应力计的要求

振弦式钢筋应力计应按主筋直径大小选择，仪器的可测频率范围应大于桩在最大加载时频率的1.2倍。使用前应对钢筋应力计逐个标定，得出压力（拉力）与频率之间的关系。带有接长杆的振弦式钢筋应力计可焊接在主筋上，不宜采用螺纹连接。振弦式钢筋应力计通过与之匹配的频率仪进行测量，频率仪的分辨率应优于或等于1Hz。

7.3.3 传感器埋设技术要求

1. 电阻应变式传感器埋设要求

对钢桩可采用以下任何一种方法：

（1）将应变片用特殊的胶粘剂直接贴在钢桩的桩身，应变片宜采用标距为3~6mm的350Ω胶基箔式应变片，不得使用纸基应变片。粘贴前应将贴片区表面除锈磨平，用有机溶剂去污清洗，待干燥后粘贴应变片。粘贴好的应变片应采取可靠的防水、防潮、密封防护措施。

（2）将应变式传感器直接固定在测量位置。

2. 混凝土预制桩和灌注桩中应变式传感器的制作方法

对混凝土预制桩和灌注桩应变式传感器的制作和埋设可视具体情况采用以下任意一种方法：

（1）在 600～1000mm 长的钢筋上，轴向、横向粘贴四个（二个）应变片组成全桥（半桥），经防水绝缘处理后，到材料试验机上进行应力-应变关系标定。标定时的最大拉力宜控制在钢筋抗拉强度设计值的 60% 以内，经三次重复标定，待应力-应变曲线的线性、滞后和重复性满足要求后，方可采用。传感器应在浇筑混凝土前按指定位置焊接或绑扎（泥浆护壁灌注桩应焊接）在主筋上，并满足规范对钢筋锚固长度的要求。固定后带应变片的钢筋不得弯曲变形或有附加应力产生。

（2）直接将电阻应变片粘贴在桩身指定断面的主筋上，其制作方法及要求与上面相同。

（3）将应变装置或埋入式混凝土应变测量传感器按产品使用要求预埋在预制桩的桩身指定位置。

3. 滑动测微计埋设要求

滑动测微计计测管的埋设应确保测标同桩身位移协调一致，并保持测标清洁。测管安装宜根据下列情况采用不同的方法：

（1）对钢管桩，可通过安装在测管上的测标与钢管桩的焊接，将测管固定在桩壁内侧。

（2）对非高温养护预制桩，可将测管预埋在预制桩中；管桩可在沉桩后将测管放入中心孔中，用含膨润土的水泥浆充填测管与桩壁间的空隙。

（3）对灌注桩，可在浇筑混凝土前将测管绑扎在主筋上，并应采取防止钢筋笼扭曲的措施。

1）埋设前的准备工作

（1）滑动测微计主体标长 1m。为了测定测线上的应变分布，测线上每隔 1m 安置一个具有特殊定位功能的测量环即铜制测环，相互之间用 ABS 测斜管相连接。滑动测微计可依次测量两个测量环之间的相对位移。

（2）检查测量环的质量，将测量环的油渍清洗干净。

（3）检查所有测斜管是否平直，管内是否通畅，长度是否一致。

（4）将带有测斜管底盖的第一根测斜管用密封胶与测量环连接（第一个测环距孔底 50cm）。定位后，将测量环上好螺钉并用密封胶带裹好以防灌浆浆液渗入。然后用同样的方法在该管的环形测点上再连接第二根测斜管和第三根测斜管。按上述方法将两根测斜管及环形测点连接好，直至测孔深度所需的全部测斜管及环形都连接好。

（5）记录好安装测环的数量，以及孔底与孔口处测量环的位置。

2）测斜管安装埋设

（1）对下倾斜测孔，为防止地下水和浆液对测斜管的顶托，灌浆之前应向测斜管内注入清水，保证管内外水压平衡，避免测斜管浮起，且利于对渗入的浆液进行稀释，保证测斜管通畅。

（2）测斜管与钻孔之间应用水泥砂浆回填。为保证凝固后的水泥浆与钻孔周围介质的弹性模量相匹配，灌浆前应事先进行试验，确定浆液的配比。

（3）灌浆管宜采用橡胶管或塑料软管，对垂直孔、斜孔，应在橡胶管或塑料软管的末端接一根外径与橡胶管或塑料软管内径相同的钢管，以便橡胶管或塑料软管顺畅进入孔内。灌浆管应放入离孔底 1m 处左右，边灌浆边提升灌浆管，在下灌浆管时要防止灌浆管对测斜管的撞击，特别要防止对环形的冲击。对水平孔和仰孔，将排气管捆扎在测斜管外壁，随测斜管进入孔底，排气管末端应比测斜管底部长 1m。在孔口插入灌浆管，并用水泥砂浆密封孔口。灌浆结束后应及时安装孔口保护装置。

（4）待水泥浆初凝和终凝后，都应用滑动测微计探头对全孔进行探测，以检查测斜管和环形测点是否通畅。测量测斜管孔口的坐标，记录在考证表内。

4. 振弦式传感器埋设要求

振弦式传感器在内力测试中使用比较多的是振弦式钢筋应力计。钢筋应力计的安装要求如下：

（1）做好钢筋应力计传感部分和信号线的防水处理。

（2）仪器安装前必须做好信号线与钢筋应力计的编号，做到一一对应。

（3）钢筋笼对接时保证同一纵剖面 a、b、c 位置钢筋应力计上、下的一致性，钢筋应力计用可靠方法标记，编号应统一方向，如图 7-17 所示。

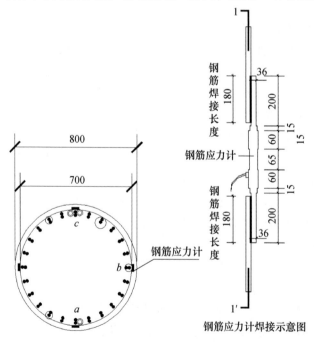

图 7-17　振弦式钢筋应力计的安装

（4）钢筋应力计对称焊接在钢筋笼主筋上，当作主筋的一段，焊接面积不应少于钢筋的有效面积，焊接必须保证质量。在焊接钢筋应力计时，为避免热传导使钢筋应力计零漂增加，需要采取冷却措施，用湿毛巾散热或流水冷却是常采用的有效方法，保证焊接温度不高于1200℃。焊接完成冷却后，下笼浇筑混凝土之前测量并记录各个钢筋应力计频率，如果钢筋应力计损坏，应在下钢筋笼之前换掉钢筋应力计。焊接前应先测量并记录钢筋应力计的频率数据。

（5）单根钢筋笼钢筋应力计焊接完成后，固定双芯电缆线，电缆应用扎丝固定在钢筋笼上，同一方位（一根钢筋上）的钢筋应力计电缆应一起捆扎，在同一方位出露桩身。可参照图7-18。

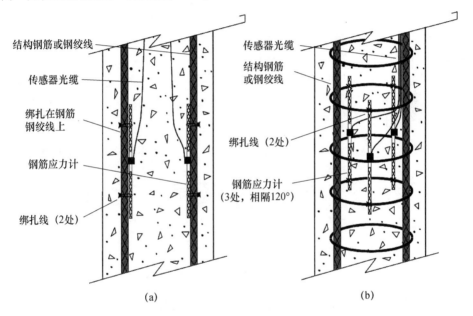

图 7-18　钢筋应力计绑扎在钢筋笼上的方式

（a）绑扎在结构钢筋上；（b）绑扎在环形钢筋上

（6）出露电缆在桩顶用 PVC 管保护，混凝土浇筑完成后将 PVC 管平放伸出桩头，出露位置距桩顶约为 1m，在加固桩头之下。伸出桩头的电缆捆扎好用编织袋装起来，避免混凝土撒在电缆线上凝结成块。

（7）下钢筋笼混凝土浇筑完成后，确认钢筋应力计的方位 a、b、c 对称连线和试桩轴线一致，保证静载受力方向与试桩轴线一致。

（8）在试桩浇筑完成到 28d，开始试验的时间段内，采取有效措施保护引出电缆线的完好性。试验过程中也要采取有效措施保证引出电缆线的完整性。

（9）桩身应力检测应采取有效措施避免钢筋应力计引出电缆线的损害或断掉，应在电缆线出露桩头以后不同部位安装钢筋应力计编号，以防电缆线断掉后因找不到钢筋应力计编号而出现无法测量的现象。

5. 光纤光栅传感器埋设要求

与传统的应变片及钢筋应力计等点式传感技术相比，光纤光栅传感器具有连续分布和长距离检测等突出优点，不会出现因传感器布设不周而漏检的现象，也不会因局部异常而影响到整体测试结果的解释，特别适用于类似于基桩的线形工程构件的测试和监测。此外，该技术集传感与信号传输于一根普通通信光纤，简化了检测系统的布设和安装，易在类似于预制桩等已成型的结构构件的表面粘贴和浅表埋入。

传感光纤主要采用预先浇筑（图7-19）、表面粘贴和开槽埋入三种方法植入结构构件中。试验表明，作为预制桩，特别是PHC管桩，制桩工艺复杂，无法将光纤浇筑到其中，仅粘贴在桩表面的光纤极易在打入桩的过程中被周边土石所刮断。采用开槽放入光纤后再用胶封植入的方法大大提高了传感光纤的成活率。一根预制桩一般由多节桩组成，且施工过程很快，无法做到边施工边植入光纤，经多次试验摸索，先分节植入后在施工中再对接的方法完成传感光纤的埋设（图7-20），可按如下工序进行。

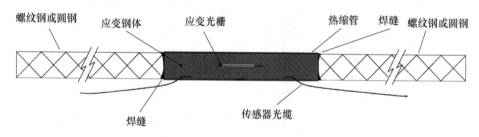

图 7-19　光栅传感器安装的方式

（1）刻槽布纤。用切割工具在桩身表面沿着设计路线开槽，槽宽和槽深以能放入光纤为准，光纤放入槽内定点固定。

（2）粘贴和保护。用高强胶粘剂充填入槽内进行粘贴和表面保护，在光纤外露的两头采用套管保护后用缓冲材料包裹固定。

（3）施工和对接。将已布设好光纤的基桩按先后顺序打入，在桩施工对接时，待桩焊接完成后将上、下桩对应的各条光纤进行对接并保护，冗余的光纤盘在桩接头处加特殊保护层后继续打入。

在施工过程中重点对桩接头处和桩头外露的光纤进行防挤压、防撞击和防电焊火花保护。

（4）灌注桩。在钻孔灌注桩检测中，传感光纤既是传感元件又是传输媒介，它的铺设好坏直接影响到钻孔灌注桩的检测结果。铺设时以钢筋笼的主筋为载体，把两根传感光纤固定在对称分布的主筋上，并呈U字形。这样的铺设方法不仅能确保对桩身变形的监测，同时还能检测桩身混凝土的浇筑质量。

(a)   (b)

(c)

图 7-20 光栅在管桩中安装方式

（a）刻槽布纤；（b）粘贴保护；（c）对接

BOTDR 对钻孔灌注桩的检测过程是与桩的静荷载试验同步进行的。在检测之前先对桩身进行初值测试，之后每加一级荷载稳定后检测传感光纤应变值，每隔 1h 在卸下一级荷载之前读取上一级荷载的数据，直到检测结束后 3h 读取最后一次数据。

6. 孔内多点位移计埋设要求

孔内多点位移计埋设步骤如下：

（1）在制桩时埋设套管或基桩施工完毕后直接在桩身钻孔。套管材质或钻孔工具不予限定，但是要求套管或钻孔轴线平行于桩身纵轴线，套管或钻孔尺寸应与选用的锚头相匹配；埋设套管或桩身钻孔的数量不予限定，宜沿横截面中心轴线方向对称布置（图 7-21）。

（2）依据试桩所在场地的岩土工程勘察报告、施工记录、地区经验及设计要求等确定合适的锚头数量及其埋设断面位置。

（3）将若干锚头、多点位移计及接长杆等组成的测量系统在试验现场连接，经调试正常后插入套管或钻孔内设定的位置，同时将压力管及多点位移计电缆引出至地面便于操作与观测的位置。

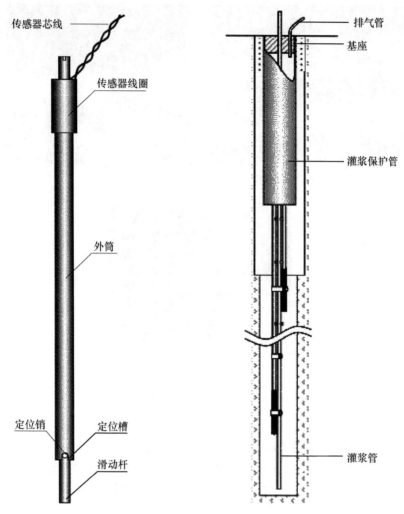

图 7-21　多点位移计及现场安装示意图

（4）在地面上操纵加压设备，将压力通过压力管传至锚头，锚头受力后膨胀与套管管壁或钻孔孔壁紧密接触，牢固结合。

（5）安装常规的基桩竖向静荷载试验仪器、设备，静载试验开始后按照常规方法记录荷载大小以及桩顶竖向位移。

（6）在某级荷载作用下位移稳定后施加下一级荷载之前，记录某级荷载下的多点位移计读数，计算相邻两个锚头位置之间的桩身竖向变形量，计算两个锚头位置之间的桩身平均竖向应变，推算出锚头埋设断面的竖向应变。

（7）依据桩身混凝土弹性模量标定结果，计算锚头埋设断面的桩身轴力，推算出相邻两锚头之间的轴力差。根据轴力差以及相邻两锚头之间的桩段长度、桩横截面周长，计算桩侧土层摩擦力。

（8）根据某级荷载下桩顶竖向位移大小及相邻两锚头之间的竖向变形量，计算锚头埋设断面的竖向位移，计算相邻两锚头之间桩段的竖向位移，建立桩土相对位移与桩侧摩擦力两者之间的关系。

7.3.4　数据记录及报告编制

试桩检测前预压一级荷载 3 次，读取荷载 0kN 和预压荷载时的钢筋应力计频率数，读数记录在桩身应力检测记录表中，3 次读数基本一致后隔 30min 开始试验。每级荷载稳定后，下一级加载前读取钢筋应力计频率数，记录在桩身应力检测记录表，直至试验结束。注意对异常数据做好标记。

1. 竖向荷载桩身内力测试

在各级荷载作用下进行桩顶沉降测读的同时，对桩身内力进行测试记录。测试数据整理应符合下列规定：

（1）采用应变式传感器测量时，按照以下公式对实测应变值进行导线电阻修正：

采用半桥测量时

$$\varepsilon = \varepsilon' \left(1 + \frac{r}{R} \right) \tag{7-36}$$

采用全桥测量时

$$\varepsilon = \varepsilon' \left(1 + \frac{2r}{R} \right) \tag{7-37}$$

式中　ε——修正后的应变值；

　　ε'——修正前的应变值；

　　r——导线电阻（Ω）；

　　R——应变计电阻（Ω）。

（2）将钢筋应力计实测频率通过率定系数换算成力，再计算成与钢筋应力计断面处的混凝土应变相等的钢筋应变量。

（3）在数据整理过程中，应将零漂大、变化无规律的测点删除，求出同一断面有效测点的应变平均值，并计算该断面处桩身轴力：

$$Q_i = \bar{\varepsilon}_i \cdot E_i \cdot A_i \tag{7-38}$$

式中　Q_i——桩身第 i 断面处的轴力（kN）；

　　$\bar{\varepsilon}_i$——第 i 断面处应变平均值；

　　E_i——第 i 断面处桩身材料弹性模量（kPa）（当桩身断面、配筋一致时，宜按标定断面处的应力与应变的比值确定）；

　　A_i——第 i 断面处桩身截面面积（m²）。

（4）按每级试验荷载下桩身不同断面处的轴力值制成表格，并绘制轴力分布图。再由桩顶极限荷载下对应的各断面轴力值计算桩侧土的分层极限摩擦力和极限端阻力：

$$q_{si} = \frac{Q_i - Q_{i+1}}{u \cdot l_i} \tag{7-39}$$

$$q_p = \frac{Q_n}{A_0} \tag{7-40}$$

式中　q_{si}——桩第 i 断面与第 $i+1$ 断面间的侧摩擦力（kPa）；

　　　q_p——桩的端阻力（kPa）；

　　　i——桩检测断面顺序号，$i=1, 2, \cdots, n$，并自桩顶以下从小到大排列；

　　　u　——桩身周长（m）；

　　　l_i——第 i 断面与第 $i+1$ 断面之间的桩长（m）；

　　　Q_n——桩端的阻力（kN）；

　　　A_0——桩端面积（m²）。

（5）桩身第 i 断面处的钢筋应力可按下式计算：

$$\sigma_{si} = E_s \cdot \varepsilon_{si} \tag{7-41}$$

式中　σ_{si}——桩身第 i 断面处的钢筋应力（kPa）；

　　　E_s——钢筋弹性模量（kPa）；

　　　ε_{si}——桩身第 i 断面处的钢筋应变。

2. 水平静载试验中数据处理

1）桩顶转角

一般在水平静荷载试验进行的同时，在水平力作用平面的受检桩两侧对称安装两个位移传感器（或位移计）进行桩水平位移测量，并且在水平力作用平台面以上 50cm 的受检桩两侧对称安装两个位移计，分别测得水平力作用平面处的侧向位移（y_x）和作用平面以上 L（至少为 50cm）处的侧向位移（y_s）。

根据以下公式计算水平荷载作用下桩顶的转角：

$$\theta_0 = \arctan \frac{y_s - y_x}{L} \tag{7-42}$$

式（7-42）中，侧向位移的单位均为 mm。

2）桩顶弯矩

为了了解在水平侧向力作用下桩身不同深度截面处的弯矩、转角和挠度分布情况，在试验桩体内的不同深度处安装了钢筋应力计。钢筋应力计分两列，每列中位于不同深度的钢筋应力计采用螺纹扣接的方式用钢筋串连固定在钢筋笼上。两列钢筋应力计在桩身横截面上位于侧向荷载施加方向上，分别位于同一直径的两端，即一列钢筋应力计位于侧向荷载施加的一侧，而另一列钢筋应力计位于背面侧向荷载施加的一侧。两列钢筋应力计的平面图如图 7-22 所示：

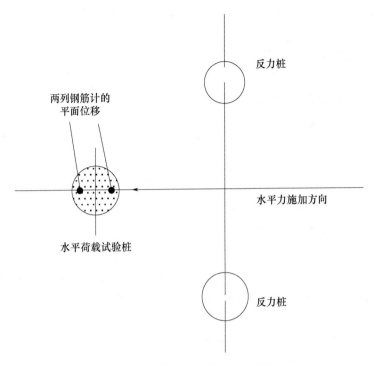

两列钢筋计的
平面位移

反力桩

水平力施加方向

水平荷载试验桩

反力桩

图 7-22　试桩及反力桩桩位示意图

（1）钢筋受力

根据有一定张紧程度的钢弦的自振频率或钢弦所受到的张力呈正比关系，安装在桩体内部钢筋上的钢筋应力计受力时会改变钢筋应力计内钢弦的张紧程度，从而使钢筋应力计的自振频率发生变化。钢筋应力计在使用前要对钢筋应力计受力与钢筋应力计输出频率之间的关系进行标定，所使用的标定关系为

$$p_g = k(f^2 - f_0^2 - a) \tag{7-43}$$

式中　p_g——钢筋应力计受力（kN）；

　　　f——钢筋应力计在不同荷载下的输出频率（Hz）；

　　　f_0——钢筋应力计未受荷载时的输出频率（Hz）；

　a、k——钢筋应力计的标定系数。

标定时按一定的增量对钢筋应力计时间荷载 P_{gi}，测试不同大小的力所对应的钢筋应力计输出频率 f_i，利用上述公式对所测定的数据进行回归分析，求出钢筋应力计的标定系数 a 和 k，即可根据试验测试得到的钢筋应力计输出频率，求出钢筋受力。

（2）桩身界面弯矩

根据材料力学关于梁的弯曲变形与应力分析理论，桩身任一横截面处所受到的弯矩按下列公式计算：

$$M = \frac{EI\Delta\varepsilon}{b_0} \qquad (7\text{-}44)$$

式中　b_0——拉压应变测点的间距；

　　　E——桩身的复合模量；

　　　I——桩界面对中性轴的惯性矩；

　　　$\Delta\varepsilon$——桩界面上两个钢筋应力计测量点之间的轴向应变差。

钢筋应力计测量点上的轴向应变按下列公式计算：

$$\varepsilon = \frac{p_g}{E_g A_{gs}} \qquad (7\text{-}45)$$

式中　p_g——钢筋应力计受力（N）；

　　　E_g——钢筋的弹性模量（N/mm^2）；

　　　A_{gs}——测试钢筋的横截面积（mm^2）。

计算获得的是钢筋的轴向应变，但在一般情况下钢筋与桩身混凝土是协调变形的，按上述公式求得的钢筋的轴向应变亦为桩身的轴向应变。

3. 报告编制

桩身应力测试是与静荷载试验同步进行的，试验完成后，编制的报告应该包括如下内容：

（1）竖向试验中，进行分层侧阻力和端阻力测试时，应包括传感器类型、安装位置，轴力计算方法，各级荷载作用下的桩身轴力曲线，各土层的桩侧阻力、极限侧阻力和桩端阻力。

（2）当进行钢筋应力测试并由此计算桩身弯矩时，应包括传感器的类型、安装位置、内力计算方法及计算结果。

7.4　工程案例分析

7.4.1　工程案例1

某住宅采用钻孔灌注桩，桩径为 1000mm，桩长为 57m，桩端持力层为粉质黏土、细砂，混凝土强度等级为 C35，承载力特征值为 6000kN；要求最大加载值为 12000kN。采用静荷载慢速维持荷载法测试桩的承载能力，同时在桩施工工程中布设相应的传感器（钢筋应力计）测试桩身应力。

根据场地的岩土工程报告及传感器的埋设要求，对传感器进行埋设，埋设检测面编号按照表 7-2 进行。

表 7-2 钢筋应力计埋设位置表 m

序号	检测面编号	埋设深度（距桩顶深度）	备注
1	A1	1.8	为标定断面
2	A2	9.4	
3	A3	14.3	
4	A4	23.3	
5	A5	30.1	各深度均为自桩
6	A6	36.5	顶面往下计算
7	A7	39.0	
8	A8	45.7	
9	A9	51.7	
10	A10	57.2	57m 桩桩端压力盒

　　钢筋应力计设置在各土层交接面处，每一个界面设 2 只钢筋应力计（基本呈 180°对称布置），各钢筋应力计埋设界面的示意图如图 7-23 所示。

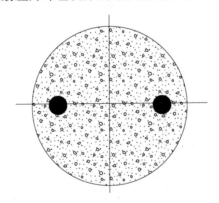

图 7-23 钢筋应力计安装截面示意图

　　钢筋应力计采用焊接法固定在钢筋笼主筋上，并与桩身纵轴线平行。连接在应力计的电缆线用柔性材料保护，绑扎在钢筋笼内侧并引至地面。所有的应力计均用明显的标记编号；配套设备主要为振弦式钢筋应力计、频率读数仪、集线箱等。

　　将振弦式钢筋应力计按产品使用要求预埋在试桩桩身指定位置；弦式钢筋应力计宜放在两种不同性质土层的界面处，以测量桩在不同土层中的分层摩擦力。在地面处（或以上）应设置一个测量断面作为钢筋应力计传感器标定断面。钢筋应力计埋设断面距桩顶和桩底的距离不宜小于 1 倍桩径。在同一断面处对称设置 2 个钢筋应力计。钢筋应力计应按主筋直径大小选择。仪器的可测频率范围应大于桩在最大加载时的频率的 1.2 倍；使用前应对钢筋应力计逐个标定，得出压力（拉力）与频率之间的关系。带有接长杆的振弦式钢筋应力计可焊接在主筋上；振弦式钢筋应力计通过与之匹配的频率仪进行测量，频率仪的分辨率应优于或等于 1Hz；在静荷载试验时进行桩身内力测试。

对测试的数据进行整理，得到表 7-3、表 7-4 两个测试数据表；根据测试数据表，绘制桩身轴力分布图（图 7-24）和桩身侧摩擦力分布图（图 7-25）。

表 7-3　桩身轴力数据表　　　　　　　　　　　　kN

截面序号	深度（m）	加载等级								
		1	2	3	4	5	6	7	8	9
A1	1.8	2400	3600	4800	6000	7200	8400	9600	10800	12000
A2	9.4	1988.5	3111.7	4120.1	5092.9	6217.2	7436.4	8640.8	9855.9	11058.0
A3	14.3	1485.6	2485.9	3449.3	4295.6	5332.8	6488.6	7661.7	8890.2	10089.4
A4	23.3	912.3	1682.3	2597.3	3130.3	4111.6	5201.2	6298.3	7511.5	8652.3
A5	30.1	702.5	1285.3	2152.3	2563.2	3456.7	4482.3	5481.3	6699.4	7846.3
A6	36.5	503.4	889.3	1610.3	1997.3	2852.3	3828.3	4781.7	6000.2	7152.1
A7	39.0	424.3	729.6	1405.2	1690.7	2536.5	3501.2	4422.1	5635.7	6733.6
A8	45.7	263.7	415.7	786.0	1002.5	1721.3	2583.3	3309.2	4453.4	5358.2
A9	51.7	146.2	226.3	403.6	563.5	1105.3	1927.2	2531.6	3652.6	4425.7
A10	57.2	72.1	112.5	192.6	319.8	776.7	1498.6	1956.7	2995.6	3488.6

表 7-4　桩身侧壁摩擦力数据表　　　　　　　　　　kPa

截面序号	深度范围（m）	加载等级								
		1	2	3	4	5	6	7	8	9
A1—A2	1.8~9.4	21.544	25.564	35.595	47.490	51.453	50.448	50.218	49.427	49.317
A2—A3	9.4~14.3	40.836	50.816	54.470	64.742	71.815	76.963	79.504	78.416	78.652
A3—A4	14.3~23.3	25.345	35.527	37.667	51.518	53.989	56.916	60.276	60.952	63.534
A4—A5	23.3~30.1	12.276	23.230	26.038	33.183	38.320	42.065	47.805	47.518	47.161
A5—A6	30.1~36.5	12.378	24.619	33.696	35.182	37.575	40.659	43.494	43.469	43.158
A6—A7	36.5~39.0	12.589	25.417	32.643	48.797	50.261	52.060	57.232	58.012	66.606
A7—A8	39.0~45.7	9.537	18.641	36.754	40.870	48.412	54.511	66.091	70.212	81.680
A8—A9	45.7~51.7	7.792	12.560	25.379	29.112	40.850	43.509	51.566	53.105	61.838
A9—A10	51.7~57.0	6.857	10.530	19.524	22.550	30.406	39.659	53.197	60.793	86.712

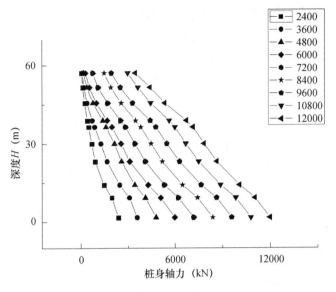

图 7-24　桩身轴力分布图

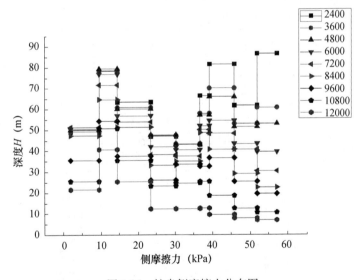

图 7-25　桩身侧摩擦力分布图

7.4.2　工程案例 2

某桥梁试桩，承受水平荷载，桩长为 42m，桩径为 1000mm，最大加载值为 1000kN。

通过埋设相应的应力应变传感器绘制各级荷载作用下的桩身弯矩分布图、水平力-最大弯矩截面钢筋应力曲线，每米一组，每组 2 个，一侧位于试验受拉区，另一侧位于受压区，方向严格平行于轴线。

测试桩身横截面弯曲应变时，数据的测读宜与水平位移测量同步。

每级加载后间隔5min、10min、15min、15min、15min测读一次（记录），以后每隔30min测读一次。试验使用RSM-JC5（C）静荷载测试仪进行试验，同时记录桩身外露部分裂缝开展情况。采用慢速维持荷载法进行试验。

试验结果如下：最大加载值1000kN时对应的位移量为25.87mm；计算得到6mm对应荷载的0.75倍作为单桩承载力特征值为426.75kN。

将结果数据及曲线整理如下：各级荷载作用下桩身弯矩分布见表7-5，各级荷载作用下桩身弯矩分布图见图7-26，水平静载试验结果汇总表见表7-6。

表7-5　各级荷载作用下桩身弯矩分布表　　　　　　　　　　kN·m

截面序号	深度（m）	弯矩								
		200	300	400	500	600	700	800	900	1000
A1	1	7.58	30.16	44.66	58.31	67.92	79.40	96.50	163.7	225.53
A2	2	157.63	228.97	330.84	384.30	416.30	537.40	679.37	787.15	943.97
A3	3	597.36	743.76	998.48	1198.32	1378.05	1630.46	1755.74	1842.97	1937.34
A4	4	147.40	223.57	335.64	461.39	546.09	711.23	953.42	1131.63	1363.74
A5	5	13.62	33.96	60.13	82.34	102.91	198.37	334.70	519.84	734.68
A6	6	6.41	21.70	58.37	82.60	117.33	186.70	259.10	443.68	670.83
A7	9	0.00	−17.63	3.48	18.34	41.74	77.64	104.33	173.87	238.46
A8	10	0.00	0.00	−26.61	−43.20	9.27	12.34	28.33	37.60	43.72
A9	11	0.00	0.00	0.00	−10.32	−38.37	−64.38	−83.17	−123.63	−157.39
A10	12	0.00	0.00	0.00	0.00	−11.94	−23.99	−27.41	−31.76	−37.36
A11	13	0.00	0.00	0.00	0.00	0.00	−9.53	−11.41	−13.48	−15.21
A12	14	0.00	0.00	0.00	0.00	0.00	0.00	0.00	0.00	0.00

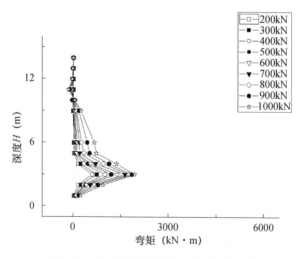

图7-26　各级荷载作用下桩身弯矩分布图

表 7-6　水平静荷载试验结果汇总表

	工程名称：某桥梁试桩（DK71＋200）			试桩编号：试桩 1	
桩径：1m		桩长：42m		开始检测日期：2015.09.27	
级数	荷载（kN）	本级位移（mm）	累计位移（mm）	本级历时（min）	累计历时（min）
1	200	0.48	0.48	120	120
2	300	0.58	1.06	120	240
3	400	0.78	1.84	120	360
4	500	1.48	3.32	120	480
5	600	2.20	5.52	120	600
6	700	2.86	8.38	120	720
7	800	3.31	11.69	120	840
8	900	4.28	15.97	120	960
9	1000	5.97	21.94	120	1080
10	800	−0.65	21.29	60	1140
11	600	−0.71	20.58	60	1200
12	400	−1.12	19.46	60	1260
13	200	−1.20	18.26	60	1320
14	0	−1.24	17.02	180	1500

最大加载量：1000kN　最大位移量：21.94mm　最大回弹量：4.92mm　回弹率：22.42%

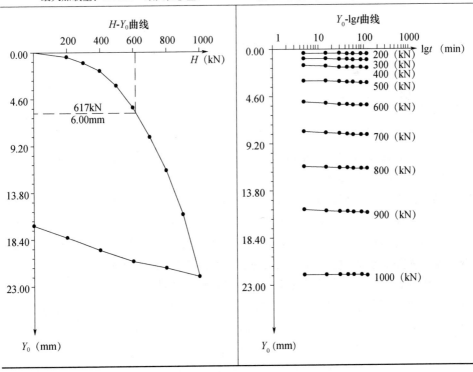

7.4.3 工程案例 3

某桥梁桩为钻孔扩底灌注桩，桩长为 40.0m，桩径为 1.0m，桩身混凝土强度为 C30，单桩承载力特征值为 10000kN，预估最大试验荷载为 15000kN。

桩身应变测试采用钢筋应力计方法进行，每个土层断面安装 4 个钢筋应力计，预埋位置见表 7-7。

表 7-7 钢筋应力计埋设位置表 　　　　　　　　　　　　　　　　　m

序号	检测面编号	埋设深度（距桩顶深度）	备注
1	A1	0	为标定断面
2	A2	3.0	
3	A3	7.0	
4	A4	10.0	
5	A5	16.0	
6	A6	17.0	
7	A7	19.4	各深度均为桩顶面往下计算
8	A8	21.1	
9	A9	25.6	
10	A10	30.5	
11	A11	31.9	
12	A12	35.0	
13	A13	36.4	
14	A14	39.6	39.5m 桩桩端压力盒

试验加载前读取观测管内环形测标的初读数，待初读数读取完毕后即开始加载，每级荷载稳定后分别测定观测管每米间测标在该级荷载下的变化量即可得出桩身应变随荷载变化的曲线。

钢筋应力计设置在各土层交接面处，每一个界面设 4 个钢筋应力计（钢筋应力计相互之间基本呈 90°对称布置）。钢筋应力计采用焊接法固定在钢筋笼主筋上，并与桩身纵轴线平行。连接在钢筋应力计的电缆线用柔性材料保护，绑扎在钢筋笼内侧并引至地面。所有的钢筋应力计均用明显的标记编号。

将振弦式钢筋应力计按产品使用要求预埋在试桩桩身指定位置；振弦式钢筋应力计宜放在两种不同性质土层的界面处，以测量桩在不同土层中的分层摩擦力。在地面处（或以上）应设置一个测量断面，作为钢筋应力计传感器标定断面。钢筋应力计埋设断面距桩顶和桩底的距离不宜小于 1 倍桩径。在同一断面处对称设置 4 个钢筋应力计。钢筋应力计应按主筋直径大小选择。仪器可测频率范围应大于桩在最大加载时的频率的 1.2 倍；使用前应对钢筋应力计逐个标定，得出压力（拉力）与频率之间的关系。带有接长杆的振弦式钢筋应力计可焊接在主筋上；振弦式钢筋应力计通过与之匹配的频率仪进行测量，频率仪的分辨率应优于或等于 1Hz；在静荷载试验时进行桩身内力测试。

对试验结果进行整理，得到桩身轴力数据表（表 7-8）、桩身侧壁摩擦力数据表（表 7-9）、静荷载试验记录总表（表 7-10）；根据桩身应力数据，绘制桩身应力分布图（图 7-28）和桩身侧摩擦力分布图（图 7-28）。

表 7-8　桩身轴力数据表　　　　　　　kN

截面序号	深度（m）	加载等级							
		2000	3000	4000	5000	6000	7000	8000	9000
A1	0	1924	3049	3997	5074	5982	6887	7932	9055
A2	3	1660	2757	3676	4735	5633	6538	7574	8697
A3	9	1076	2116	2998	4019	4918	5804	6839	7943
A4	10	953	1975	2847	3859	4754	5640	6676	7777
A5	15	200	1190	2000	2964	3844	4683	5703	6788
A6	17	74	933	1686	2600	3448	4256	5232	6279
A7	19.4	21	707	1369	2200	3034	3834	4795	5827
A8	21.1	0	562	1166	1944	2756	3540	4496	5517
A9	25.6	0	237	686	1351	2078	3805	3634	4557
A10	30.5	0	22	255	797	1447	3051	2787	3572
A11	31.9	0	0	163	643	1267	1849	2515	3229
A12	35	0	0	26	399	955	1440	1960	2616
A13	36.4	0	0	0	303	793	1229	1670	2282
A14	39.6	0	0	0	122	421	777	1037	1508

截面序号	深度（m）	加载等级							
		10000	11000	12000	13000	14000	15000		
A1	0	10033	10997	12134	13045	14029	15086		
A2	3	9675	10639	11767	12668	13652	14700		
A3	9	8921	9885	10994	11896	12861	13909		
A4	10	8749	9713	10821	11720	12685	13730		
A5	15	7744	8692	9785	10652	11602	12631		
A6	17	7210	8108	9164	9993	10898	11883		
A7	19.4	6735	7551	8568	9367	10235	11182		
A8	21.1	6415	7161	8152	8919	9760	10675		

截面序号	深度	加载等级							
	（m）	10000	11000	12000	13000	14000	15000		
A9	25.6	5398	5960	6838	7492	8220	9022		
A10	30.5	4275	4683	5438	5953	6543	7222		
A11	31.9	3910	4261	4972	5439	5980	6611		
A12	35	3141	3433	4047	4417	4871	5394		
A13	36.4	2767	3007	3568	3885	4286	4757		
A14	39.6	1833	2012	2442	2629	2909	3260		

表 7-9　桩身侧壁摩擦力数据表　　　　　　　　　　　kPa

截面序号	深度范围	加载等级（kN）							
	（m）	2000	3000	4000	5000	6000	7000	8000	9000
A1—A2	0~3	28	31	34	36	37	37	38	38
A2—A3	3~9	31	34	36	38	38	39	39	40
A3—A4	9~10	39	45	48	51	52	52	52	53
A4—A5	10~15	48	50	54	57	58	61	62	63
A5—A6	15~17	20	41	50	58	63	68	75	81
A6—A7	17~19.4	7	30	42	53	55	56	58	60
A7—A8	19.4~21.1	4	27	38	48	52	55	56	58
A8—A9	21.1~25.6	0	23	34	42	48	52	61	68
A9—A10	25.6~30.5	0	14	28	36	41	49	55	64
A10—A11	30.5~31.9	0	5	21	35	41	46	62	78
A11—A12	31.9~35	0	0	14	25	32	42	57	63
A12—A13	35~36.4	0	0	6	22	37	48	66	76
A13—A14	36.4~39.6	0	0	0	18	37	45	63	77

截面序号	深度范围	加载等级（kN）							
	（m）	10000	11000	12000	13000	14000	15000		
A1—A2	0~3	38	38	39	40	40	41		
A2—A3	3~9	40	40	41	41	42	42		
A3—A4	9~10	55	55	55	56	56	57		
A4—A5	10~15	64	65	66	68	69	70		
A5—A6	15~17	85	93	99	105	112	119		
A6—A7	17~19.4	63	74	79	83	88	93		
A7—A8	19.4~21.1	60	73	78	84	89	95		

续表

截面序号	深度范围（m）	加载等级（kN）							
		10000	11000	12000	13000	14000	15000		
A8—A9	21.1～25.6	72	85	93	101	109	117		
A9—A10	25.6～30.5	73	83	91	100	109	117		
A10—A11	30.5～31.9	83	96	106	117	128	139		
A11—A12	31.9～35	79	85	95	105	114	125		
A12—A13	35～36.4	85	97	109	121	133	145		
A13—A14	36.4～39.6	93	99	112	125	137	149		

表 7-10　静荷载试验记录总表

工程名称：某桥梁试桩			试桩编号：试桩 2		
桩径：1m		桩长：40m		检测日期：2018.10.27	
级数	荷载（kN）	本级位移（mm）	累计位移（mm）	本级历时（min）	累计历时（min）
1	2000	0.18	0.18	120	120
2	3000	0.34	0.52	120	240
3	4000	0.54	1.06	120	360
4	5000	0.85	1.91	120	480
5	6000	1.11	3.02	120	600
6	7000	1.62	4.64	120	720
7	8000	2.41	7.05	120	840
8	9000	2.99	10.04	120	960
9	10000	3.12	13.16	120	1080
10	11000	4.13	17.29	120	1200
11	12000	6.27	23.56	120	1320
12	13000	7.91	31.47	120	1440
13	14000	10.41	41.88	120	1560
14	15000	13.40	55.28	120	1680
15	13000	−1.48	53.80	60	1740
16	11000	−1.54	52.26	60	1800
17	9000	−1.81	50.45	60	1860
18	7000	−2.37	48.08	60	1920
19	5000	−2.64	45.44	60	1980
20	3000	−2.79	42.65	60	2040
21	0	−3.76	38.89	180	2220

最大加载量：15000kN　最大位移量：55.28mm　最大回弹量：16.39mm　回弹率：29.65%

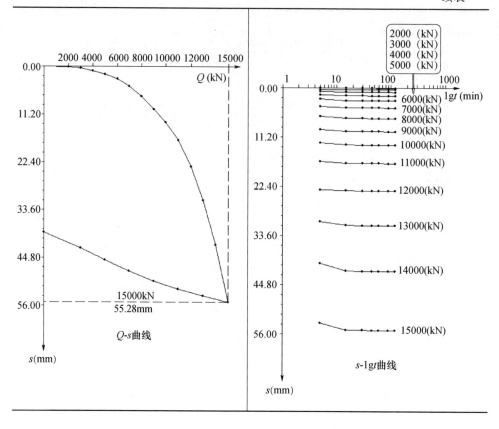

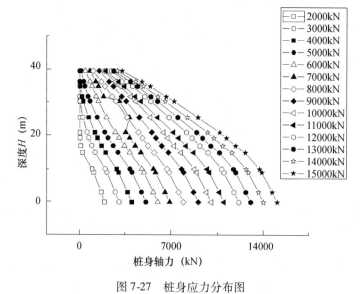

图 7-27　桩身应力分布图

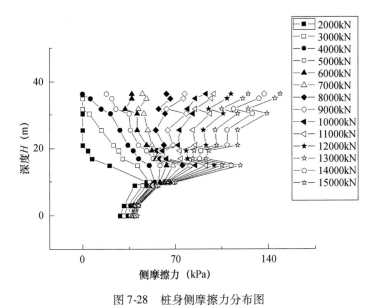

图 7-28　桩身侧摩擦力分布图

根据试验结果，该桩的承载力极限值为 13180kN。

参考文献

［1］中华人民共和国行业标准．建筑基桩检测技术规范：JGJ 106—2014 ［S］．北京：中国建
　　筑工业出版社，2014.

［2］中华人民共和国行业标准．建筑地基检测技术规范：JGJ 340—2015 ［S］．北京：中国建
　　筑工业出版社，2015.

［3］中华人民共和国国家标准．建筑地基基础工程施工质量验收标准：GB 50202—2018 ［S］.
　　北京：中国建筑工业出版社，2018.

［4］中华人民共和国行业标准．建筑地基处理技术规范：JGJ 79—2012 ［S］．北京：中国建
　　筑工业出版社，2012.

［5］中华人民共和国国家标准．建筑基地基础设计规范：GB 50007—2011 ［S］．北京：中国
　　建筑工业出版社，2011.

［6］中华人民共和国国家标准．岩土工程勘察规范：GB 50021—2001 ［S］．北京：中国建筑
　　工业出版社，2002.

［7］中华人民共和国行业标准．建筑桩基技术规范：JGJ 94—2008 ［S］．北京：中国建筑工
　　业出版社，2008.

［8］周镜，刘金砺，等．桩基工程手册 ［M］．北京：中国建筑工业出版社，1995.

［9］中华人民共和国国家标准．建筑工程施工质量验收统一标准：GB 50300—2013 ［S］．北
　　京：中国建筑工业出版社，2013.

［10］中华人民共和国行业标准．公路工程基桩动测技术规程：JGJ/T F81-01—2004 ［S］．北
　　京：人民交通出版社，2004.

［11］中华人民共和国建筑工业行业标准．基桩动测仪：JG/T 518—2017 ［S］．北京：中国标
　　准出版社，2017.

［12］徐攸在．桩的动测新技术 ［M］．2 版．北京：中国建筑工业出版社，2002.

［13］广东省建设工程质量安全监督检测总站．工程桩质量检测技术培训教材 ［M］．北京：
　　中国建筑工业出版社，2009.

［14］刘屠梅，赵竹占，吴慧明．基桩检测技术与实例 ［M］．北京：中国建筑工业出版
　　社，2006.

［15］周东泉．基桩检测技术 ［M］．北京：中国建筑工业出版社，2010.

［16］陈建荣，高飞，郑小勇．建设工程基桩检测技术问答 ［M］．上海：上海科学技术出版
　　社，2011.

232

［17］陈建荣，高飞．现代桩基工程试验与检测——新技术、新方法、新设备［M］．上海：上海科学技术出版社，2011.

［18］陈凡，徐天平，陈久照，等．基桩质量检测技术［M］．北京：中国建筑工业出版社，2014.

［19］杨永波．地基基础工程检测技术［M］．北京：中国建筑工业出版社，2019.

［20］中华人民共和国行业标准．建筑基桩自平衡静载试验技术规程：JGJ/T 403—2017［S］．北京：中国建筑工业出版社，2017.

［21］石林珂，孙懿斐．声波层析成像技术［J］．岩石力学与工程学报，2003，22（01）．

［22］黄靓，黄政，宇汪优．混凝土超声CT的反演算法研究［C］．第八届全国建设工程无损检测技术学术会议论文，2004.

［23］师学明，张云姝，刘铁，等．石膏构件无损检测的试验研究［C］．第二届环境与工程地球物理国际会议，2006.

［24］赵明阶，徐蓉．超声波CT成像技术及其在大型桥梁基桩无损检测中的应用［J］．重庆交通学院学报，2001，20（2）．

［25］张吉，师学明，陈晓玲，等．超声波技术在混凝土无损检测中的应用现状及发展趋势［J］．工程地球物理学报，2008，5（5）．

［26］谭睿，何凤，原力智．两种大直径钻孔灌注桩成孔质量检测方法［J］．资源环境与工程，2012，26（2）．

［27］吴福涛，梁鹏，李树喜．JJC-1D型灌注桩孔径检测系统在北江特大桥主桥大直径超长桩成孔检测中的应用［J］．施工技术，2011，40（S1）．

［28］韩帅超．超声波成孔质量检测数据处理方法研究［D］．武汉：中国地质大学，2016.

［29］沈文海．超声波成孔检测数据去噪方法研究和应用［D］．武汉：中国地质大学，2019.

［30］赵进忠．GZ-2S型灌注桩数字钻孔测井系统应用分析［J］．甘肃科学学报，2010，22（03）．

［31］高凤山．超长钻孔灌注桩超声波法成孔质量检测及其影响因素分析［J］．江西建材，2017（08）．

［32］中华人民共和国行业标准．公路桥涵施工技术规范：JTG/T F50—2011［S］．北京：人民交通出版社，2011.

［33］中华人民共和国行业标准．既有建筑地基基础检测技术标准：JGJ/T 422—2018［S］．北京：中国建筑工业出版社，2018.

［34］张敬一．既有工程桩动测技术及分析方法研究［D］．上海：上海交通大学，2014.

［35］熊斌，苏建坤．VSP无损检测法在成桥基桩检测中的应用［J］．建筑工程技术与设计，2015（1）．

［36］中华人民共和国行业标准．水运工程地基基础试验检测技术规程：JTS 237—2017［S］．北京：人民交通出版社，2017.

［37］陈建容，高飞，郑小勇．建筑工程基桩检测技术问答［M］．上海：上海科学技术出版社，2011.

［38］张志豪，李荣先，盛连成，等．桩身应力分布与性能研究［J］．土工基础，2014，28（1）．

[39] 唐坚. 传感器光纤技术在钻孔灌注桩应力测试中的应用 [J]. 建筑施工, 2010, 32 (9).

[40] 朱怡, 张敏, 朱黎明, 等. 桩身静载试验桩身应力现场实测分析 [J]. 江苏建筑, 2018 (1).

[41] 寇海磊, 张明义. 基于桩身应力测试的静压PHC管桩贯入机制 [J]. 岩土力学, 2014, 35 (5).

[42] 唐锡彬, 杨明瑞, 赵健. 桩身应力测试技术在工程桩优化设计中的应用 [C]. 贵州省岩石力学与工程学会 2011 年度学术交流论文集, 2011: 67-81.

[43] 顾辰生. 预应力混凝土管桩垂直度检测技术 [J]. 中国水运, 2012, 12 (7): 241-243.

[44] 赵平, 刘立志, 胡君, 等. 预应力管桩桩身垂直度检测的一种方法 [J]. 资源环境与工程, 2009, (6).

[45] 邓业灿, 李毅臻, 鲁传恒, 等. 桩底持力层与桩身倾斜度测试方法技术研究 [J]. 物探与化探, 2002 (3).

[46] 李延晖, 刘江平, 谭先康, 等. 桩斜检测中的瑞雷波法 [J]. 土工基础, 2001 (2).

[47] 于秉坤, 齐武郎. 利用弹性波测算桩斜的一种方法 [J]. 工程勘察, 1998 (4).

[48] 黄沛, 王宇, 朱德华. 水下电视探测技术在工程桩完整性检测中的应用 [J]. 中国港湾建设, 2004.

[49] 王奎华, 王宁, 吴文兵. 预应力管桩焊接缝对桩基完整性检测的影响 [J]. 浙江大学学报 (工学版), 2012 (09).

[50] 刘波, 乐磊, 赵伟, 等. 电站在役设备焊缝的磁粉探伤 [J]. 科技视界, 2016 (12).

[51] 匡红杰, 徐祥源. 国家标准《先张法预应力混凝土管桩》编制简介 [J]. 混凝土世界, 2010 (3).

[52] 周德理. 高应变动测在打桩监控方面应用的探讨 [J]. 广东科技, 2008 (03).

[53] 吴轶东. 预应力管桩打桩监控试验的应用与分析 [J]. 广东土木与建筑, 2009 (07).

[54] 朱长福. 关于试打桩和打桩监控的应用研究 [J]. 工程质量, 2008 (17).

[55] 陆威, 赵德成, 王中荣, 等. 某电厂扩建工程打桩振动监测分析 [J]. 勘察科学技术, 2017 (1).

[56] 李磊, 李洪洋, 侯静, 等. 软粘土地区静力压桩的挤土效应及其防治措施 [J]. 建设科技, 2015 (14).

[57] 卢松. 简述先张法预应力高强混凝土管桩抗弯性能试验及破型检测要点 [J]. 安徽建筑, 2014 (3).

[58] 周鲁平, 季鹏, 刘晔, 等. 预应力砼管桩接桩焊缝质量控制研究 [J]. 江苏建筑, 2007 (3).

[59] 葛守文. 施工过程中钢结构缺陷分析 [J]. 山西建筑, 2018 (3).

[60] 朱学军. 建筑施工噪声扰民监测及调处实例 [J]. 污染防治技, 2017 (1).

[61] 吕黄, 谭德银, 陈立鹏. 基桩可打性分析与全程动测监控理论在码头工程中的应用 [J]. 水运工程, 2011 (3).

[62] 陈恒. 预制桩工作状态监测系统研究 [D]. 哈尔滨: 哈尔滨工程大学, 2016.